#홈스쿨링
#혼자공부하기

우등생
과학

Chunjae
Makes
Chunjae

▼

우등생 과학 5-2

기획총괄 박상남
편집개발 김성원, 박나현, 박주영
디자인총괄 김희정
표지디자인 윤순미, 여화경
내지디자인 박희춘
본문 사진 제공 박지환, 최순규, 셔터스톡, 게티이미지코리아, 연합뉴스, 픽사베이
제작 황성진, 조규영

발행일 2024년 6월 1일 2판 2024년 6월 1일 1쇄
발행인 (주)천재교육
주소 서울시 금천구 가산로9길 54
신고번호 제2001-000018호
고객센터 1577-0902

※ 정답 분실 시에는 천재교육 홈페이지에서 내려받으세요.
※ KC 마크는 이 제품이 공통안전기준에 적합하였음을 의미합니다.
※ 주의
책 모서리에 다칠 수 있으니 주의하시기 바랍니다.
부주의로 인한 사고의 경우 책임지지 않습니다.
8세 미만의 어린이는 부모님의 관리가 필요합니다.

스마트폰으로 QR코드를 스캔해 주세요

우등생 온라인 학습 활용법

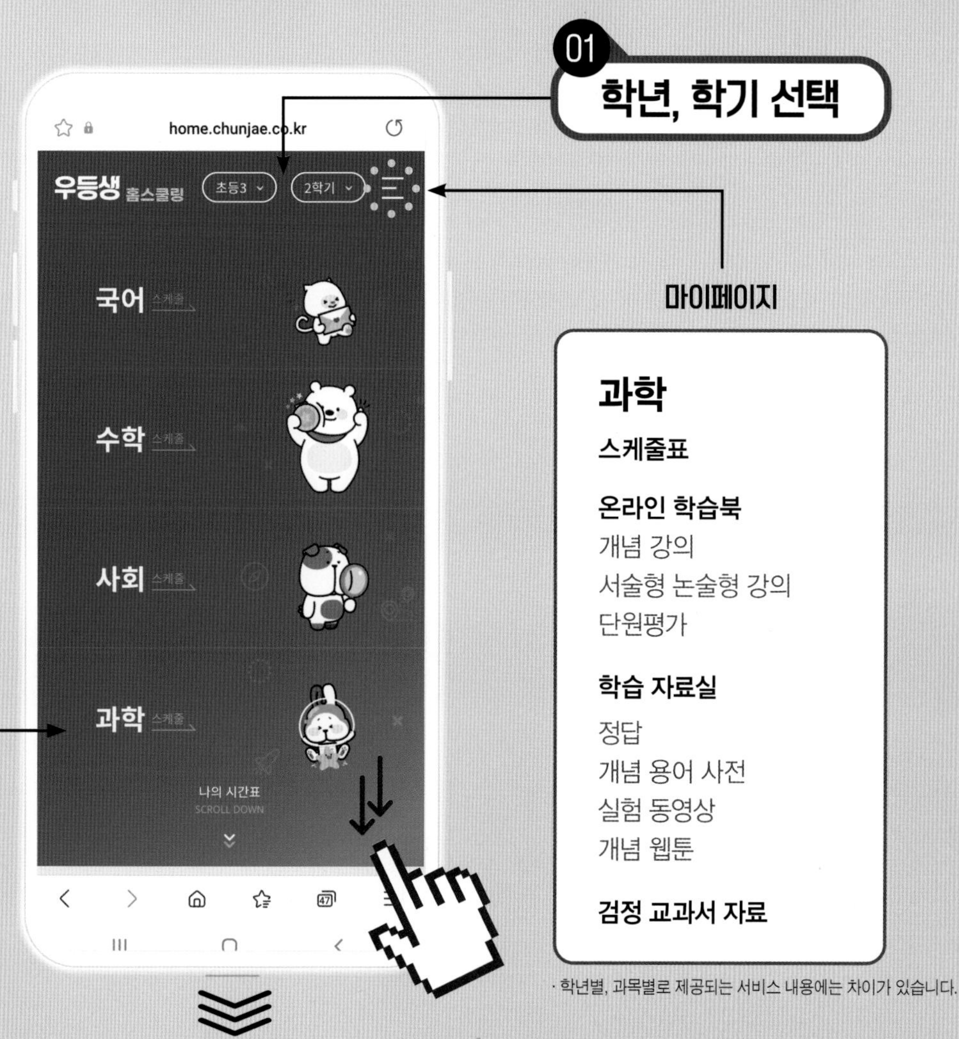

· 학년별, 과목별로 제공되는 서비스 내용에는 차이가 있습니다.

home.chunjae.co.kr

스케줄표

꼼꼼

꼼꼼

우등생 과학을 한 학기 동안 차근차근 공부하기 위한 스케줄표

1회~10회

1회

과학
1. 과학 탐구
교과서진도북 6~9쪽

2회

과학
1. 과학 탐구
온라인학습북 4~7쪽

단원평가

마이페이지에서 첫 화면에 보일 스케줄표의 종류를 선택할 수 있어요.

통합 스케줄표
우등생 국어, 수학, 사회, 과학 과목이 함께 있는 12주 스케줄표

꼼꼼 스케줄표
과목별 진도를 회차에 따라 나눈 스케줄표

스피드 스케줄표
온라인 학습북 전용 스케줄표

과목 클릭

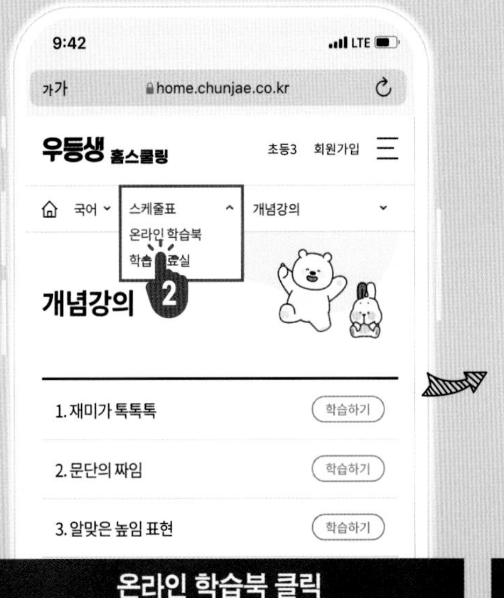

온라인 학습북 클릭

개념강의 / 서술형 논술형 강의 / 단원평가

❶ 개념 강의

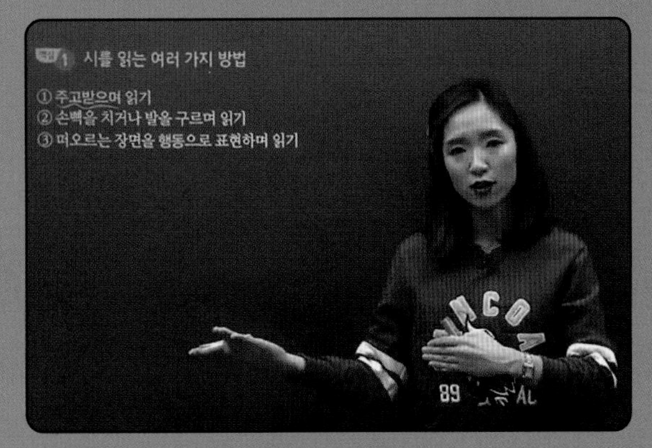

*온라인 학습북 단원별 주요 개념 강의

❷ 서술형 논술형 강의

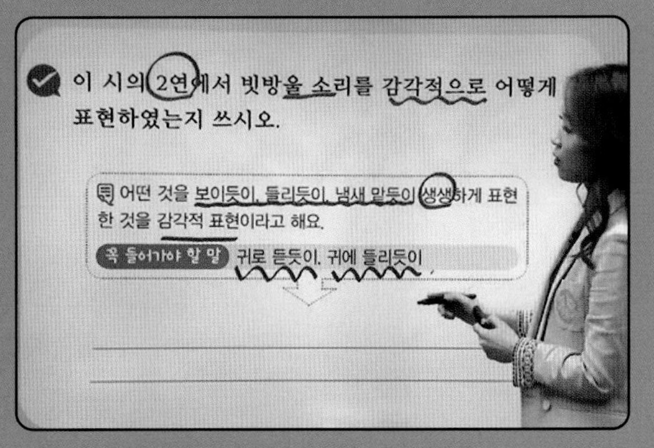

*온라인 학습북 서술형 논술형 강의

❸ 단원평가

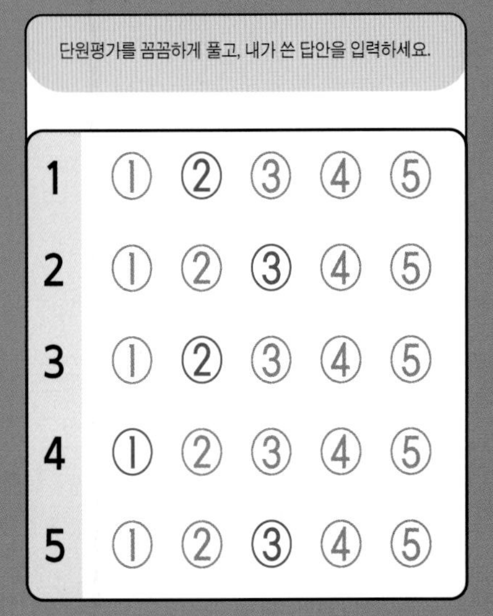

① 내가 푼 답안을 입력하면

② 채점과 분석이 한번에

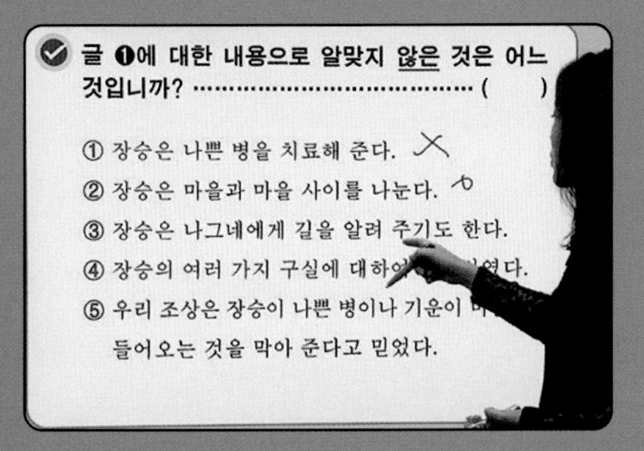

③ 틀린 문제는 동영상으로 꼼꼼히 확인하기!

· 스마트폰의 동영상 구동이 느릴 경우, 기본으로 설정된 비디오 재생 프로그램을 다른 앱으로 교체해 보세요.
· 사용자 사용 환경에 따라 서비스가 원활하지 않을 시에는 컴퓨터를 통한 접속을 권장합니다. 우등생 홈스쿨링 홈페이지(https://home.chunjae.co.kr)로 접속하거나 검색 엔진에서 우등생 홈스쿨링을 입력하여 접속

홈스쿨링 꼼꼼 스케줄표 (24회)

우등생 과학 5·2

꼼꼼 스케줄표는 교과서 진도북과 온라인 학습북을
24회로 나누어 꼼꼼하게 공부하는 학습 진도표입니다.

우등생 홈스쿨링 홈페이지에는
다양한 스케줄표가 있어요!

● 교과서 진도북 ● 온라인 학습북

1. 과학 탐구		2. 생물과 환경
1회 교과서 진도북 6~9쪽	2회 온라인 학습북 4~7쪽	3회 교과서 진도북 12~19쪽
월 일	월 일	월 일

2. 생물과 환경		
4회 교과서 진도북 20~27쪽	5회 온라인 학습북 8~15쪽	6회 교과서 진도북 28~31쪽
월 일	월 일	월 일

2. 생물과 환경	3. 날씨와 우리 생활	
7회 온라인 학습북 16~19쪽	8회 교과서 진도북 34~41쪽	9회 교과서 진도북 42~49쪽
월 일	월 일	월 일

3. 날씨와 우리 생활		
10회 온라인 학습북 20~27쪽	11회 교과서 진도북 50~53쪽	12회 온라인 학습북 28~31쪽
월 일	월 일	월 일

어떤 교과서를
쓰더라도 ALWAYS **우등생**

꼼꼼하게 공부하는 24회 꼼꼼 스케줄표 # 전과목 시간표인 통합 스케줄표
빠르게 공부하는 10회 스피드 스케줄표 # 자유롭게 내가 만드는 스케줄표

● 교과서 진도북 ● 온라인 학습북

4. 물체의 운동		
13회 교과서 진도북 56~63쪽	14회 교과서 진도북 64~71쪽	15회 온라인 학습북 32~39쪽
월 일	월 일	월 일

4. 물체의 운동		5. 산과 염기
16회 교과서 진도북 72~75쪽	17회 온라인 학습북 40~43쪽	18회 교과서 진도북 78~85쪽
월 일	월 일	월 일

5. 산과 염기		
19회 교과서 진도북 86~89쪽	20회 교과서 진도북 90~93쪽	21회 온라인 학습북 44~51쪽
월 일	월 일	월 일

5. 산과 염기		전체 범위
22회 교과서 진도북 94~96쪽	23회 온라인 학습북 52~55쪽	24회 온라인 학습북 56~59쪽
월 일	월 일	월 일

온라인 학습이 강화된

우등생 과학 사용법

1 단원

진도 완료 체크

QR로 학습 스케줄을 편하게 관리!

공부하고 나서 날개에 있는 QR 코드를 스캔하면
온라인 스케줄표에 학습 완료 자동 체크!

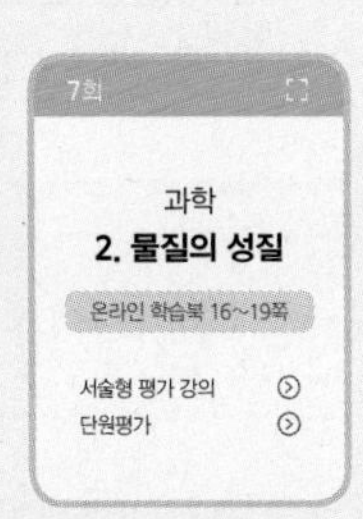

7회
과학
2. 물질의 성질
온라인 학습북 16~19쪽
서술형 평가 강의
단원평가

※ 스케줄표에 따라 해당 페이지 날개에
[진도 완료 체크] QR 코드가 있어요!

동영상 강의
개념 / 서술형・논술형 평가 / 단원평가

온라인 채점과 성적 피드백
정답을 입력하면 채점과 성적 분석이 자동으로

온라인 학습 스케줄 관리
나에게 맞는 내 스케줄표로 꼼꼼히 체크하기

우등생 온라인 학습

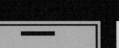

1 쉽고 재미있게 개념을 익히고 다지기

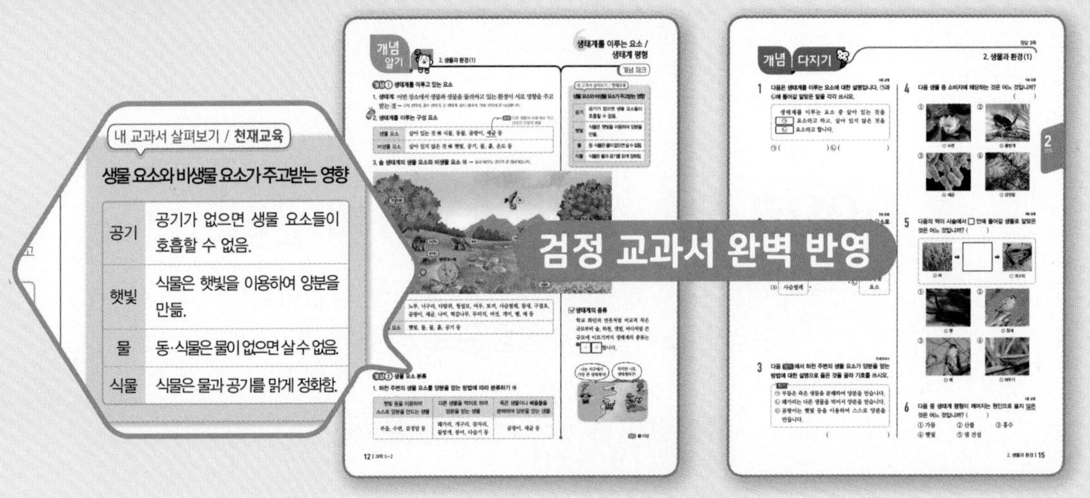

2 Step ❶, ❷, ❸단계로 단원 실력 쌓기

3 대단원 평가로 단원 마무리하기

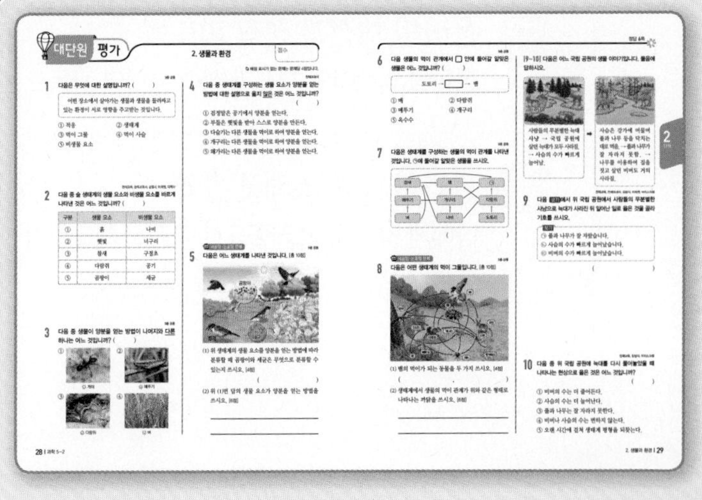

1 온라인 개념 강의

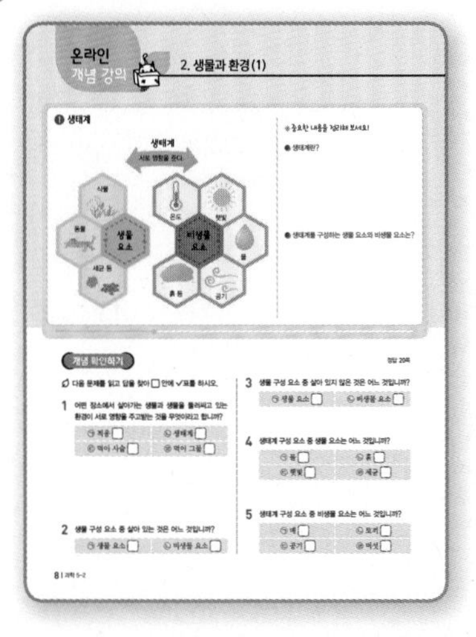

2 실력 평가

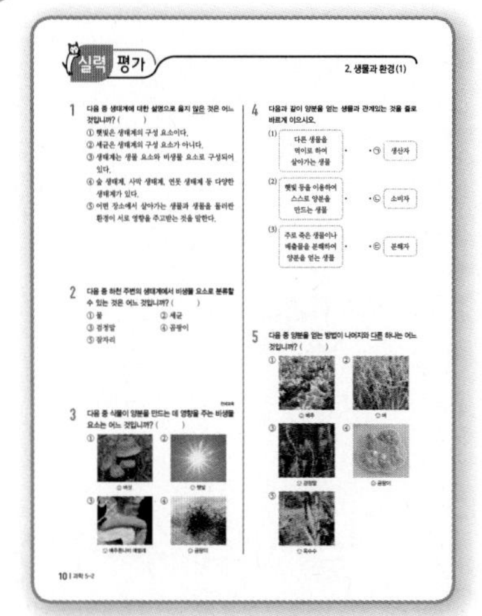

3 온라인 서술형·논술형 강의

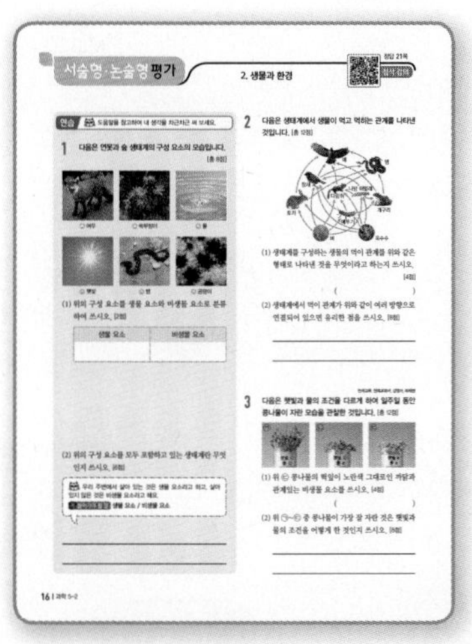

4 단원평가 온라인 피드백

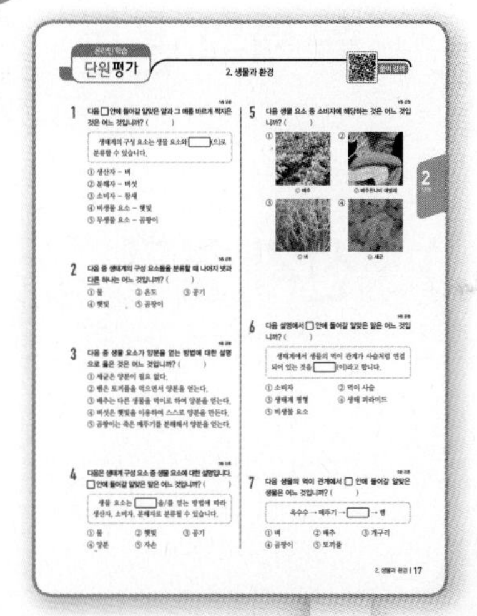

채점과 성적 분석이 한번에!

1 문제 풀고 QR 코드 스캔

2 온라인으로 정답 입력

3 제출하기 클릭

차례

등장인물 소개

미리

인디 삼촌과 함께 탐험하며 풍부한 과학 지식으로 어려운 문제들을 해결한다. 삼촌과 사원의 보석을 찾아 모험을 떠난다.

인디

고고학자이자 탐험가로 세계 곳곳을 돌아다니지만 저질 체력과 겁이 많아 위기 때마다 미리의 도움을 받는다.

닥터

인디를 싫어하는 탐험가로 막대한 재력을 지닌 욕심 많은 악당. 급한 성격으로 번번이 함정에 빠진다.

월터

닥터의 허당 조수. 존재감은 없지만 인디와 미리를 막기 위해 닥터를 돕는다.

과학 탐구

1

단원 안내

- 문제 인식
- 가설 설정
- 실험 계획
- 자료 변환
- 결론 도출
- 결과 발표

만화로 단원 미리보기

이어서 개념 웹툰

개념 알기

개념 ① 탐구 문제를 정하고 가설 세우기

1. 문제 인식

① 뜻: 자연 현상을 관찰하며 생기는 의문을 탐구 문제로 분명하게 나타내는 것

② 탐구 문제를 정할 때는 탐구하고 싶은 내용이 분명하게 드러나 있는지, 스스로 탐구할 수 있는 문제인지, 탐구 준비물을 쉽게 구할 수 있는지 등을 생각합니다.

2. 가설 설정

용어 실험하기 전에 탐구 문제의 결과에 대해 미리 생각해 본 것

- 탐구를 통해 알아보려는 내용이 분명히 드러나야 합니다.
- 누구나 이해할 수 있도록 쉽고 간결하게 표현해야 합니다.
- 탐구 과정을 거쳐 가설이 맞는지 틀린지 확인할 수 있어야 합니다.
- 탐구 문제에 영향을 주는 것이 무엇인지, 어떤 영향을 줄지 생각해 봅니다.

개념 ② 실험을 계획하고 실험하기

중요

1. 실험 계획 세우기

① 실험을 계획할 때는 여러 조건 중 같게 해야 할 조건과 다르게 해야 할 조건이 무엇인지 정해야 합니다. → 우리가 알아내려는 조건은 다르게 하고, 그 이외의 조건은 모두 같게 해야 합니다.

내 교과서 살펴보기 / **천재교육, 지학사**

변인 통제: 실험 결과에 영향을 줄 수 있는 조건을 확인하고 통제하는 것

용어 실험에서 변하는 조건이나 값

② 실험 기간, 장소, 준비물, 실험 순서, 역할 분담, 주의할 점 등을 고려합니다.

2. 실험 계획서 예

내 교과서 살펴보기 / **천재교육**

가설	빨래를 잘 펴서 널었기 때문에 빨래가 잘 말랐을 것이다.	
변인 통제	다르게 해야 할 조건	같게 해야 할 조건
	헝겊이 놓인 모양 (→ 실험에서 빨래를 대신할 수 있습니다.)	기온, 헝겊의 종류와 크기, 햇빛의 세기, 적신 물의 양, 바람의 세기 등
측정할 것	시간에 따른 헝겊의 무게 변화 → 마르는 정도를 알 수 있습니다.	
실험 방법	**1** 오른쪽과 같이 장치한 후 같은 세기의 바람 불어 주기 **2** 1분 간격으로 페트리 접시의 무게 변화를 측정하기	물에 적셔 펼쳐 놓은 헝겊 조각 / 페트리 접시 / 전자 저울 / 휴대용 선풍기 / 물에 적셔 접어 놓은 헝겊 조각

정답 2쪽 **개념 다지기**

1 다음 중 탐구 문제를 정할 때 생각할 내용으로 옳지 않은 것은 어느 것입니까? (   )

① 탐구 문제가 적절한가요?
② 탐구 준비물을 쉽게 구할 수 있나요?
③ 스스로 탐구할 수 있는 탐구 문제인가요?
④ 아무도 탐구해 본 적 없는 신기한 주제인가요?
⑤ 탐구하고 싶은 내용이 탐구 문제에 분명하게 드러나 있나요?

2 실험하기 전에 탐구 문제의 결과에 대해 미리 생각해 본 것을 무엇이라고 하는지 쓰시오.

(

3 다음 중 실험 계획을 세울 때에 대한 설명으로 옳은 것은 어느 것입니까? (

① 탐구 문제를 해결할 방법은 실험하면서 결정한다.
② 같게 해야 할 조건과 다르게 해야 할 조건을 정한다.
③ 실험을 하기 전에 탐구 계획 세우지 않아도 괜찮다.
④ 우리가 알아내려는 조건은 같게 하고, 그 이외의 조건은 모두 다르게 한다.
⑤ 실험 기간과 장소, 준비물, 실험 순서, 역할 분담, 주의할 점 등 고려하지 않는다.

3. 실험할 때 유의할 점

→ 주변에 위험 요소는 없는지 확인하고 안전 수칙에 따라 실험합니다.

- 같게 해야 할 조건이 잘 유지되도록 하면서 실험합니다.
- 실험 중 관찰한 내용과 측정 결과를 정확히 기록하고, 예상과 달라도 기록을 고치거나 내용을 빼지 않습니다.
- 실험을 여러 번 반복하면 보다 정확한 결과를 얻을 수 있습니다.

개념 ③ 자료를 해석하고 결론 내리기

내 교과서 살펴보기 / **천재교육, 지학사**

1. **자료 변환**: 실험으로 얻은 자료를 표나 그래프 등으로 변환하는 것 (→ 실험 결과를 한눈에 비교하기 쉽습니다.)

표로 나타내기

건조 시간(분)	0	1	2	3	4	5
펼친 헝겊이 놓인 페트리 접시의 무게(g)	31.3	31.1	31.1	31.0	31.0	30.9
접은 헝겊이 놓인 페트리 접시의 무게(g)	31.3	31.2	31.2	31.1	31.1	31.0

▲ 실험 결과를 체계적으로 정리할 수 있음.

그래프로 나타내기

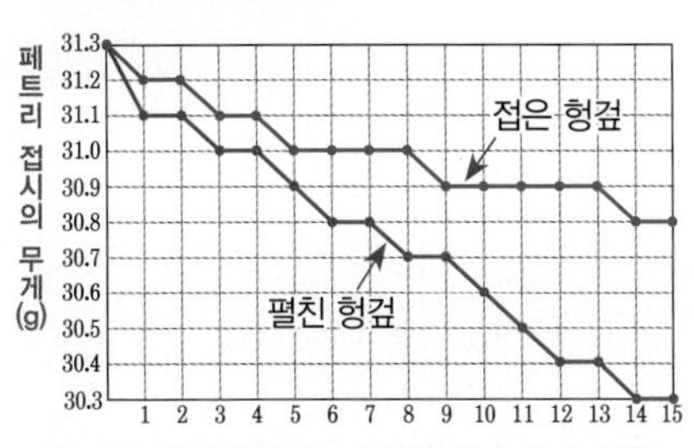

▲ 자료 사이의 관계나 규칙을 쉽게 알 수 있음.

2. **자료 해석**: 자료 변환한 실험 결과에서 자료 사이의 관계나 규칙을 찾는 것

3. **결론 도출**: 가설이 맞는지 판단하고 탐구 문제의 결론을 내는 것

① 실험으로 얻은 자료와 해석을 근거로 결론을 내려야 합니다.

② 결론을 내릴 때는 실험 과정에서 수집한 자료가 정확한지 검토해야 합니다.

③ 실험 결과가 가설과 다르다면 왜 가설과 다르게 나왔는지 원인을 찾거나 다시 실험해서 확인해 보아야 합니다.

개념 ④ 탐구 결과 발표하기

① 발표하는 사람은 발표 자료에 어떤 내용이 들어가야 할지 생각하고, 시청각 설명, 포스터, 시연 등 탐구 결과를 잘 전달할 수 있는 발표 방법을 정합니다.

→ 탐구 문제, 탐구한 사람, 탐구한 시간과 장소, 준비물, 탐구 순서, 탐구 결과, 탐구를 통해 알게 된 것과 더 알아보고 싶은 것 등이 들어가야 합니다.

② 발표자는 너무 빠르지 않게 친구들이 잘 알아들을 수 있는 크기로 또박또박 말하고, 듣는 사람은 발표자를 바라보며 궁금한 점을 기록해 둡니다.

내 교과서 살펴보기 / **천재교과서, 김영사, 미래엔, 아이스크림, 지학사**

새로운 탐구 시작하기

- 탐구한 내용 중 궁금한 점이나 더 탐구하고 싶은 내용을 새로운 탐구 주제로 정합니다.
- 새로운 탐구 문제를 해결하려면 어떻게 해야 할지 계획을 세우고 탐구를 시작합니다.

4 다음은 탐구 문제 해결을 위한 실험 중 유의해야 할 사항에 대한 설명입니다. □ 안에 들어갈 알맞은 말을 쓰시오.

> 실험을 여러 번 □하면 보다 정확한 결과를 얻을 수 있습니다.

( )

5 표나 그래프로 나타낸 실험 결과에서 자료 사이의 관계나 규칙을 찾는 것을 무엇이라고 하는지 쓰시오.

( )

6 다음 중 결론 도출에 대한 설명으로 옳은 것은 무엇입니까? ( )

① 실험으로 얻은 자료와 해석을 근거로 판단을 내려야 한다.
② 발표 방법을 정하고, 어떤 내용이 들어가야 할지 생각한다.
③ 여러 조건 중 같게 해야 할 조건과 다르게 해야 할 조건이 무엇인지 정한다.
④ 탐구한 내용 중 궁금한 점이나 더 탐구하고 싶은 내용을 새로운 탐구 주제로 정한다.
⑤ 실험 결과를 표나 그래프로 나타내어 자료 사이의 관계나 규칙을 찾는 것을 말한다.

점수

배점 표시가 없는 문제는 문제당 6점입니다.

천재교육, 천재교과서, 금성, 김영사, 동아, 미래엔, 아이스크림, 지학사

1 다음 보기에서 탐구 문제 인식 과정에 대한 설명으로 옳은 것을 골라 기호를 쓰시오.

보기
㉠ 스스로 탐구할 수 없는 문제를 선택합니다.
㉡ 준비물을 구하기 어려운 탐구 문제를 선택합니다.
㉢ 무엇을 탐구하려는지가 분명히 드러나야 합니다.

( )

천재교육, 천재교과서, 금성, 김영사, 동아, 미래엔, 아이스크림, 지학사

2 다음은 시우네 모둠 친구들이 탐구 문제를 정하기 위해 의견을 낸 것입니다. 가장 적절한 주제를 말한 친구의 이름을 쓰시오.

시우: 난 달의 무게를 재보고 싶어.
현지: 나는 딸기가 잘 자라는 온도가 궁금한걸.
호진: 남극의 일교차를 재보는 것도 좋을 것 같아.

( )

천재교육

3 다음과 같이 탐구 결과에 대해 미리 생각해 보는 것은 탐구 과정 중 어느 단계에 해당합니까? ( )

예상 결과	접어서 널어 둔 빨래보다 펼쳐서 널어 둔 빨래가 더 잘 마를 것이다.

① 문제 인식 ② 가설 설정 ③ 결론 도출
④ 자료 해석 ⑤ 자료 변환

천재교육, 천재교과서, 금성, 김영사, 동아, 미래엔, 아이스크림, 지학사

4 다음 중 실험 계획 과정에서 고려해야 할 내용으로 옳지 않은 것은 어느 것입니까? ( )

① 가설
② 실험 방법
③ 측정할 것
④ 실험 도구의 색깔
⑤ 같게 해야 할 조건과 다르게 해야 할 조건

서술형·논술형 문제

천재교육

5 다음은 빨래가 잘 마르는 조건 중 빨래를 너는 방법에 대한 실험 모습입니다. [총 12점]

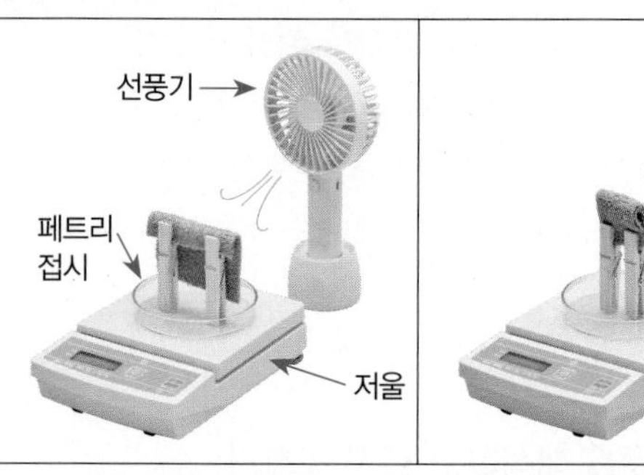

▲ 물에 적셔 펼쳐 놓은 헝겊 조각 ▲ 물에 적셔 접어 놓은 헝겊 조각

(1) 위에서 다르게 한 조건은 무엇인지 쓰시오. [4점]

( )

(2) 위 실험에서 측정할 것은 무엇인지 쓰시오. [8점]

천재교육, 김영사, 동아, 지학사

6 다음 보기에서 실험할 때 유의할 점으로 옳지 않은 것을 골라 기호를 쓰시오.

보기
㉠ 같게 해야 할 조건이 잘 유지되도록 해야 합니다.
㉡ 관찰 내용과 측정 결과가 예상과 다르면 그 부분을 고칩니다.
㉢ 실험을 여러 번 반복하면 보다 정확한 결과를 얻을 수 있습니다.

( )

천재교육, 김영사, 동아, 지학사

7 다음은 민준이네 모둠 친구들의 실험 태도입니다. 가장 바르게 실험한 친구는 누구입니까? ( )

① 민준: 실험을 한 번만 수행했다.
② 희원: 실험실에서 친구와 뛰면서 장난쳤다.
③ 민영: 같게 해야 할 조건을 정하지 않고 실험했다.
④ 영진: 주변의 위험 요소를 확인하고 실험했다.
⑤ 수연: 측정 결과가 예상과 달라서 그 부분을 고쳤다.

천재교육, 김영사, 동아, 미래엔, 아이스크림, 지학사

8 다음 보기에서 탐구 과정 중 실험할 때 유의할 점으로 옳은 것을 골라 기호를 쓰시오.

보기
㉠ 탐구 문제가 적절한지, 스스로 탐구할 수 있는 문제인지 확인합니다.
㉡ 실험 과정이나 수집한 자료가 정확한지 검토해야 더 정확한 결론을 낼 수 있습니다.
㉢ 관찰한 내용과 측정 결과를 정확히 기록하고, 예상과 달라도 고치거나 빼지 않습니다.

( )

서술형·논술형 문제 천재교육, 김영사, 동아, 미래엔, 아이스크림, 지학사

9 다음과 같이 실험을 통해 얻은 자료를 표로 나타내면 좋은 점을 한 가지 쓰시오. [10점]

시간 (분)	접은 헝겊이 놓인 페트리 접시의 무게(g)	펼친 헝겊이 놓인 페트리 접시의 무게(g)
0	31.3	31.3
1	31.2	31.0
2	31.1	30.8

천재교육, 김영사, 동아, 미래엔, 아이스크림, 지학사

10 다음에서 설명하는 탐구 기능은 무엇입니까? ( )

표나 그래프로 나타낸 실험 결과에서 자료 사이의 관계나 규칙을 찾는 것을 말합니다.

① 가설 설정 ② 변인 통제 ③ 자료 해석
④ 결론 도출 ⑤ 결과 발표

천재교육, 천재교과서, 금성, 김영사, 동아, 미래엔, 아이스크림, 지학사

11 다음 보기의 내용을 탐구 과정의 순서에 맞게 각각 기호를 쓰시오.

보기
㉠ 실험하기 ㉡ 결론 내리기
㉢ 실험 계획하기 ㉣ 탐구 문제 정하기

( ) → ( ) → ( ) → ( )

천재교과서, 금성, 김영사, 미래엔, 아이스크림, 지학사

12 다음은 탐구 결과 발표를 계획하며 나눈 토의 내용입니다. 적절하지 않은 발표 계획을 말한 친구의 이름을 쓰시오.

해준: 촬영해 놓은 실험 동영상을 보여줘야겠어.
민영: 발표에서 말하고 싶은 내용이 많으니까 빠르게 말해야겠다.
수지: 발표 자료에 들어가야 할 것을 꼼꼼히 확인하며 준비해야지.

( )

천재교과서, 금성, 김영사, 미래엔, 아이스크림, 지학사

13 다음 중 탐구 결과 발표 자료에 들어가야 하는 내용으로 옳지 않은 것은 어느 것입니까? ( )

① 준비물 ② 탐구 기간
③ 탐구 결과 ④ 더 알아보고 싶은 것
⑤ 장난치며 탐구한 사람

천재교과서, 금성, 김영사, 미래엔, 아이스크림, 지학사

14 다음은 탐구 결과 발표를 듣는 사람의 태도에 대한 설명입니다. □ 안에 들어갈 알맞은 말을 쓰시오.

듣는 사람은 발표자를 바라보며 □ 을/를 기록해 둡니다.

( )

천재교과서, 김영사, 미래엔, 아이스크림, 지학사

15 다음 중 새로운 탐구를 시작할 때 새로운 탐구 주제를 정하는 방법으로 옳은 것은 어느 것입니까? ( )

① 멋진 주제를 새로운 탐구 주제로 정한다.
② 쉬운 주제를 새로운 탐구 주제로 정한다.
③ 결론을 알고 있는 주제를 새로운 탐구 주제로 정한다.
④ 한 번 탐구해 보았기 때문에 새로운 탐구를 시작할 때는 계획을 세우지 않아도 된다.
⑤ 탐구한 내용 중 궁금한 점이나 더 탐구하고 싶은 내용을 새로운 탐구 주제로 정한다.

연관 학습 안내

초등 5학년 1학기	이 단원의 학습	중학교
다양한 생물과 우리 생활 다양한 생물이 우리 생활에 미치는 영향에 대해 배웠어요.	**생물과 환경** 생태계의 생물 요소와 비생물 요소에 대해 배워요.	**생물의 다양성** 지구 상의 다양한 생물과 생태계에 대해 배울 거예요.

만화로 단원 미리보기

생물과 환경

2

단원 안내

(1) 생태계를 이루는 요소 / 생태계 평형

(2) 비생물 요소가 생물에 미치는 영향 / 환경 오염이 생물에 미치는 영향

이어서 개념 웹툰

개념 ① 생태계를 이루고 있는 요소

1. **생태계:** 어떤 장소에서 생물과 생물을 둘러싸고 있는 환경이 서로 영향을 주고 받는 것 → 사막 생태계, 호수 생태계, 강 생태계, 습지 생태계, 갯벌 생태계 등 다양합니다.

중요 2. **생태계를 이루는 구성 요소**

용어 세균: 다른 생물에 비해 매우 작고 단순한 모양의 생물

생물 요소	살아 있는 것 예 식물, 동물, 곰팡이, 세균 등
비생물 요소	살아 있지 않은 것 예 햇빛, 공기, 물, 흙, 온도 등

3. **숲 생태계의 생물 요소와 비생물 요소 예** → 숲과 바다는 규모가 큰 생태계입니다.

생물 요소	노루, 너구리, 다람쥐, 청설모, 여우, 토끼, 사슴벌레, 참새, 구절초, 곰팡이, 세균, 나비, 떡갈나무, 두더지, 버섯, 개미, 뱀, 매 등
비생물 요소	햇빛, 돌, 물, 흙, 공기 등

개념 ② 생물 요소 분류

1. **하천 주변의 생물 요소를 양분을 얻는 방법에 따라 분류하기 예**

햇빛 등을 이용하여 스스로 양분을 만드는 생물	다른 생물을 먹이로 하여 양분을 얻는 생물	죽은 생물이나 배출물을 분해하여 양분을 얻는 생물
부들, 수련, 검정말 등	왜가리, 개구리, 잠자리, 물방개, 붕어, 다슬기 등	곰팡이, 세균 등

개념 체크

내 교과서 살펴보기 / **천재교육**

생물 요소와 비생물 요소가 주고받는 영향

공기	공기가 없으면 생물 요소들이 호흡할 수 없음.
햇빛	식물은 햇빛을 이용하여 양분을 만듦.
물	동·식물은 물이 없으면 살 수 없음.
식물	식물은 물과 공기를 맑게 정화함.

☑ 생태계의 종류

학교 화단과 연못처럼 비교적 작 규모부터 숲, 하천, 갯벌, 바다처럼 규모에 이르기까지 생태계의 종류 ❶ [ㄷ][ㅇ]합니다.

나는 지구에서 가장 큰 생태계야!
작지만 나도 생태계라구!

정답 ❶ ㄷ

2. 생물 요소의 역할

① 생물 요소를 양분을 얻는 방법에 따라 생산자, 소비자, 분해자로 분류하기

생산자	소비자	분해자
햇빛 등을 이용하여 스스로 양분을 만드는 생물 예 식물	스스로 양분을 만들지 못해 다른 생물을 먹이로 하여 살아가는 생물 예 동물	주로 죽은 생물이나 배출물을 분해하여 양분을 얻는 생물 예 곰팡이, 세균, 버섯

② 분해자가 사라지면 생태계에 일어날 수 있는 일 예

- 죽은 생물과 생물의 배출물이 분해되지 않을 것입니다.
- 우리 주변이 죽은 생물과 생물의 배출물로 가득 차게 될 것입니다.

개념 3 생태계에서 생물 요소의 먹이 관계

1. 생태계를 구성하는 생물의 먹이 관계: 생태계 생물 요소는 서로 먹고 먹히는 관계에 있습니다. 예 메뚜기는 벼를 먹고, 개구리는 메뚜기를 잡아먹습니다.

2. 먹이 사슬과 먹이 그물

용어 사슬: 쇠로 만든 고리를 여러 개 죽 이어서 만든 줄

① 먹이 사슬: 생물들의 먹고 먹히는 관계가 사슬처럼 연결되어 있는 것

② 먹이 그물: 여러 개의 먹이 사슬이 얽혀 그물처럼 연결되어 있는 것

공통점	생물들의 먹고 먹히는 관계를 나타냄.
차이점	먹이 사슬은 한 방향으로 연결되어 있지만, 먹이 그물은 여러 방향으로 연결되어 있음.

생물 요소 분류

생물 요소는 ❷ [ㅇ][ㅂ]을 얻는 방법에 따라 생산자, 소비자, 분해자로 분류할 수 있습니다.

정답 ❷ 양분

생태계에서 생물은 여러 생물을 먹이로 하고, 또 여러 생물에게 잡아먹혀.

2 단원

3. 먹이 사슬과 먹이 그물 중 생태계에서 여러 생물들이 함께 살아가기에 유리한 먹이 관계

유리한 먹이 관계	먹이 그물 → 먹이 사슬에서 하나의 생물이 없어진다면 사슬이 끊겨서 먹이 사슬 단계에 있는 생물이 살 수 없을 것입니다.
까닭	• 한 종류의 생물의 수나 양이 줄어들어도 대체될 수 있는 생물이 다양하기 때문임. • 어느 한 종류의 먹이가 부족해지더라도 다른 먹이를 먹고 살 수 있으므로 여러 생물이 살아가기에 유리함.

개념 4 생태계 평형

중요 **1. 생태계 평형:** 어떤 지역에 사는 생물의 종류와 수 또는 양이 균형을 이루며 안정된 상태를 유지하는 것 → 특정 생물의 수나 양이 갑자기 늘어나거나 줄어들면 생태계 평형이 깨어지기도 합니다.

2. 생태계 평형이 깨어지는 원인: 자연재해(산불, 홍수, 가뭄, 지진 등), 사람에 의한 자연 파괴(도로나 댐 건설 등)
→ 댐을 건설해 물의 흐름을 막으면 생태계 평형이 깨어질 수 있습니다.

3. 국립 공원의 생물 이야기 예

늑대가 사라지기 전	늑대가 사라진 뒤

사람들의 무분별한 늑대 사냥 → 국립 공원에 살던 늑대가 모두 사라짐. → 사슴의 수가 빠르게 늘어남.	사슴은 강가의 풀과 나무 등을 닥치는 대로 먹음. → 풀과 나무가 잘 자라지 못함. → 나무를 이용하여 집을 짓는 비버도 거의 사라짐.

① 국립 공원의 생태계 평형이 깨어진 까닭
- 사람들의 무분별한 사냥으로 늑대가 사라졌기 때문입니다.
- 사슴의 숫자가 급격히 늘어나 풀과 나무를 모두 먹어 치웠기 때문입니다.

② 국립 공원의 깨어진 생태계 평형을 회복하는 방법
- 국립 공원에서 늑대가 다시 살 수 있도록 하고, 풀과 나무를 다시 심습니다. → 남아 있는 풀과 나무가 훼손되지 않도록 울타리를 쳐서 보호합니다.
- 사슴의 수를 조절하여 많이 늘어나지 않도록 관리합니다.

생태계 평형

어떤 지역에 사는 생물의 종류와 수 또는 양이 ❸ ㄱ ㅎ 을 이루어서 안정된 상태를 유지하는 것을 생태계 평형이라고 합니다.

생태계 평형을 위해 너를 잡아먹어야 해!
나도!!!

정답 ❸ 균형

생태계 평형이 깨어지면 원래대로 회복하는 데 오랜 시간이 걸리고 많은 노력이 필요해.

내 교과서 살펴보기 / **천재교육, 미래엔**

늑대를 다시 풀어놓은 뒤의 변화

• 사슴의 수는 줄어듦. • 풀과 나무는 다시 자라기 시작함.	오랜 시간이 흘러 국립 공원 내의 생태계가 평형을 되찾았음.

→ 여러 생물의 수가 적절하게 유지되었습니다.

9종 공통

다음은 생태계를 이루는 요소에 대한 설명입니다. ㉠과 ㉡에 들어갈 알맞은 말을 각각 쓰시오.

> 생태계를 이루는 요소 중 살아 있는 것을 [㉠] 요소라고 하고, 살아 있지 않은 것을 [㉡] 요소라고 합니다.

㉠ (　　　　　　) ㉡ (　　　　　　)

9종 공통

다음 생태계 구성 요소를 생물 요소와 비생물 요소로 분류하여 줄로 바르게 이으시오.

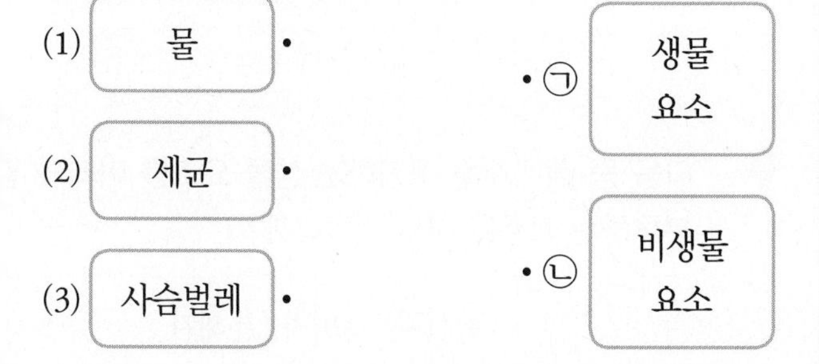

천재교과서

다음 보기에서 하천 주변의 생물 요소가 양분을 얻는 방법에 대한 설명으로 옳은 것을 골라 기호를 쓰시오.

보기
㉠ 부들은 죽은 생물을 분해하여 양분을 얻습니다.
㉡ 왜가리는 다른 생물을 먹어서 양분을 얻습니다.
㉢ 곰팡이는 햇빛 등을 이용하여 스스로 양분을 만듭니다.

(　　　　　　)

9종 공통

4 다음 생물 중 소비자에 해당하는 것은 어느 것입니까? (　　　)

① 수련 ② 물방개 ③ 세균 ④ 검정말

9종 공통

5 다음의 먹이 사슬에서 □ 안에 들어갈 생물로 알맞은 것은 어느 것입니까? (　　　)

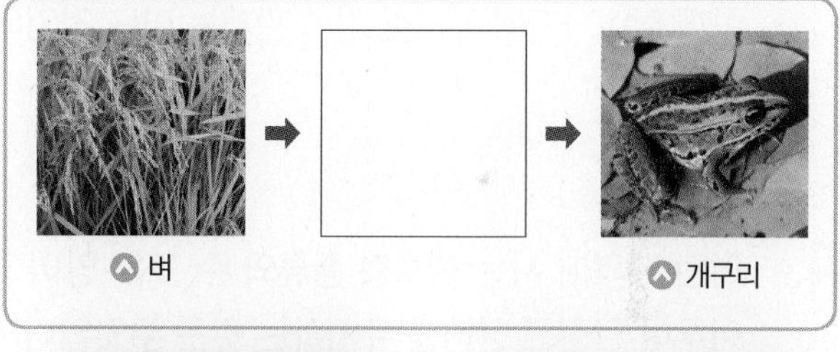

벼 → □ → 개구리

① 뱀 ② 참새 ③ 매 ④ 메뚜기

9종 공통

6 다음 중 생태계 평형이 깨어지는 원인으로 옳지 않은 것은 어느 것입니까? (　　　)

① 가뭄 ② 산불 ③ 홍수
④ 햇빛 ⑤ 댐 건설

단원 실력 쌓기

Step 1 단원평가

9종 공통

[1~5] 다음은 개념 확인 문제입니다. 물음에 답하시오.

1 어떤 장소에서 살아가는 생물과 생물을 둘러싸고 있는 환경이 서로 영향을 주고받는 것을 무엇이라고 합니까?
( )

2 생물 요소 중 햇빛 등을 이용하여 스스로 양분을 만드는 것은 무엇입니까? ( )

3 생태계에서 생물의 먹이 관계가 사슬처럼 연결되어 있는 것을 먹이 (사슬 / 그물)이라고 합니다.

4 먹이 사슬과 먹이 그물 중 생태계에서 여러 생물들이 함께 살아가기에 유리한 먹이 관계는 어느 것입니까?
( )

5 어떤 지역에 사는 생물의 종류와 수 또는 양이 균형을 이루며 안정된 상태를 유지하는 것은 무엇입니까?
( )

9종 공통

6 다음 생태계 구성 요소 중 생물 요소가 아닌 것은 어느 것입니까? ( )

①

검정말

②

흙

③

세균

④

버섯

천재교육, 천재교과서, 김영사, 미래엔, 지학사

7 다음 중 숲 생태계에서 볼 수 있는 비생물 요소는 어느 것입니까? ( )

① 노루 ② 나비
③ 햇빛 ④ 곰팡이
⑤ 구절초

9종 공통

8 다음 중 세균과 같은 방법으로 양분을 얻어 살아가는 생물은 어느 것입니까? ( )

① 매 ② 나비
③ 개구리 ④ 곰팡이
⑤ 토끼풀

9종 공통

9 다음 중 생태계를 구성하는 생물 요소를 아래와 같이 분류하는 기준은 어느 것입니까? ( )

생산자, 소비자, 분해자

① 몸의 크기 ② 몸의 색깔
③ 다리의 유무 ④ 살아가는 기간
⑤ 양분을 얻는 방법

천재교과서, 김영사, 지학사

10 다음 중 생태계에서 분해자가 사라지면 일어날 수 있는 일로 옳은 것은 어느 것입니까? ( )

① 먹이가 부족해질 것이다.
② 소비자가 살아갈 수 없을 것이다.
③ 생태계의 모든 생물이 멸종할 것이다.
④ 동물의 배출물이 분해되지 않을 것이다.
⑤ 생태계에 아무 일도 일어나지 않을 것이다.

9종 공통

11 다음 먹이 사슬에서 □ 안에 들어갈 수 <u>없는</u> 것을 두 가지 고르시오. (　　,　　)

벼 → 메뚜기 → 개구리 → □

① 뱀　② 매　③ 토끼
④ 뱀 → 매　⑤ 매 → 참새

9종 공통

12 다음 먹이 그물에서 먹이 관계로 옳지 <u>않은</u> 것은 어느 것입니까? (　　)

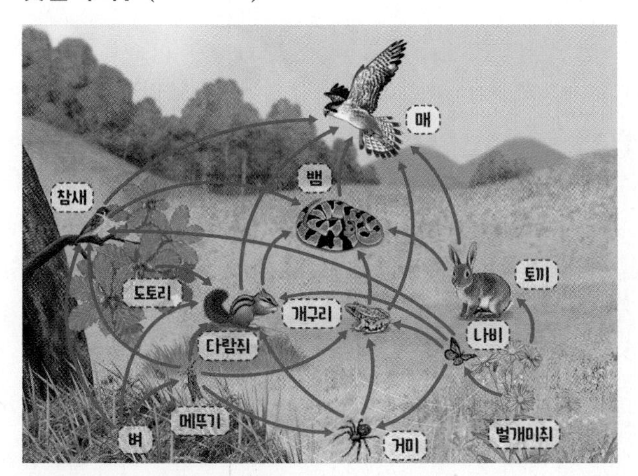

① 뱀은 토끼를 먹는다.
② 매는 참새만 먹는다.
③ 참새는 메뚜기를 먹는다.
④ 다람쥐는 도토리를 먹는다.
⑤ 거미는 개구리에게 먹힌다.

천재교육, 김영사, 미래엔

13 다음 보기 에서 먹이 사슬과 먹이 그물의 공통점으로 옳은 것을 골라 기호를 쓰시오.

보기
㉠ 한 방향으로 연결되어 있습니다.
㉡ 여러 방향으로 연결되어 있습니다.
㉢ 생물들의 먹고 먹히는 관계가 나타납니다.

(　　　　)

9종 공통

14 다음 중 생태계 평형이 깨어지는 원인이 나머지와 <u>다른</u> 하나는 어느 것입니까? (　　)

①

산불

②

홍수

③

가뭄

④

도로 건설

⑤

지진

9종 공통

15 다음 보기 에서 생태계 평형에 대한 설명으로 옳지 <u>않은</u> 것을 골라 기호를 쓰시오.

보기
㉠ 생태계 평형은 자연재해와 사람에 의한 자연 파괴로 깨어집니다.
㉡ 생태계 평형이 깨어지면 원래대로 회복하는 데 오랜 시간이 걸립니다.
㉢ 생태계 평형은 어떤 종류의 생물이 갑자기 늘어나거나 줄어들어도 깨어지지 않습니다.
㉣ 어떤 지역에 사는 생물의 종류와 수 또는 양이 균형을 이루어 안정된 상태를 유지하는 것을 생태계 평형이라고 합니다.

(　　　　)

Step 2 서술형 평가

9종 공통

16 **오른쪽은 생태계 구성 요소의 모습입니다.**

돌

햇빛

(1) 오른쪽의 돌과 햇빛은 생물 요소와 비생물 요소 중 어느 것에 해당하는지 쓰시오.

(　　　　　　　　　　)

(2) 생태계는 어떻게 구성되어 있는지 쓰시오.

답 생태계는 살아 있는 ❶ [　　　] 요소와 살아 있지 않은 ❷ [　　　] 요소로 구성되어 있다.

9종 공통

17 **다음은 생태계 구성 요소의 모습입니다.**

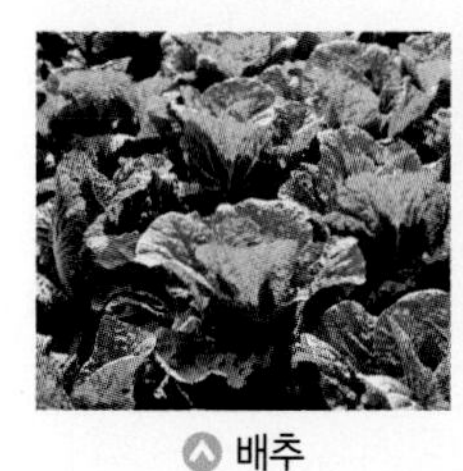
배추

곰팡이

배추흰나비 애벌레

느티나무

(1) 위 생물을 생산자, 소비자, 분해자로 분류하여 각각 쓰시오.

생산자	소비자	분해자

(2) 위 (1)번 답과 같이 생물을 분류한 기준은 무엇인지 쓰시오.

9종 공통

18 **오른쪽과 같이 생태계를 구성하는 생물의 먹이 관계가 먹이 그물로 연결되어 있으면 좋은 점을 한 가지 쓰시오.**

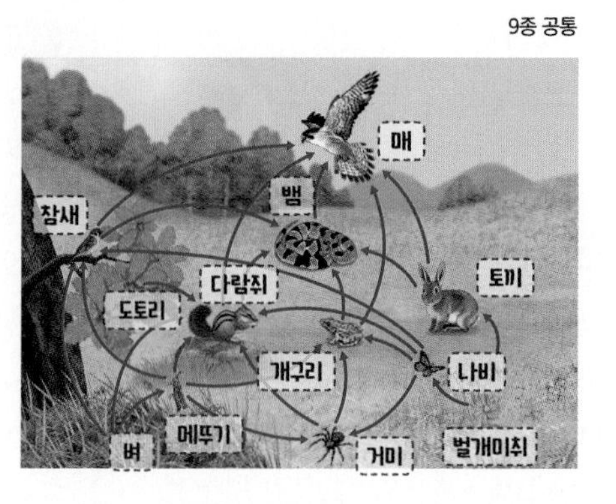

서술형 가이드

어려워하는 서술형 문제! 서술형 가이드를 이용하여 풀어 봐!

16 (1) 햇빛은 살아 (있지 않은 / 있는) 비생물 요소입니다.

(2) [　][　][　]를 이루는 생물 요소와 비생물 요소는 서로 영향을 주고받습니다.

17 (1) 살아가는 데 필요한 양분을 스스로 만드는 생물을 (생산자 / 소비자)라고 하고, 주로 죽은 생물이나 배출물을 분해하여 양분을 얻는 생물을 (소비자 / 분해자)라고 합니다.

(2) 생태계에서는 다양한 생물이 함께 살아가고 있고, 이러한 생물이 살아가려면 반드시 [　][　]이 필요합니다.

18 생태계에서 여러 생물들이 함께 살아가기에 유리한 먹이 관계는 (먹이 사슬 / 먹이 그물)입니다.

Step 3 수행평가

수행평가 가이드
다양한 유형의 수행평가!
수행평가 가이드를 이용해 풀어 봐!

학습 주제 생태계 평형 알아보기

학습 목표 생태계 평형이 깨어지는 까닭과 회복하는 방법을 설명할 수 있다.

생태계 평형
어떤 지역에 사는 생물의 종류와 수 또는 양이 균형을 이루어서 안정된 상태를 유지하는 것입니다.

2 단원

[19~20] 다음은 어느 국립 공원의 생물 이야기입니다.

사람들의 무분별한 늑대 사냥으로 인해 국립 공원에 살던 늑대가 모두 사라졌고, 늑대가 사라지자 사슴의 수가 빠르게 늘어났습니다.

➡

사슴은 강가에 머물며 풀과 나무 등을 닥치는 대로 먹었고, 그 결과 풀과 나무가 잘 자라지 못하였으며 나무를 이용하여 집을 짓고 살던 비버도 국립 공원에서 거의 사라졌습니다.

천재교육, 천재교과서, 김영사, 미래엔, 아이스크림

19 다음은 위 국립 공원에서 생태계의 평형이 깨어진 까닭입니다. ☐ 안에 알맞은 말을 각각 쓰시오.

> 사람들의 무분별한 사냥으로 ❶ ☐ 이/가 사라졌고, ❷ ☐ 의 숫자가 빠르게 늘어나 그곳에 사는 풀과 나무를 모두 먹어 치웠기 때문입니다.

생태계 평형이 깨어지는 까닭
특정 생물의 수나 양이 갑자기 늘어나거나 줄어들면 생태계 평형이 깨어집니다.

천재교육, 천재교과서, 김영사, 미래엔, 아이스크림

20 다음은 위 국립 공원의 깨어진 생태계 평형을 회복하는 방법입니다. 이 방법 외에 다른 방법을 한 가지 쓰시오.

> 사슴의 수를 조절하여 많이 늘어나지 않도록 관리합니다.

국립 공원의 생태계 평형이 깨어진 까닭을 생각해 봐.

비생물 요소가 생물에 미치는 영향 / 환경 오염이 생물에 미치는 영향

개념 ① 비생물 요소가 생물에 미치는 영향

실험 동영상

1. 햇빛과 물이 콩나물의 자람에 미치는 영향 알아보기

① 다르게 해야 할 조건과 같게 해야 할 조건

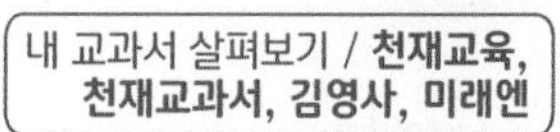

구분	다르게 해야 할 조건	같게 해야 할 조건
햇빛이 콩나물의 자람에 미치는 영향	콩나물이 받는 햇빛의 양	콩나물에 주는 물의 양, 콩나물의 굵기와 길이, 콩나물의 양, 콩나물을 기르는 컵의 크기 등
물이 콩나물의 자람에 미치는 영향	콩나물에 주는 물의 양	콩나물이 받는 햇빛의 양, 콩나물의 굵기와 길이, 콩나물의 양, 콩나물을 기르는 컵의 크기 등

② 실험 방법

1. 바닥에 구멍이 뚫린 투명한 플라스틱 컵 네 개에 각각 탈지면을 넣고, 길이와 굵기가 비슷한 콩나물을 같은 양씩 담기
2. 작은 플라스틱 컵을 아래쪽에 받쳐 물 받침대로 사용하기
3. 햇빛과 물의 조건을 각각 다르게 하여 일주일 동안 콩나물 길러 보기

③ 실험 결과

햇빛이 잘 드는 곳에 놓아둔 콩나물		어둠상자로 덮어 놓은 콩나물	
물을 준 것	물을 주지 않은 것	물을 준 것	물을 주지 않은 것
초록색 본잎 / 햇빛 O 물 O	햇빛 O 물 x	노란색 본잎 / 햇빛 x 물 O	햇빛 x 물 x
• 떡잎이 초록색으로 변함. • 콩나물이 자라고 초록색 본잎이 나옴.	• 떡잎이 초록색으로 변함. • 콩나물이 시들어 말랐음.	• 떡잎이 그대로 노란색임. • 콩나물이 자라고, 노란색 본잎이 나옴.	• 떡잎이 그대로 노란색임. • 콩나물이 시들었음.

→ 떡잎 아래 몸통이 길고 굵게 자랐습니다.
→ 떡잎 아래 몸통이 길게 자랐습니다.

④ 알게 된 점: 콩나물이 자라는 데 햇빛과 물이 영향을 줍니다.

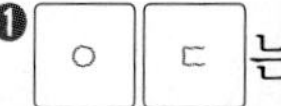

☑ 온도가 콩나물의 자람에 미치는 영향 알아보기

콩나물이 있는 곳의 ❶ ㅇ ㄷ 는 다르게 해야 할 조건이고, 콩나물이 받는 햇빛의 양, 콩나물에 주는 물의 양 등은 같게 해야 할 조건입니다.

☑ 햇빛과 물이 콩나물의 자람에 미치는 영향

햇빛이 잘 ❷(드는 / 들지 않는) 곳에 두고 물을 ❸(준 / 주지 않은) 콩나물이 가장 잘 자랍니다.

정답 ❶ 온도 ❷ 드는 ❸

개념 체크

2. 비생물 요소가 생물에 미치는 영향

햇빛	• 식물이 양분을 만들 때 필요함. • 꽃이 피는 시기, 동물의 번식 시기에도 영향을 줌.	물	생물이 생명을 유지하는 데 꼭 필요함.
공기	생물이 숨을 쉴 수 있게 해 줌.	흙	생물이 사는 장소를 제공함.
온도	• 생물의 생활 방식에 영향을 주며, 나뭇잎에 단풍이 들고 낙엽이 짐. • 날씨가 추워지면 개와 고양이는 털갈이를 함. • 철새는 따뜻한 곳을 찾아 이동하기도 함. → 먹이를 구하거나 새끼를 기르기에 온도가 알맞은 곳을 찾아 이동합니다.		

개념 2 환경에 적응하여 사는 생물

1. 적응: 생물이 오랜 기간에 걸쳐 사는 곳의 환경에 알맞은 생김새와 생활 방식을 갖게 되는 것

2. 다양한 환경에 적응한 생물

선인장	• 잎이 가시 모양이고, 두꺼운 줄기에 물을 많이 저장함. • 비가 거의 오지 않고, 낮에 매우 더운 사막에서 살아갈 수 있음.
북극곰	• 온몸이 두꺼운 털로 덮여 있고 지방층이 두꺼움. • 온도가 매우 낮고 먹이가 부족한 극지방에서 살아갈 수 있음.
박쥐	• 시력이 나쁜 눈 대신 초음파를 들을 수 있는 귀가 있음. • 어두운 동굴 속에 살면서 먹잇감을 찾고, 빠르게 날아다닐 수 있음.

→ 햇빛이 잘 들지 않습니다.

3. 생김새를 통하여 서식지 환경에 적응한 생물의 예

서식지	건조하고 뜨거운 사막	춥고 먹이가 부족한 북극
적응된 여우	사막여우	북극여우
공통점	서식지 환경과 털색이 비슷하여 적으로부터 몸을 숨기거나 먹잇감에 접근하기 유리함.	
차이점	몸집이 작고, 열을 잘 내보내기 위해서 귀가 큼.	몸집이 크고, 열을 빼앗기지 않기 위해서 귀가 작음.

→ 추운 지역에 사는 동물들은 추위를 이겨내기 위한 두꺼운 털과 지방층 때문에 대체로 몸집이 큽니다.

온도가 생물에 미치는 영향

철새는 먹이를 구하거나 새끼를 기르기에 ❹ ㅇ ㄷ 가 알맞은 곳을 찾아 이동합니다.

정답 ❹ 온도

2 단원

내 교과서 살펴보기 / **천재교육, 지학사**

다양한 환경에 적응한 생물

오리	물갈퀴가 있어서 물을 밀치며 헤엄치거나 물에 몸이 잘 뜰 수 있도록 적응됨.
부엉이 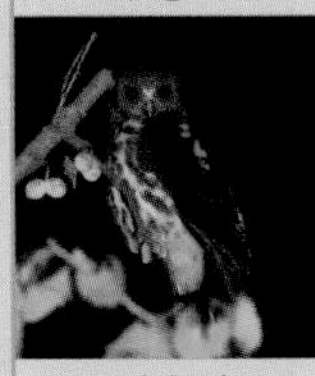	큰 눈과 빛에 민감한 시각을 가지고 있어 빛이 적은 곳에서도 잘 볼 수 있도록 적응됨.
밤송이 	밤을 먹으려고 하는 동물을 가시로 방어하기에 적합하게 적응됨.

개념 알기

4. 생활 방식을 통하여 서식지 환경에 적응한 생물의 예

① 물이 많은 환경에 적응하여 물에 뜰 수 있는 부레옥잠 → 잎자루에 공기 주머니가 있습니다.

② 추운 환경에 적응하여 겨울잠을 자는 곰과 개구리

용어 사람들의 활동으로 자연환경이나 생활 환경이 더럽혀지거나 훼손되는 것

개념 ③ 환경 오염이 생물에 미치는 영향

중요 1. 환경 오염이 생물에 미치는 영향 → 환경이 오염되면 그곳에 사는 생물의 종류와 수가 줄어들고 생물이 멸종하기도 합니다.

구분	원인	영향
토양 오염 	생활 쓰레기, 농약 사용 등	• 쓰레기를 땅속에 묻으면 토양이 오염되어 악취가 나고, 지하수가 오염되어 동물에게 질병을 일으킴. • 식물에 오염 물질이 점점 쌓여 식물을 먹는 다른 생물에 나쁜 영향을 미치고, 생물의 서식지가 파괴됨.
수질 오염 	공장 폐수, 생활 하수, 바다에서의 기름 유출 사고 등	• 물이 더러워지고 안 좋은 냄새가 나며, 물고기가 오염된 물을 먹고 죽거나 모습이 이상해지기도 함. • 오염된 물을 마시는 사람도 위험할 수 있음. • 바다에 유조선의 기름이 유출되면 생물의 서식지가 파괴됨.
대기 오염 	자동차나 공장의 매연 등	• 오염된 공기 때문에 동물의 호흡 기관에 이상이 생기거나 병에 걸림. → 스모그나 미세 먼지 등 • 이산화 탄소 등이 많이 배출되어 지구의 평균 온도가 높아지면 동식물의 서식지가 파괴됨.

2. 환경 오염을 줄일 수 있는 생활 습관 예

① 샤워 시간 1분간 줄이기 → 수질 오염을 줄일 수 있습니다.

② 다회용 물병 가지고 다니기

③ 음식을 남기지 않고 다 먹기

④ 물티슈 대신 손수건 사용하기

→ ②~④ 생활 쓰레기를 줄일 수 있습니다.

⑤ 자동차 대신 대중교통 이용하기 → 대기 오염을 줄일 수 있습니다.

환경 오염의 원인

무분별한 ❺ ㅆ ㄹ ㄱ 배출, 농약이나 비료의 지나친 사용 등은 환경 오염의 원인이 됩니다.

정답 ❺ 쓰레기

사람들의 무분별한 개발은 생물이 살아가는 터전을 파괴하고, 자연환경을 훼손하여 생태계에 해로운 영향을 줄 뿐만 아니라 생태계 평형을 깨뜨리기도 해.

내 교과서 살펴보기 / 천재교육

생태계 보전을 위한 노력

깨끗한 환경을 위한 쓰레기 줍기

친환경 버스 이용으로 이산화 탄소 줄이기

자원 재활용을 할 수 있는 장터 열기

멸종 위기 동물 복원 활동

개념 다지기

천재교육, 천재교과서, 김영사, 미래엔

1 다음은 햇빛과 물의 조건을 다르게 하여 콩나물의 자람을 일주일 이상 관찰한 모습입니다. 햇빛이 잘 드는 곳에 두고 물을 준 콩나물은 어느 것인지 골라 기호를 쓰시오.

㉠ 
㉡ 
㉢ 
㉣ 

( )

9종 공통

2 다음은 비생물 요소가 생물에게 미치는 영향에 대한 설명입니다. □ 안에 들어갈 알맞은 비생물 요소를 쓰시오.

> □은/는 식물이 양분을 만들 때 필요하고, 꽃이 피는 시기와 동물의 번식 시기에도 영향을 미칩니다.

( )

천재교과서

다음 환경에 적응하여 살아가는 생물을 보기 에서 골라 기호를 각각 쓰시오.

보기

㉠ 선인장 ㉡ 북극곰 ㉢ 박쥐

(1) 극지방

(2) 사막

( ) ( )

천재교과서, 김영사, 미래엔, 지학사

4 다음은 서로 다른 환경에 사는 사막여우와 북극여우의 모습입니다. □ 안에 공통으로 들어갈 알맞은 말을 쓰시오.

사막여우

북극여우

> 사막여우와 북극여우의 □은/는 서식지 환경에 적응한 생김새로, 서식지 환경과 □이/가 비슷하면 적으로부터 몸을 숨기거나 먹잇감에 접근하기 유리합니다.

( )

9종 공통

5 다음 환경 오염과 그 원인을 줄로 바르게 이으시오.

(1)	수질 오염 •	• ㉠	지나친 농약 사용, 쓰레기 배출 등
(2)	토양 오염 •	• ㉡	공장 폐수, 바다의 기름 유출 등
(3)	대기 오염 •	• ㉢	자동차 매연, 공장 매연 등

천재교과서

6 다음 중 환경 오염을 줄일 수 있는 생활 습관으로 옳지 않은 것은 어느 것입니까? ( )

① 물티슈를 사용한다.
② 대중교통을 이용한다.
③ 음식을 남기지 않는다.
④ 샤워 시간을 1분간 줄인다.
⑤ 다회용 물병을 가지고 다닌다.

Step 1 단원평가

9종 공통

[1~5] 다음은 개념 확인 문제입니다. 물음에 답하시오.

1 물이 콩나물의 자람에 미치는 영향을 알아보는 실험을 할 때 다르게 해야 할 조건은 (햇빛 / 물)의 양입니다.

2 (물 / 공기)은/는 생물이 숨을 쉴 수 있게 해 줍니다.

3 생물이 오랜 기간에 걸쳐서 사는 곳의 환경에 알맞은 생김새와 생활 방식을 갖게 되는 것을 무엇이라고 합니까? (　　　　　　　)

4 사람들의 활동으로 자연환경이나 생활 환경이 더럽혀지거나 훼손되는 것을 무엇이라고 합니까?
(　　　　　　　)

5 자동차나 공장의 매연은 (수질 / 대기) 오염의 원인입니다.

천재교육, 천재교과서, 김영사, 미래엔

6 다음 중 햇빛이 콩나물의 자람에 미치는 영향을 알아보는 실험에서 다르게 해야 할 조건은 어느 것입니까?
(　　　)

① 콩나물의 양
② 콩나물의 굵기와 길이
③ 콩나물에 주는 물의 양
④ 콩나물이 받는 햇빛의 양
⑤ 콩나물을 기르는 컵의 크기

천재교육, 천재교과서, 김영사, 미래엔

7 다음은 햇빛과 물의 조건을 다르게 하여 콩나물의 자람을 일주일 이상 관찰한 모습입니다. 실험 결과 콩나물이 자라는 데 영향을 주는 비생물 요소에 대해 바르게 설명한 것을 보기에서 골라 기호를 쓰시오.

햇빛○, 물○

햇빛○, 물×

햇빛×, 물○

햇빛×, 물×

보기
㉠ 물만 영향을 줍니다.
㉡ 햇빛만 영향을 줍니다.
㉢ 햇빛과 물 모두 영향을 줍니다.

(

9종 공통

8 다음 중 비생물 요소가 생물에 미치는 영향으로 옳지 않은 것은 어느 것입니까? (　　　)

① 공기는 생물이 숨을 쉴 수 있게 해 준다.
② 물이 없으면 민들레는 잘 자라지 못한다.
③ 모든 동물은 햇빛을 이용해 스스로 양분을 만든다.
④ 온도는 식물의 잎이 단풍이 드는 데 영향을 준다.
⑤ 온도는 동물의 털갈이, 철새의 이동 등에 영향을 준다.

9종 공통

9 다음 보기에서 박쥐가 사는 곳의 환경에 대한 설명으로 옳은 것을 골라 기호를 쓰시오.

보기
㉠ 햇빛이 들지 않아 어둡습니다.
㉡ 온도가 매우 낮고 먹이가 부족합니다.
㉢ 비가 거의 오지 않고 낮의 온도는 매우 높습니다.

(

천재교과서

10 다음 중 북극곰이 사는 곳의 환경에 적응하여 살아가기에 유리한 점으로 옳은 것은 어느 것입니까? (　　　)

① 눈이 아주 작고 시력이 나쁘다.
② 몸속에 물을 많이 저장하고 있다.
③ 초음파를 들을 수 있는 귀가 있다.
④ 큰 귀와 작은 몸집을 가지고 있다.
⑤ 온몸이 두꺼운 털로 덮여 있고 지방층이 두껍다.

천재교과서, 김영사

11 다음 보기에서 생물의 생김새나 생활 방식이 환경에 적응한 예로 옳지 않은 것을 골라 기호를 쓰시오.

보기
㉠ 사막여우의 털색은 서식지 환경과 비슷합니다.
㉡ 개구리는 추운 환경에 적응해 겨울잠을 잡니다.
㉢ 부레옥잠은 물이 많은 환경에 적응해 두꺼운 줄기에 물을 많이 저장합니다.

(　　　　　　　　　　)

9종 공통

12 다음 중 환경 오염의 원인으로 옳지 않은 것은 어느 것입니까? (　　　)

① 공장의 매연　　② 폐수의 배출
③ 쓰레기 분리수거　　④ 비료의 지나친 사용
⑤ 유조선의 기름 유출

9종 공통

13 다음과 같은 환경 오염이 생물에 미치는 영향으로 가장 옳은 것을 두 가지 고르시오. (　　,　　)

대기 오염

① 식물에 오염 물질이 점점 쌓여 식물이 잘 자란다.
② 쓰레기를 땅속에 묻으면 토양이 오염되어 나쁜 냄새가 난다.
③ 생활 하수로 인해서 물고기가 오염된 물을 먹고 죽기도 한다.
④ 오염된 공기 때문에 동물의 호흡 기관에 이상이 생기거나 병에 걸린다.
⑤ 이산화 탄소 등이 많이 배출되어 지구의 평균 온도가 높아지면 동식물의 서식지가 파괴된다.

9종 공통

14 다음과 같이 도로를 건설할 때 생태계에 미치는 영향으로 옳은 것을 보기에서 두 가지 골라 기호를 쓰시오.

보기
㉠ 생물의 서식지가 늘어납니다.
㉡ 생물이 살아가는 터전이 파괴됩니다.
㉢ 그곳에 사는 생물의 종류와 수가 늘어납니다.
㉣ 자연환경을 훼손하여 생태계 평형을 깨뜨립니다.

(　　　　,　　　　)

2 단원

Step 2 서술형 평가

9종 공통

15 다음은 비생물 요소가 생물에 미치는 영향에 대한 내용입니다.

- 날씨가 추워지면 개와 고양이는 털갈이를 합니다.
- 철새는 먹이를 구하거나 새끼를 기르기에 알맞은 곳을 찾아 이동합니다.

(1) 위의 생물에 영향을 주는 비생물 요소는 공통적으로 무엇인지 쓰시오.

( )

(2) 다음은 위 (1)번 답의 비생물 요소가 식물에 미치는 영향입니다. ☐ 안에 알맞은 말을 각각 쓰시오.

답 나뭇잎에 ❶ ☐ 이/가 들고 ❷ ☐ 이/가 진다.

천재교과서, 김영사, 미래엔, 지학사

16 오른쪽은 북극여우의 모습입니다.

(1) 북극여우가 살아남기에 유리한 서식지의 환경으로 옳은 것을 보기 에서 골라 기호를 쓰시오.

보기
㉠ 모래로 뒤덮여 있고, 낮에 덥고 건조합니다.
㉡ 온통 흰 눈으로 뒤덮여 있고, 매우 춥습니다.
㉢ 연한 황토색의 마른 풀과 연한 회색의 돌로 덮여 있습니다.

( )

(2) 위 (1)번 답과 같이 쓴 까닭을 쓰시오.

9종 공통

17 오른쪽은 무엇을 오염시키는 원인이 되는지 쓰고, 그 오염으로 인하여 생물에 미치는 영향을 한 가지 쓰시오.

서술형 가이드
어려워하는 서술형 문제!
서술형 가이드를 이용하여 풀어 봐!

15 (1) 햇빛, 물, 흙, 공기, 온도 등은 (생물 / 비생물) 요소입니다.
(2) 가을이 되어 주변의 온도가 낮아지면 (씨 / 잎 / 뿌리) 의 색깔이 변하는 식물이 있습니다.

16 (1) 북극여우는 (북극 / 사막)의 환경에서 살아남기에 유리한 특징을 가지고 있습니다.
(2) 북극여우의 몸은 ☐ 색 털로 덮여 있습니다.

17 기름이 유출되어 환경이 오염되면 그곳에 살고 있는 생물의 종류와 수가 ☐☐ 들거나 생물이 멸종되기도 합니다.

Step 3 수행평가

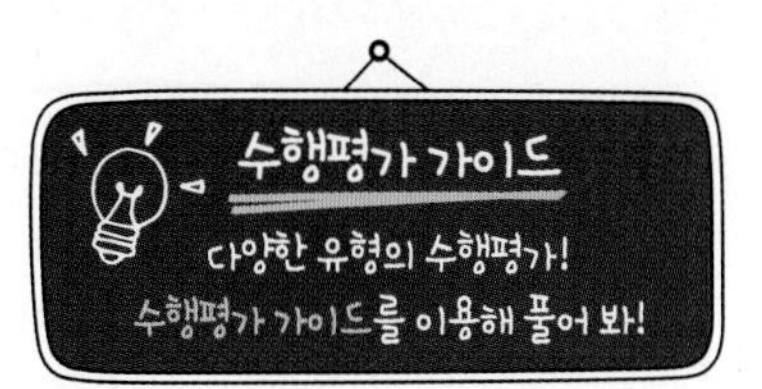

학습 주제 비생물 요소가 생물에 미치는 영향 알아보기

학습 목표 비생물 요소가 콩나물의 자람에 미치는 영향을 설명할 수 있다.

[18~20] 다음과 같이 조건을 다르게 하여 콩나물이 자라는 모습을 일주일 동안 관찰하였습니다.

천재교육, 천재교과서, 김영사, 미래엔

18 위 실험에서 알아보려고 하는 생물에 영향을 미치는 비생물 요소를 두 가지 쓰시오.

(,)

천재교육, 천재교과서, 김영사, 미래엔

19 다음은 위의 ㉠~㉣과 같이 장치하여 일주일이 지난 후 콩나물의 모습을 관찰해 기록한 것입니다. 관찰한 내용에 해당하는 조건을 ㉠~㉣ 중에서 골라 기호를 각각 쓰시오.

(1) 콩나물 떡잎 색이 그대로 노란색이고, 콩나물이 시들었습니다.

( )

(2) 콩나물의 떡잎 색이 초록색으로 변하고 떡잎 아래 몸통이 길고 굵게 자랐으며, 초록색 본잎이 새로 생겼습니다.

( )

천재교육, 천재교과서, 김영사, 미래엔

20 위 실험 결과 콩나물의 자람에 영향을 미치는 조건을 쓰시오.

____

____

콩나물의 자람에 영향을 미치는 비생물 요소 알아보기

비생물 요소가 콩나물의 자람에 미치는 영향을 알아보는 실험을 할 때 알아보려고 하는 비생물 요소의 조건만 다르게 합니다.

콩나물의 자람 관찰하기

햇빛이 잘 드는 곳에 두고 물을 준 콩나물이 가장 잘 자라고, 햇빛이 잘 들지 않는 곳에 두고 물을 주지 않은 콩나물은 잘 자라지 못합니다.

실험에서 콩나물이 가장 잘 자란 조건을 생각해 봐.

점수

배점 표시가 없는 문제는 문제당 4점입니다.

9종 공통

1 다음은 무엇에 대한 설명입니까? (   )

> 어떤 장소에서 살아가는 생물과 생물을 둘러싸고 있는 환경이 서로 영향을 주고받는 것입니다.

① 적응 ② 생태계
③ 먹이 그물 ④ 먹이 사슬
⑤ 비생물 요소

천재교육, 천재교과서, 김영사, 미래엔, 지학사

2 다음 중 숲 생태계의 생물 요소와 비생물 요소를 바르게 나타낸 것은 어느 것입니까? (   )

구분	생물 요소	비생물 요소
①	흙	나비
②	햇빛	너구리
③	참새	구절초
④	다람쥐	공기
⑤	곰팡이	세균

9종 공통

3 다음 중 생물이 양분을 얻는 방법이 나머지와 다른 하나는 어느 것입니까? (   )

① 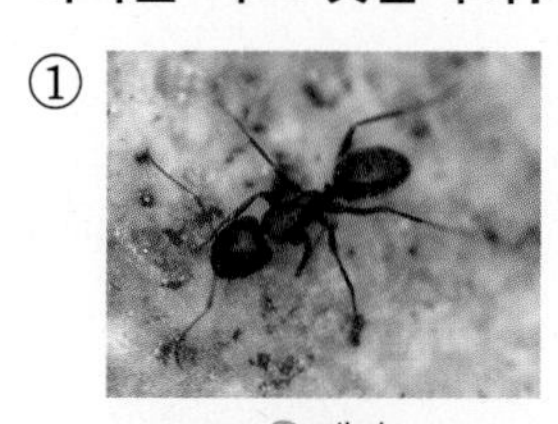
개미

② 
메뚜기

③ 
다람쥐

④ 
벼

천재교과서

4 다음 중 생태계를 구성하는 생물 요소가 양분을 얻는 방법에 대한 설명으로 옳지 않은 것은 어느 것입니까? (   )

① 검정말은 공기에서 양분을 얻는다.
② 부들은 햇빛을 받아 스스로 양분을 만든다.
③ 다슬기는 다른 생물을 먹이로 하여 양분을 얻는다.
④ 개구리는 다른 생물을 먹이로 하여 양분을 얻는다.
⑤ 왜가리는 다른 생물을 먹이로 하여 양분을 얻는다.

서술형·논술형 문제

9종 공통

5 다음은 어느 생태계를 나타낸 것입니다. [총 10점]

(1) 위 생태계의 생물 요소를 양분을 얻는 방법에 따라 분류할 때 곰팡이와 세균은 무엇으로 분류할 수 있는지 쓰시오. [4점]

(   )

(2) 위 (1)번 답의 생물 요소가 양분을 얻는 방법을 쓰시오. [6점]

9종 공통

6 다음 생물의 먹이 관계에서 □ 안에 들어갈 알맞은 생물은 어느 것입니까? (　　　　)

도토리 → □ → 뱀

① 매　② 다람쥐
③ 메뚜기　④ 개구리
⑤ 옥수수

9종 공통

7 다음은 생태계를 구성하는 생물의 먹이 관계를 나타낸 것입니다. ㉠에 들어갈 알맞은 생물을 쓰시오.

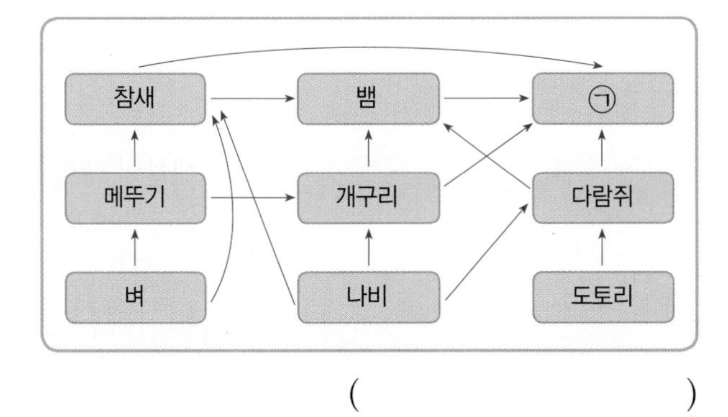

(　　　　　　　　　　　　)

서술형·논술형 문제

9종 공통

8 다음은 어떤 생태계의 먹이 그물입니다. [총 10점]

(1) 뱀의 먹이가 되는 동물을 두 가지 쓰시오. [4점]

(　　　　　　　,　　　　　　　)

(2) 생태계에서 생물의 먹이 관계가 위와 같은 형태로 나타나는 까닭을 쓰시오. [6점]

____

____

[9~10] 다음은 어느 국립 공원의 생물 이야기입니다. 물음에 답하시오.

사람들의 무분별한 늑대 사냥 → 국립 공원에 살던 늑대가 모두 사라짐. → 사슴의 수가 빠르게 늘어남.

➡

사슴은 강가에 머물며 풀과 나무 등을 닥치는 대로 먹음. → 풀과 나무가 잘 자라지 못함. → 나무를 이용하여 집을 짓고 살던 비버도 거의 사라짐.

천재교육, 천재교과서, 김영사, 미래엔, 아이스크림

9 다음 보기에서 위 국립 공원에서 사람들의 무분별한 사냥으로 늑대가 사라진 뒤 일어난 일로 옳은 것을 골라 기호를 쓰시오.

보기
㉠ 풀과 나무가 잘 자랐습니다.
㉡ 사슴의 수가 빠르게 늘어났습니다.
㉢ 비버의 수가 빠르게 늘어났습니다.

(　　　　　　　　　　　　)

천재교육, 김영사, 아이스크림

10 다음 중 위 국립 공원에 늑대를 다시 풀어놓았을 때 나타나는 현상으로 옳은 것은 어느 것입니까?

(　　　　)

① 비버의 수는 더 줄어든다.
② 사슴의 수는 더 늘어난다.
③ 풀과 나무는 잘 자라지 못한다.
④ 비버나 사슴의 수는 변하지 않는다.
⑤ 오랜 시간에 걸쳐 생태계 평형을 되찾는다.

2 단원

9종 공통

11 다음은 생태계에서 나타나는 현상에 대한 설명입니다. □ 안에 공통으로 들어갈 알맞은 말을 쓰시오.

어떤 지역에 사는 생물의 종류와 수 또는 양이 균형을 이루어서 안정된 상태를 유지하는 것을 □(이)라고 하며, □이/가 깨어지면 원래대로 회복하는 데 오랜 시간이 걸립니다.

( )

[12~13] 다음과 같이 햇빛과 물의 조건을 다르게 하여 콩나물이 자라는 모습을 관찰했습니다. 물음에 답하시오.

햇빛○, 물○

햇빛○, 물×

햇빛×, 물○

햇빛×, 물×

서술형·논술형 문제

천재교육, 천재교과서, 김영사, 미래엔

12 위 실험에서 일주일 동안 ㉣ 콩나물이 자라는 모습을 관찰한 결과를 쓰시오. [8점]

천재교육, 천재교과서, 김영사, 미래엔

13 다음 중 위 실험 결과로 알 수 있는 콩나물의 자람에 영향을 주는 비생물 요소를 두 가지 고르시오. (,)

① 흙
② 물
③ 햇빛
④ 공기
⑤ 온도

9종 공통

14 다음 비생물 요소가 생물에 미치는 영향을 줄로 바르게 이으시오.

(1) 흙 • 	• ㉠ 생물이 살아가는 장소를 제공함.
(2) 물 • 	• ㉡ 나뭇잎에 단풍이 들고 낙엽이 짐.
(3) 온도 • 	• ㉢ 꽃이 피는 시기와 동물의 번식 시기에 영향을 줌.
(4) 햇빛 • 	• ㉣ 생물이 숨을 쉴 수 있게 해 줌.
(5) 공기 • 	• ㉤ 생물이 생명을 유지하는 데 꼭 필요함.

9종 공

15 다음 중 선인장이 다음과 같은 환경에 적응하여 살아가기에 유리한 점으로 옳은 것을 두 가지 고르시오. (,

사막

① 잎이 크고 두껍다.
② 잎이 가시 모양이다.
③ 줄기가 가늘고 길다.
④ 꽃이 크고 화려하다.
⑤ 두꺼운 줄기에 물을 많이 저장한다.

9종 공통

16 다음 중 적응에 대한 설명으로 옳은 것은 어느 것입니까?
( )

① 동물만 환경에 적응한다.
② 생물이 비생물 요소에 미치는 영향이다.
③ 생물이 서로 도움을 주고받으며 살아가는 것이다.
④ 어떤 지역에 사는 생물의 종류가 균형을 이루는 것이다.
⑤ 생물이 오랜 기간에 걸쳐 사는 곳의 환경에 알맞은 생김새와 생활 방식을 갖게 되는 것이다.

천재교과서, 김영사, 미래엔, 지학사

17 다음 두 여우가 각 서식지 환경에 적응한 특징을 털색 외에 한 가지 쓰시오.

북극여우

사막여우

( )

서술형·논술형 문제

9종 공통

8 다음은 물이 오염된 모습입니다. 물의 오염이 생물에 미치는 영향을 한 가지 쓰시오. [8점]

9종 공통

19 다음의 환경 오염 원인과 관련 있는 환경 오염의 종류를 줄로 바르게 이으시오.

(1) 
기름 유출 사고

(2) 
공장의 매연

(3) 
지나친 농약 사용

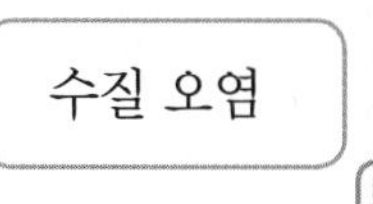

• ㉠ 토양 오염
• ㉡ 수질 오염
• ㉢ 대기 오염

9종 공통

20 다음 중 환경 오염이 생물에 미치는 영향으로 옳지 않은 것은 어느 것입니까? ( )

① 환경이 오염되면 그곳에 사는 생물의 수가 줄어든다.
② 환경이 오염되면 그곳에 사는 생물의 종류는 변하지 않는다.
③ 도로나 건물 등을 만들면서 생물이 살아가는 터전을 파괴하기도 한다.
④ 환경이 오염되면 그곳에 사는 생물이 병에 걸리거나 잘 자라지 못한다.
⑤ 무분별한 개발은 자연환경을 훼손하여 생태계 평형을 깨뜨리기도 한다.

2 단원

진도 완료 체크

연관 학습 안내

초등 4학년	이 단원의 학습	중학교
물의 여행 물은 끊임없이 모습을 바꾸며 순환한다는 것을 배웠어요.	날씨와 우리 생활 날씨 변화의 원인인 습도, 온도, 기압, 바람 등에 대해 배워요.	기권과 날씨 기권의 구조, 다양한 기단과 전선 등에 대해 배울 거예요.

만화로 단원 미리보기

3 날씨와 우리 생활

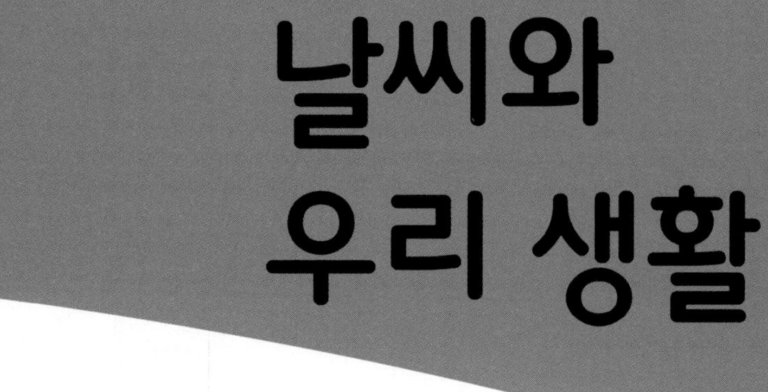

단원 안내

(1) 습도 / 이슬, 안개, 구름 / 비와 눈

(2) 고기압과 저기압 / 바람 / 우리나라의 계절별 날씨

이어서 개념 웹툰

개념 1 습도가 우리 생활에 미치는 영향

실험 동영상

1. 건습구 습도계로 습도 측정하기

용어 건습구 습도계: 건구 온도계와 습구 온도계의 온도 차이를 이용하여 습도를 측정하는 도구

① 습도: 공기 중에 수증기가 포함된 정도

② 건습구 습도계로 습도 측정하기

1. 알코올 온도계 하나만 액체샘 부분을 헝겊으로 감싸고 고무줄로 묶기
2. 스탠드와 뷰렛 집게로 알코올 온도계 두 개를 설치하기
3. 헝겊으로 감싼 온도계의 헝겊 끝부분을 물에 잠기게 하기 → 습구 온도계의 액체샘 부분이 물에 직접 닿지 않게 합니다.
4. 5분 뒤 두 온도계의 온도를 읽고, 습도표로 현재 습도를 구하기

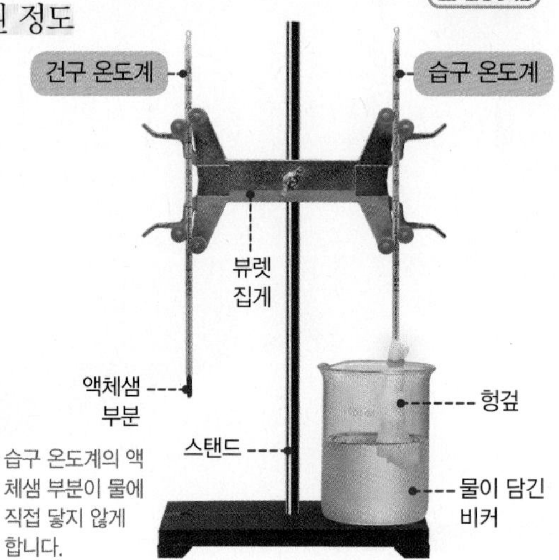

③ 건구 온도계와 습구 온도계의 온도가 다른 까닭: 습구 온도계의 액체샘 부분을 감싼 헝겊의 물이 증발하면서 주변의 온도를 낮추기 때문입니다.

중요 2. 습도표 읽는 방법 예 → 건구 온도와 습구 온도의 차이가 클수록 습도가 낮습니다.

※ 건구 온도: 16 °C, 습구 온도: 14 °C일 때 (단위: %)

건구 온도(°C)	건구 온도와 습구 온도의 차(°C)			
	0	1	2	
14	100	90	79	
15	100	90	80	71
16	100	90	81	
17	100	90	81	
18	100	91	82	73

1 건구 온도에 해당하는 16 °C를 세로줄에서 찾아 표시합니다.

2 건구 온도와 습구 온도의 차(16 °C−14 °C=2 °C)를 구하고 그 값을 가로줄에서 찾아 표시합니다.

3 1과 2가 만나는 지점이 현재 습도를 나타냅니다. 현재 습도는 81 %입니다.

3. 습도와 우리 생활

구분	습도가 높을 때	습도가 낮을 때
우리에게 미치는 영향	• 곰팡이가 잘 핌. • 세균이 번식하기 쉬움. • 음식물이 쉽게 부패함.	• 빨래가 잘 마름. • 산불이 나기 쉬움. • 피부가 쉽게 건조해짐.
습도를 조절하는 방법	• 에어컨 사용하기 • 제습기 사용하기 • 바람이 잘 통하게 하기	• 물을 끓이기 • 가습기 사용하기 • 젖은 수건을 널어 두기

→ 마른 숯을 실내에 놓아두면 습도를 낮출 수 있습니다. (습도가 높을 때)

→ 감기에 걸리기 쉽습니다. (습도가 낮을 때)

개념 체크

☑ 건구 온도계와 습구 온도계

건습구 습도계에서 젖은 헝겊으로 감싼 온도계가 ❶ ㅅ ㄱ 온도계, 그렇지 않은 온도계가 건구 온도계입니다.

정답 ❶ 습구

내 교과서 살펴보기 / 천재교과서, 지학사

더운 여름날, 습도가 낮을 때와 높을 때 사람들이 느끼는 온도와 감정

습도가 낮을 때	습도가 높을 때
실제보다 덜 덥게 느껴지고, 쾌적한 느낌이 듦.	실제보다 더 덥게 느껴지고 불쾌감이 들기도 함.

개념 ② 이슬과 안개 그리고 구름

실험 동영상

1. 이슬과 안개 발생 실험하기

내 교과서 살펴보기 / 천재교과서

탐구 과정	❶ 페트리 접시 밑면에 나뭇잎 모형을 붙이고, 냉장고에 5분 이상 보관하기 ❷ 따뜻한 물로 유리병 안쪽을 데운 뒤에 물을 버리고 향 연기를 조금 넣기 ❸ 유리병 위에 ❶의 페트리 접시를 뒤집어 올려놓고, 그 위에 얼음이 담긴 비닐을 올려놓기 ❹ 유리병 안과 나뭇잎 모형 표면에 나타나는 변화 관찰하기	
탐구 결과	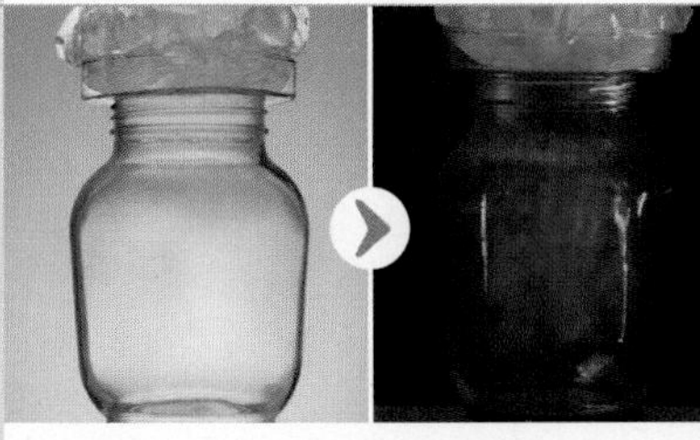 유리병 안이 뿌옇게 흐려졌음.	 나뭇잎 모형 표면에 물방울이 맺혔음.
알게 된 점	• 유리병 안이 뿌옇게 흐려지는 까닭: 얼음이 든 페트리 접시로 인해 유리병이 차가워지면서 유리병 안의 수증기가 응결했기 때문이다. • 실험 결과와 비슷한 자연 현상: 안개	• 나뭇잎 모형 표면에 물방울이 맺히는 까닭: 유리병 안의 수증기가 차가워진 나뭇잎 모형의 표면에 닿아 응결했기 때문이다. • 실험 결과와 비슷한 자연 현상: 이슬

용어 응결: 공기 중의 수증기가 물방울로 변하는 현상

2. 이슬과 안개 그리고 구름

구름: 공기가 하늘 위로 올라가면서 점점 차가워지며 공기 중의 수증기가 응결합니다.

구분	이슬	안개	구름
뜻	밤이 되어 기온이 낮아지면 공기 중의 수증기가 나뭇가지나 풀잎 등에 닿아 물방울로 맺히는 것	공기 중의 수증기가 지표면 가까이에서 응결하여 작은 물방울로 떠 있는 것	수증기가 응결하여 생긴 물방울이나 얼음 알갱이가 하늘 높이 떠 있는 것
공통점	공기 중의 수증기가 응결하여 나타나는 현상임.		
차이점 (생성 위치)	물체 표면	지표면 근처	높은 하늘

☑ 이슬과 안개

이슬과 안개는 주로 새벽이나 이른 ❷ ㅇ ㅊ 에 볼 수 있습니다.

넌 어디에서 왔니?
공기 중에 있다가 왔어.

정답 ❷ 아침

3 단원

내 교과서 살펴보기 / 김영사, 비상, 아이스크림

이슬과 안개 발생 실험

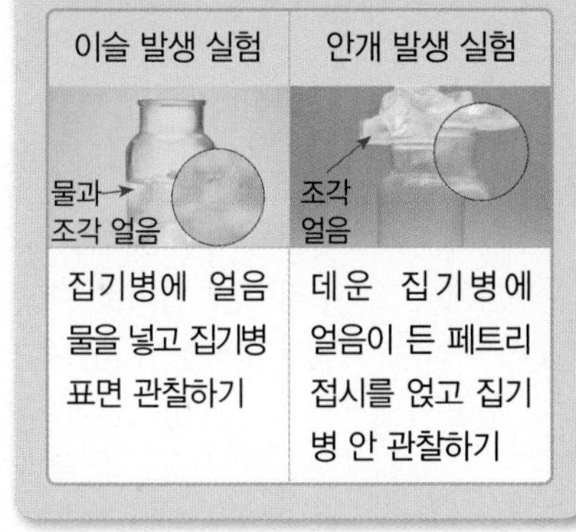

이슬 발생 실험	안개 발생 실험
물과 조각 얼음	조각 얼음
집기병에 얼음물을 넣고 집기병 표면 관찰하기	데운 집기병에 얼음이 든 페트리 접시를 얹고 집기병 안 관찰하기

개념 알기

개념 체크

개념 ③ 비와 눈

1. 비의 생성 과정 모형실험하기

실험 동영상

내 교과서 살펴보기 / **천재교육**

<table>
<tr><td>탐구 과정</td><td>❶ 잘게 부순 얼음과 찬물을 둥근바닥 플라스크에 $\frac{1}{3}$ 정도 넣고 겉면을 마른 수건으로 닦기
❷ 비커에 뜨거운 물을 $\frac{1}{3}$ 정도 넣기
❸ 스탠드에 비커를 놓고, 둥근바닥 플라스크를 비커 위에서 약간 떨어뜨려 고정하기
❹ 둥근바닥 플라스크 아랫면에 나타나는 변화 관찰하기</td><td>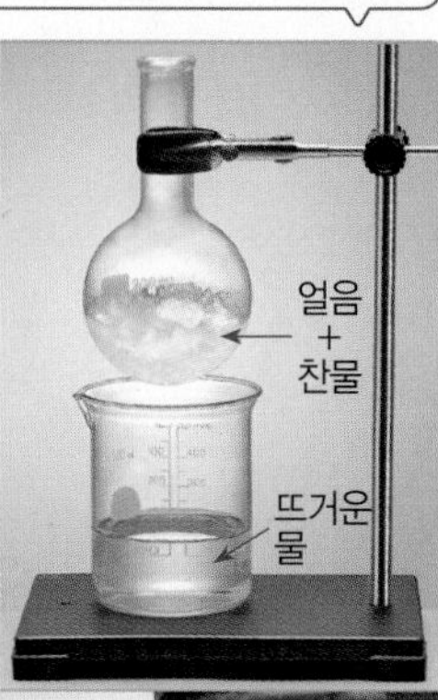
얼음 + 찬물
뜨거운 물</td></tr>
<tr><td>탐구 결과</td><td colspan="2">  
• 플라스크 아래에 작은 물방울이 생기고, 이 물방울이 점점 커짐.
• 물방울들이 합쳐지면서 점점 커지고 무거워져 아래로 떨어짐.</td></tr>
<tr><td>알게 된 점</td><td colspan="2">플라스크 아랫면에 변화가 나타나는 까닭: 비커 속의 따뜻한 수증기가 위로 올라가 플라스크 아랫면에서 응결해 작은 물방울로 맺히고, 이들이 모여 큰 물방울이 된다. 커진 물방울은 무거워져 아래로 떨어진다.</td></tr>
</table>

용어 물의 기체 상태로, 눈에 보이지 않고, 모양이 없습니다.

2. 구름에서 비와 눈이 내리는 과정

구름에서 비가 내리는 과정	• 구름을 이루는 작은 물방울들이 합쳐져 무거워지면 떨어지며 비가 됨. • 구름을 이루는 얼음 알갱이가 무거워져서 아래로 떨어지며, 도중에 녹으면 비가 됨.	
구름에서 눈이 내리는 과정	구름을 이루는 얼음 알갱이가 점점 커지고 무거워져 떨어질 때, 녹지 않고 그대로 떨어지면 눈이 됨.	

↳ 여름에 눈이 내리지 않는 까닭: 기온이 높은 여름에는 얼음 알갱이가 떨어질 때 녹아서 비가 되기 때문입니다.

☑ 비 발생 실험

둥근바닥 플라스크 아래에 물방울이 맺히고, 물방울이 합쳐지고 커지면 ❸ [ㅇ][ㄹ]로 떨어집니다.

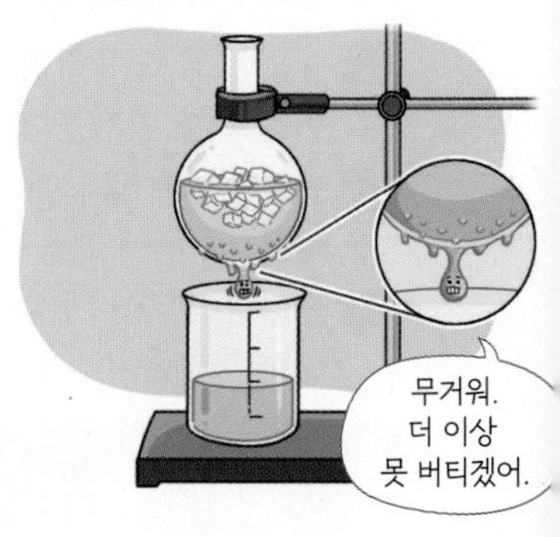

☑ 구름 속 물방울과 얼음 알갱이

구름 속 물방울이나 얼음 알갱이가 커지고 ❹(가벼워 / 무거워)지면 떨어져 눈이나 비가 됩니다.

정답 ❸ 아래 ❹ 무거워

개념 다지기

[1~3] 다음은 습도를 측정하기 위한 장치입니다. 물음에 답하시오.

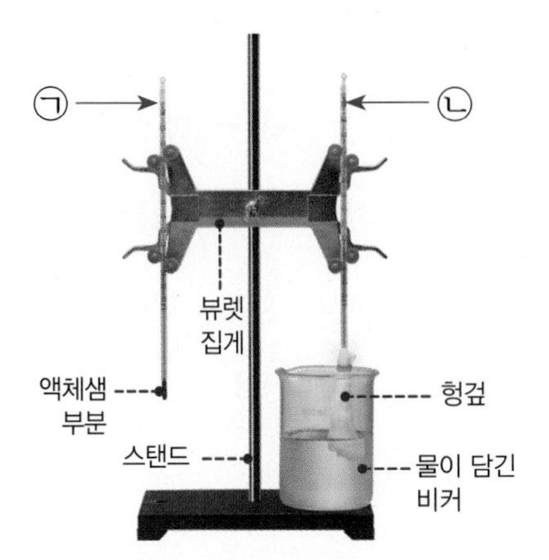

천재교과서, 김영사, 동아, 비상, 지학사

1 위 장치의 이름은 무엇인지 쓰시오.

( )

천재교과서, 김영사, 동아, 비상, 지학사

2 위의 ㉠, ㉡ 중 습구 온도계는 어느 것인지 기호를 쓰시오.

( )

9종 공통

3 위의 장치에서 ㉠의 온도가 18 ℃, ㉡의 온도가 15 ℃일 때, 다음 습도표를 보고 현재 습도를 구하시오.

(단위 : %)

건구 온도 (℃)	건구 온도와 습구 온도의 차(℃)			
	0	1	2	3
16	100	90	81	71
17	100	90	81	72
18	100	91	82	73
19	100	91	82	74

( ) %

[4~5] 오른쪽은 밑면에 나뭇잎 모형을 붙인 페트리 접시를 냉장고에 보관했다가 꺼낸 뒤, 안쪽을 데운 유리병 위에 뒤집어 올리고 얼음이 담긴 비닐을 올려놓은 모습입니다. 물음에 답하시오.

천재교육

4 다음 중 위의 나뭇잎 모형에 나타나는 변화로 옳은 것은 어느 것입니까? ( )

① 나뭇잎 모형이 사라진다.
② 나뭇잎 모형이 녹기 시작한다.
③ 나뭇잎 모형의 개수가 많아진다.
④ 나뭇잎 모형이 빨간색으로 변한다.
⑤ 나뭇잎 모형 표면에 물방울이 맺힌다.

천재교육

5 다음 중 위의 나뭇잎 모형 표면에서 나타나는 현상과 비슷한 자연 현상은 어느 것입니까? ( )

① 비　② 가뭄
③ 바람　④ 안개
⑤ 이슬

9종 공통

6 다음은 구름에 대한 설명입니다. □ 안에 들어갈 알맞은 말을 쓰시오.

> 공기가 지표면에서 하늘로 올라가면서 수증기가 응결해 작은 □이/가 되거나 얼음 알갱이 상태로 변해 하늘에 떠 있는 것입니다.

( )

Step 1 단원평가

9종 공통

[1~5] 다음은 개념 확인 문제입니다. 물음에 답하시오.

1 공기 중에 수증기가 포함된 정도를 무엇이라고 합니까?

( )

2 건습구 습도계에서 젖은 헝겊을 감싸지 않은 알코올 온도계를 (건구 / 습구) 온도계라고 합니다.

3 습도가 (낮을 / 높을) 때는 음식물이 쉽게 부패합니다.

4 공기 중의 수증기가 지표면 가까이에서 응결하여 작은 물방울로 떠 있는 것을 무엇이라고 합니까?

( )

5 구름을 이루는 작은 물방울들이 합쳐져 무거워지면 떨어지면서 (비 / 우박)이/가 됩니다.

[6~7] 오른쪽과 같이 알코올 온도계 두 개를 사용하여 건습구 습도계를 설치하고 습도를 측정하였습니다. 물음에 답하시오.

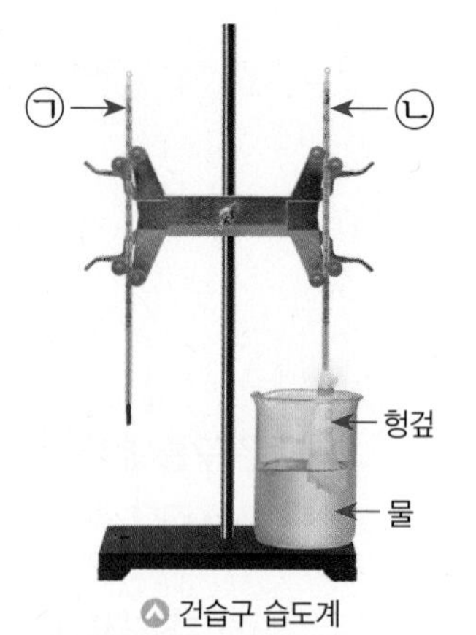

건습구 습도계

천재교과서, 김영사, 동아, 비상, 지학사

6 위에서 ㉠과 ㉡의 온도계를 무엇이라고 하는지 각각 쓰시오.

㉠ ( ) ㉡ ( )

9종 공통

7 앞에서 ㉠의 온도가 30 ℃이고, ㉡의 온도가 25 ℃일 때 다음 습도표를 보고 현재 습도를 구하시오.

(단위 : %)

건구 온도 (℃)	건구 온도와 습구 온도의 차(℃)					
	0	1	2	3	4	5
29	100	93	86	79	72	66
30	100	93	86	79	73	67

( ) %

9종 공통

8 습도가 높을 때와 낮을 때 우리 생활에서 경험할 수 있는 현상을 보기 에서 골라 각각 기호를 쓰시오.

보기
㉠ 빨래가 잘 마릅니다.
㉡ 곰팡이가 잘 핍니다.
㉢ 감기에 걸리기 쉽습니다.
㉣ 음식물이 부패하기 쉽습니다.

(1) 습도가 높을 때: (,)
(2) 습도가 낮을 때: (,)

[9~10] 오른쪽과 같이 집기병에 물과 조각 얼음을 $\frac{2}{3}$ 정도 넣고 집기병 표면을 마른 수건으로 닦은 뒤, 변화를 관찰하였습니다. 물음에 답하시오.

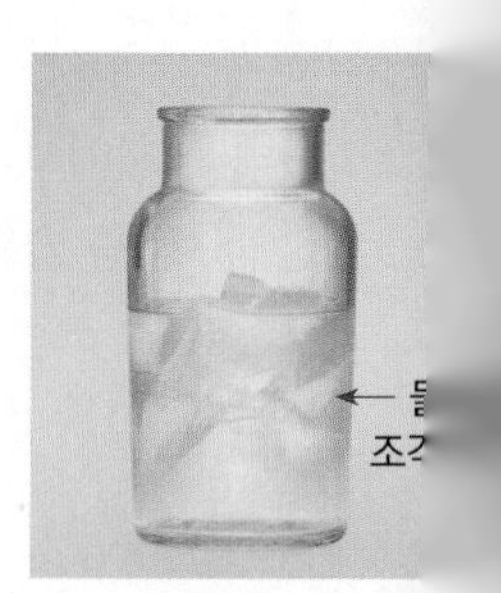

김영사, 비상, 아이스크

9 다음 중 위의 실험에서 집기병 표면에서 나타나는 현상으로 옳은 것은 어느 것입니까? ( )

① 얼음이 생긴다.
② 물방울이 맺힌다.
③ 점점 뜨거워진다.
④ 집기병이 깨진다.
⑤ 아무런 변화가 없다.

김영사, 비상, 아이스크림

10 다음은 앞의 9번 답과 같은 현상이 나타나는 까닭에 대한 설명입니다. ㉠, ㉡에 들어갈 알맞은 말을 각각 쓰시오.

> 집기병 바깥에 있는 공기 중 [㉠]이/가 응결해 집기병 표면에서 [㉡](으)로 맺히기 때문입니다.

㉠ (　　　　　　　　)
㉡ (　　　　　　　　)

천재교육

11 오른쪽과 같이 따뜻한 물로 데운 집기병에 향을 넣었다가 뺀 뒤 조각 얼음이 담긴 비닐 봉지를 넣고 집기병의 뚜껑을 닫았을 때 나타나는 현상으로 옳은 것은 어느 것입니까? (　　　)

① 따뜻한 물이 끓는다.
② 얼음이 모두 사라진다.
③ 집기병의 색깔이 변한다.
④ 집기병 안이 뿌옇게 흐려진다.
⑤ 집기병 안에서 검은색 연기가 발생한다.

9종 공통

12 다음 중 이슬과 안개의 공통점으로 옳은 것은 어느 것입니까? (　　　)

① 하늘 높이 떠 있다.
② 지표면 가까이에 떠 있다.
③ 나뭇가지나 풀잎 등에 닿아 맺힌다.
④ 공기 중 수증기가 증발해 나타나는 현상이다.
⑤ 공기 중 수증기가 응결해 나타나는 현상이다.

[13~14] 다음은 뜨거운 물이 든 비커 위에 잘게 부순 얼음과 찬물을 넣은 둥근바닥 플라스크를 고정시킨 모습입니다. 물음에 답하시오.

천재교육

13 위 실험의 결과가 다음과 같을 때 시간순으로 더 나중인 것을 골라 기호를 쓰시오.

㉠

작은 물방울이 맺힘.

㉡

물방울이 점점 커짐.

(　　　　　　　　)

9종 공통

14 다음 중 위 실험의 결과와 관계있는 자연 현상은 어느 것입니까? (　　　)

①

비

②

가뭄

③

번개

④ 무지개

Step 2 서술형 평가

9종 공통

15 다음은 건습구 습도계로 온도를 측정하여 오른쪽의 습도표에서 현재 습도를 구한 것입니다.

(단위 : %)

건구 온도 (℃)	건구 온도와 습구 온도의 차(℃)			
	0	1	2	3
14	100	90	79	70
15	100	90	80	71
16	100	90	81	71

• 건구 온도: 15 ℃
• 현재 습도: 71 %

(1) 위 실험에서 측정한 습구 온도: ( ) ℃

(2) 위 (1)번의 답과 같이 생각한 까닭은 무엇인지 쓰시오.

답 71 %의 습도에 해당하는 건구 온도와 습구 온도의 차가 ❶ ℃ 이므로, ❷ 은/는 건구 온도보다 3 ℃가 낮다.

김영사, 비상, 아이스크림

16 오른쪽은 이슬과 안개의 발생 실험 결과 모습이고, 보기 는 이슬과 안개에 대한 설명입니다.

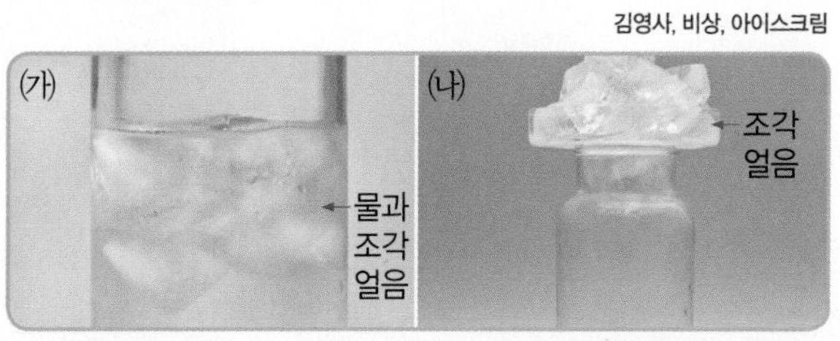

집기병 표면에 작은 물방울이 맺힘. 집기병 안이 뿌옇게 흐려짐.

보기
㉠ 공기 중 수증기가 응결해 작은 물방울로 지표면 근처에 떠 있습니다.
㉡ 공기 중 수증기가 응결해 물체 표면에 물방울로 맺힙니다.

(1) 위의 실험과 관련된 자연 현상의 설명을 보기 에서 골라 기호를 쓰시오.

(가) ( ) (나) ( )

(2) 위 실험 (가)와 (나)에서 일어나는 공통된 현상을 쓰시오.

9종 공통

17 다음 중 옳지 않은 설명을 한 친구의 이름을 쓰고, 바르게 고쳐 쓰시오.

준열: 비는 구름 속 작은 물방울이 합쳐지면서 무거워져 떨어지는 거야.
재훈: 눈은 구름 속 얼음 알갱이의 크기가 커지면서 무거워져 떨어진 거야.
진아: 구름은 수증기가 응결해 만들어지니까 얼음 알갱이만으로 되어 있어.

서술형 가이드

어려워하는 서술형 문제! 서술형 가이드를 이용하여 풀어 봐!

15 (1) 젖은 헝겊으로 감싼 (건구 / 습구) 온도계의 온도가 습구 온도입니다.

(2) 건구 온도와 습구 온도의 차가 만나는 지점을 찾아 현재 을/를 구할 수 있습니다.

16 (1) 물과 조각 얼음을 넣은 집기병 표면에 집기병 바깥의 수증기가 (응결 / 증발)하여 물방울로 맺힙니다.

(2) 집기병 안을 데운 뒤 조각 얼음이 담긴 페트리 접시를 올리면 집기병 안에서는 (수증기 / 물)이/가 응결해 뿌옇게 흐려집니다.

17 비는 구름 속 작은 물방울이 합쳐지거나 이/가 커지면서 무거워져 떨어질 때 녹아 빗방울이 됩니다.

Step 3 수행평가

학습 주제 이슬, 안개, 구름의 공통점과 차이점 비교하기

학습 목표 이슬과 안개 그리고 구름의 생성 과정을 설명할 수 있다.

9종 공통

18 다음 보기 중 물체 표면에 수증기가 응결하는 예로 옳지 않은 것을 골라 기호를 쓰시오.

보기

㉠ 냉동실에 넣어 둔 물이 얼어버림.
㉡ 얼음물 컵 표면에 물방울이 생김.
㉢ 추운 날 실내로 들어왔을 때 안경에 물방울이 맺힘.

( )

9종 공통

19 오른쪽과 같이 이른 아침에 볼 수 있는 거미줄에 맺힌 물방울에 대한 설명으로 옳은 것에는 ○표, 옳지 않은 것에는 ×표를 하시오.

(1) 이슬입니다. ( )

(2) 지표면 근처에 떠 있습니다. ( )

(3) 공기 중의 수증기가 응결하여 물방울로 맺힌 것입니다. ( )

9종 공통

20 다음은 안개와 구름에 대해 정리한 것입니다. 빈칸에 알맞은 말을 쓰시오.

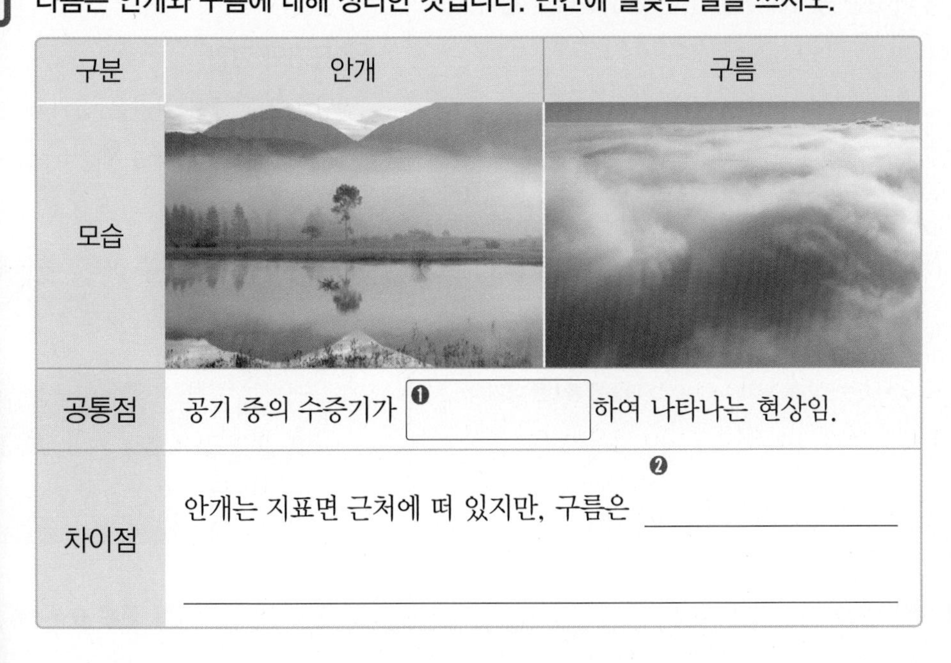

구분	안개	구름
모습		
공통점	공기 중의 수증기가 ❶ ______ 하여 나타나는 현상임.	
차이점	안개는 지표면 근처에 떠 있지만, 구름은 ❷ ______	

수행평가 가이드
다양한 유형의 수행평가!
수행평가 가이드를 이용해 풀어 봐!

응결

뜻	공기 중의 수증기가 물방울로 변하는 현상
볼 수 있는 예	겨울철에 유리창에 맺힌 물방울, 따뜻한 물로 샤워했을 때 욕실 거울에 맺힌 물방울 등

이슬도 수증기의 응결로 나타나는 현상이야.

안개와 구름

- 안개: 공기 중의 수증기가 지표면 가까이에서 응결하여 작은 물방울로 떠 있는 것
- 구름: 수증기가 응결하여 생긴 물방울이나 얼음 알갱이가 하늘 높이 떠 있는 것

3 단원
진도 완료 체크

고기압과 저기압 / 바람 / 우리나라의 계절별 날씨

개념 ① 고기압과 저기압

용어 기압: 공기의 무게 때문에 생기는 힘

1. 기온에 따른 공기의 무게 비교하기

실험 동영상

내 교과서 살펴보기 / **천재교과서**

탐구 과정	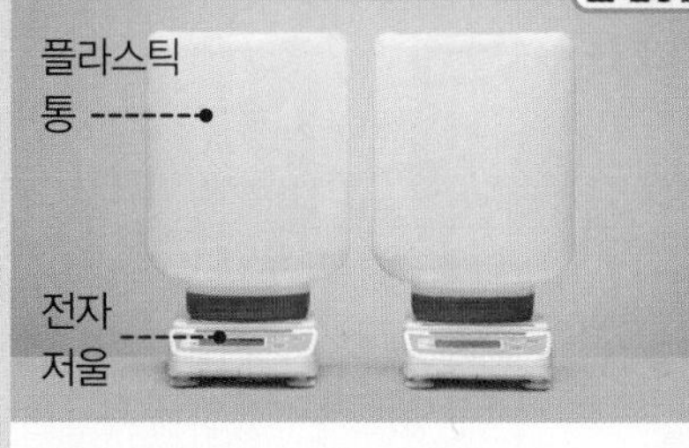 ❶ 뚜껑을 닫은 플라스틱 통 두 개의 무게를 각각 측정하기	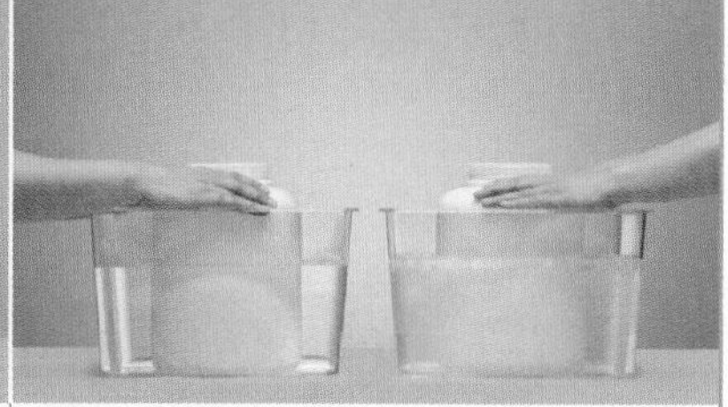 ❷ 수조에 따뜻한 물, 얼음물을 각각 넣고, 플라스틱 통의 뚜껑을 연 뒤 수조에 각각 통을 넣고 누르기
	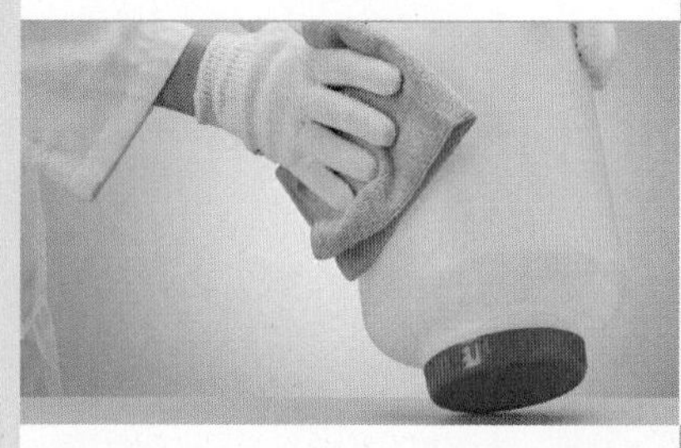 ❸ 5분 뒤 플라스틱 통의 뚜껑을 동시에 닫고 수조에서 꺼낸 뒤 물기를 모두 닦기	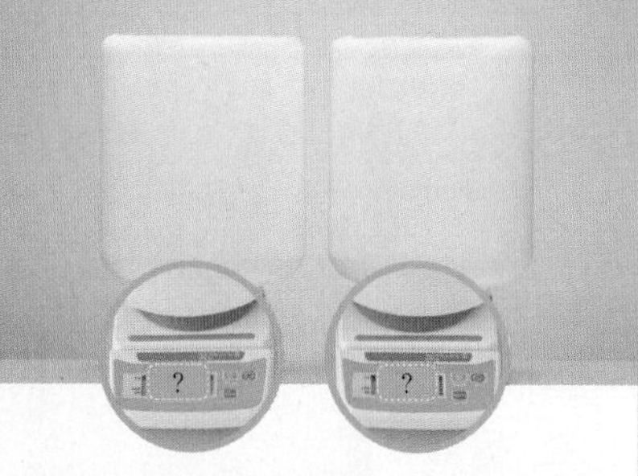 ❹ 두 플라스틱 통의 무게를 각각 측정하기

탐구 결과	구분	따뜻한 물에 넣은 플라스틱 통	얼음물에 넣은 플라스틱 통
	처음 무게	285.6 g	285.6 g
	5분 뒤 무게	285.3 g	285.9 g

알게 된 점: 따뜻한 물에 넣은 플라스틱 통보다 얼음물에 넣은 플라스틱 통의 무게가 더 무겁다. ➡ 같은 부피일 때 따뜻한 공기보다 차가운 공기가 더 무겁다.

→ 차가운 공기가 따뜻한 공기보다 일정한 부피에 공기 알갱이가 더 많아 무겁습니다.

내 교과서 살펴보기 / **천재교육, 금성, 김영사, 아이스크림**

온도에 따른 공기의 무게 비교하기

- 과정: 머리말리개로 차가운 공기와 따뜻한 공기를 각각 플라스틱 통에 넣고 무게를 재기
- 결과: 같은 부피일 때 차가운 공기는 따뜻한 공기보다 무겁습니다.

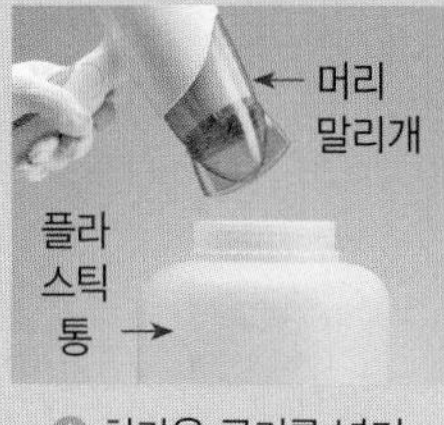

▲ 차가운 공기를 넣기

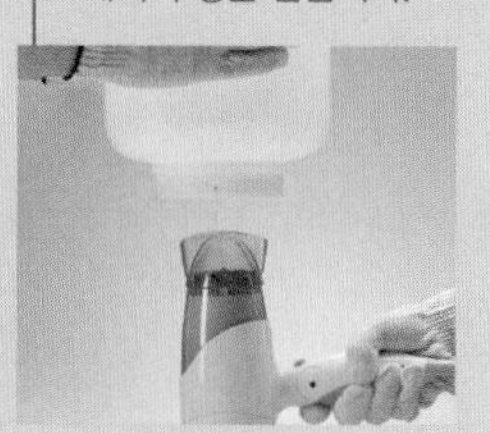
▲ 따뜻한 공기를 넣기

→ 플라스틱 통을 뒤집은 채로 공기를 넣고, 뒤집은 상태에서 뚜껑을 닫습니다.

중요 2. 고기압과 저기압

→ 기압은 공기의 무게 때문에 생기는 힘이므로 차가운 공기가 따뜻한 공기보다 기압이 높습니다.

① 고기압: 주위보다 상대적으로 기압이 높은 곳

② 저기압: 주위보다 상대적으로 기압이 낮은 곳

개념 체크

☑ 공기

공기는 눈에 보이지 않지만 ❶ [ㅁ][ㄱ]가 있습니다.

☑ 공기와 기압

같은 부피에서 차가운 공기가 따뜻한 공기보다 무거워 ❷ [ㄱ][ㅇ]이 더 높습니다.

정답 ❶ 무게 ❷ 기

개념 2 바람이 부는 까닭

1. 바람 발생 모형실험하기

내 교과서 살펴보기 / **천재교육**

탐구 과정	**1** 지퍼 백에 따뜻한 물과 얼음물을 각각 담고 입구를 잘 닫기 **2** 수조 가운데에 향을 세운 뒤 칸막이를 설치하기 **3** 수조의 양쪽 칸에 두 지퍼 백을 각각 넣고, 5분 뒤에 칸막이를 들어올리기 **4** 향에 불을 붙이고, 향 연기의 움직임 관찰하기 → 수조 뒤에 검은색 도화지를 대면 연기의 움직임을 더 잘 볼 수 있습니다.
탐구 결과	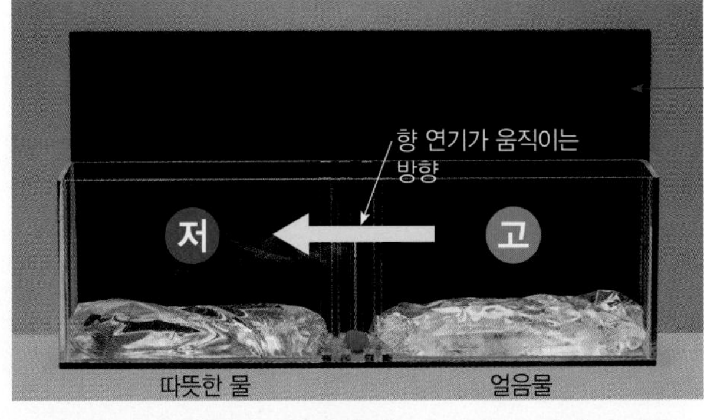 • 따뜻한 물이 든 칸은 저기압, 얼음물이 든 칸은 고기압이 됨. • 향 연기는 고기압인 얼음물이 든 칸에서 저기압인 따뜻한 물이 든 칸으로 이동함. → 실험에서 향 연기의 움직임에 해당하는 자연 현상은 바람입니다.
알게 된 점	바람이 부는 까닭: 이웃한 두 지점 사이에 기압 차가 생기면 공기가 고기압에서 저기압으로 이동하여 바람이 분다.

용어 고기압에서 저기압으로 공기가 이동하는 것

내 교과서 살펴보기 / **천재교육, 천재교과서, 금성, 김영사, 동아, 미래엔, 아이스크림**

2. 바닷가에서 맑은 날 낮과 밤에 바람이 부는 방향

낮		낮에는 육지가 바다보다 온도가 높으므로, 육지 위는 저기압, 바다 위는 고기압이 됨. ➡ 바다에서 육지로 바람이 붊.
밤		밤에는 바다가 육지보다 온도가 높으므로, 바다 위는 저기압, 육지 위는 고기압이 됨. ➡ 육지에서 바다로 바람이 붊.

→ 육지는 빨리 데워지고 빨리 식으며, 바다는 천천히 데워지고 천천히 식습니다.

☑ 바람 발생 모형실험

따뜻한 물이 얼음물보다 온도가 ❸(낮 / 높)으므로, 수조의 따뜻한 물이 든 칸의 공기는 얼음물이 든 칸의 공기보다 온도가 ❹(낮 / 높)습니다.

☑ 바닷가에서의 바람

바닷가에서 바람이 불기 위해서는 육지와 바다에서 ❺ ㄱ ㅇ 차이가 생겨야 합니다.

정답 ❸ 높 ❹ 높 ❺ 기압

내 교과서 살펴보기 / **천재교육**

해풍과 육풍

해풍	바다에서 육지로 부는 바람
육풍	육지에서 바다로 부는 바람

개념 체크

개념 3 우리나라의 계절별 날씨

1. 우리나라에 영향을 주는 공기 덩어리

→ 공기 덩어리가 한 지역에 오랫동안 머물면 공기 덩어리는 그 지역의 온도나 습도와 비슷한 성질을 가지게 됩니다.

① 우리나라의 날씨에 영향을 주는 공기 덩어리

계절	봄·가을	초여름	여름	겨울
머물던 지역	남서쪽 대륙	북동쪽 바다	남동쪽 바다	북서쪽 대륙
공기 덩어리의 성질	따뜻하고 건조함.	차고 습함.	덥고 습함.	춥고 건조함.

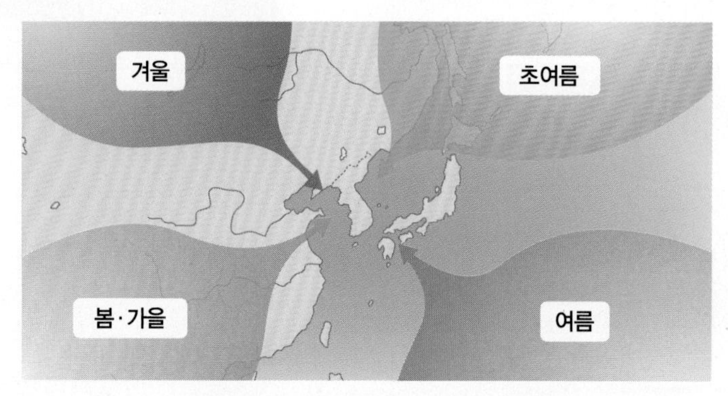

▲ 우리나라 날씨에 영향을 주는 공기 덩어리

② 우리나라의 계절별 날씨의 특징

계절	봄 · 가을	초여름	여름	겨울
날씨의 특징	따뜻하고 건조함.	차고 습함.	덥고 습함.	춥고 건조함.

③ 우리나라에서 계절에 따라 날씨가 달라지는 까닭: 우리나라는 계절에 따라 서로 다른 성질을 가진 공기 덩어리의 영향을 받기 때문에 날씨가 다르게 나타납니다.

2. 날씨가 우리 생활에 주는 영향 예

내 교과서 살펴보기 / **금성, 김영사**

우리 생활에서 날씨의 영향을 받는 경우	• 날씨가 추우면 따뜻한 옷을 입고, 주로 실내 활동을 함. • 황사나 미세 먼지가 심한 날에는 외출할 때 마스크를 착용함. • 날씨가 맑고 따뜻하면 가벼운 옷차림을 하고, 야외 활동을 함.
날씨에 영향을 받는 직업	• 운전기사: 안개가 많이 끼거나 비, 눈이 많이 내리는 날씨에 대비함. • 어부: 비가 많이 내리는 날, 파도가 높은 날 등을 고려해 물고기를 잡으러 가는 날을 정하기도 함. • 농부: 날씨 정보를 이용해 씨를 뿌리는 시기, 물을 주는 시기, 곡물을 수확하는 시기 등을 결정함.

☑ 공기 덩어리

우리나라의 날씨에 영향을 주는 공기 덩어리는 ❻ [ㄱ][ㅈ]별로 서로 다릅니다.

나는 북서쪽 대륙에서 왔어.

용어 초봄이 지나 꽃이 피고 따뜻해질 무렵 찾아오는 추우

☑ 봄철 꽃샘추위와 관련된 공기 덩어리

봄철에는 주로 남서쪽 대륙에서 이동해 오는 공기 덩어리의 영향을 받지만, 북서쪽 대륙에 있는 춥고 ❼ [ㄱ][ㅈ]한 공기 덩어리가 영향을 줄 때 나타납니다.

봄인데 너 왜 안갔어?

정답 ❻ 계절 ❼

천재교육, 금성, 김영사, 아이스크림

1 다음 보기 에서 차가운 공기를 넣은 플라스틱 통과 따뜻한 공기를 넣은 플라스틱 통의 무게를 바르게 비교한 것을 골라 기호를 쓰시오. (단, 플라스틱 통의 부피는 같습니다.)

보기
㉠ 차가운 공기를 넣은 플라스틱 통이 따뜻한 공기를 넣은 플라스틱 통보다 무겁습니다.
㉡ 따뜻한 공기를 넣은 플라스틱 통이 차가운 공기를 넣은 플라스틱 통보다 무겁습니다.
㉢ 차가운 공기를 넣은 플라스틱 통과 따뜻한 공기를 넣은 플라스틱 통의 무게는 같습니다.

( )

9종 공통

2 다음은 기압에 대한 설명입니다. ( ) 안의 알맞은 말에 각각 ○표를 하시오.

일정한 부피에 공기 알갱이가 더 많아 상대적으로 무거운 것을 (저기압 / 고기압)이라고 하고, 일정한 부피에 공기 알갱이가 더 적어 상대적으로 가벼운 것을 (저기압 / 고기압)이라고 합니다.

천재교육

3 다음 중 오른쪽과 같은 바람 발생 모형실험의 결과 향 연기가 움직이는 방향으로 옳은 것은 어느 것입니까? ( )

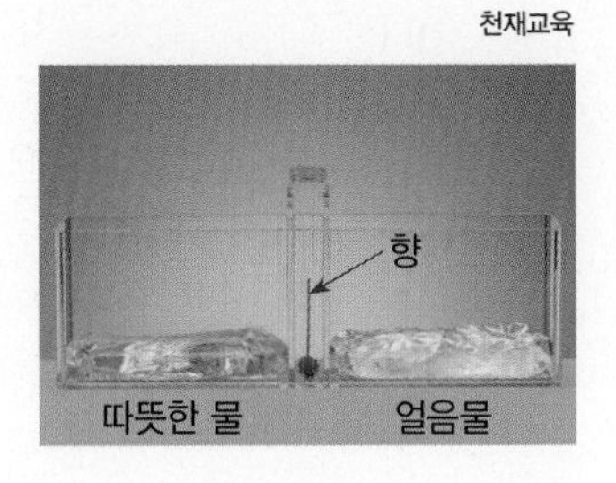

① 제자리에서 빙빙 돈다.
② 위쪽에서 내려가지 않는다.
③ 아래쪽에서 올라가지 않는다.
④ 얼음물이 든 칸에서 따뜻한 물이 든 칸으로 이동한다.
⑤ 따뜻한 물이 든 칸에서 얼음물이 든 칸으로 이동한다.

천재교육, 천재교과서, 금성, 김영사, 동아, 미래엔, 아이스크림

4 다음 중 바닷가에서 맑은 날 낮에 부는 바람의 방향으로 옳은 것을 골라 기호를 쓰시오.

( )

9종 공통

5 다음 중 우리나라에 영향을 주는 공기 덩어리에 대한 설명으로 옳은 것은 어느 것입니까? ( )

① 겨울에는 덥고 습한 공기 덩어리의 영향을 주로 받는다.
② 여름에는 춥고 건조한 공기 덩어리의 영향을 주로 받는다.
③ 봄 · 가을에는 따뜻하고 건조한 공기 덩어리의 영향을 주로 받는다.
④ 겨울에는 남동쪽 바다에 머물던 공기 덩어리가 주로 영향을 준다.
⑤ 여름에는 북서쪽 대륙에 머물던 공기 덩어리가 주로 영향을 준다.

3 단원

금성, 김영사

6 다음의 날씨와 날씨에 알맞은 우리 생활을 줄로 바르게 이으시오.

(1) 맑고 따뜻한 날	•	• ㉠ 야외 활동을 자제하고, 외출할 때 마스크를 착용함.
(2) 미세 먼지가 많은 날	•	• ㉡ 간편한 옷차림을 하고 야외 활동을 주로 함.

Step 1 단원평가

9종 공통

[1~5] 다음은 개념 확인 문제입니다. 물음에 답하시오.

1 공기의 무게 때문에 생기는 힘을 무엇이라고 합니까?
( )

2 주위보다 상대적으로 기압이 높은 곳은 (고 / 저)기압, 주위보다 상대적으로 기압이 낮은 곳은 (고 / 저)기압이라고 합니다.

3 고기압에서 저기압으로 공기가 이동하는 것을 무엇이라고 합니까? ( )

4 밤에는 바다가 육지보다 온도가 (높 / 낮)으므로 육지에서 바다로 바람이 붑니다.

5 겨울에 우리나라에 영향을 주는 공기 덩어리는 어느 지역에 머물던 것입니까?
( )

[6~7] 다음은 무게가 같은 두 플라스틱 통의 뚜껑을 열어 따뜻한 물과 얼음물에 각각 넣었다가 꺼낸 뒤, 뚜껑을 닫고 물기를 닦은 다음 무게를 측정한 것입니다. 물음에 답하시오.

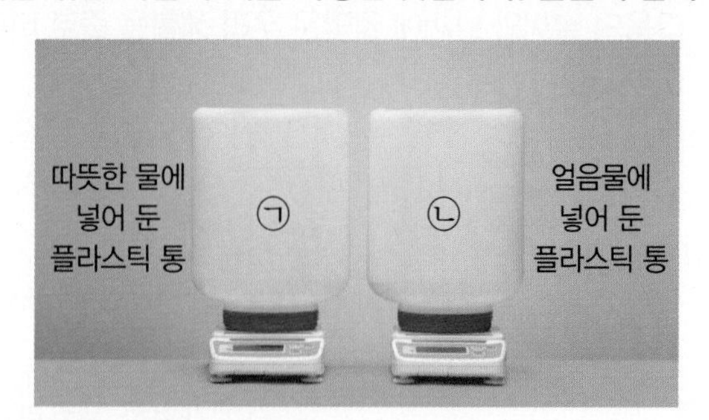

천재교과서

6 위에서 더 무거운 플라스틱 통을 골라 기호를 쓰시오.
( )

9종 공통

7 다음은 앞의 실험에서 알게 된 점과 기압에 대한 설명입니다. □ 안에 들어갈 알맞은 말을 쓰시오.

> 같은 부피에서 차가운 공기가 따뜻한 공기보다 □ 기압이 더 높습니다.

( )

천재교육, 금성, 김영사, 아이스크림

8 다음은 두 개의 플라스틱 통의 무게를 각각 전자 저울로 측정했을 때의 결과입니다. ㉠, ㉡에 들어갈 플라스틱 통의 종류를 각각 쓰시오.

차가운 공기를 넣기

따뜻한 공기를 넣기

구분	㉠	㉡
무게(g)	278.0	277.3

㉠ (
㉡ (

9종 공통

9 다음 설명이 고기압에 대한 것이면 '고', 저기압에 대한 것이면 '저'라고 쓰시오.

(1) 일정한 부피에서 공기 알갱이의 양이 적어 상대적으로 공기가 가벼운 것입니다. (

(2) 일정한 부피에서 공기 알갱이의 양이 많아 상대적으로 공기가 무거운 것입니다. (

천재교육

10 다음은 따뜻한 물과 얼음물을 지퍼 백에 각각 담고 수조의 양쪽 칸에 넣은 뒤, 수조의 가운데에 향을 피운 모습입니다. 이 실험에 대한 설명으로 옳은 것은 어느 것입니까? (　　　)

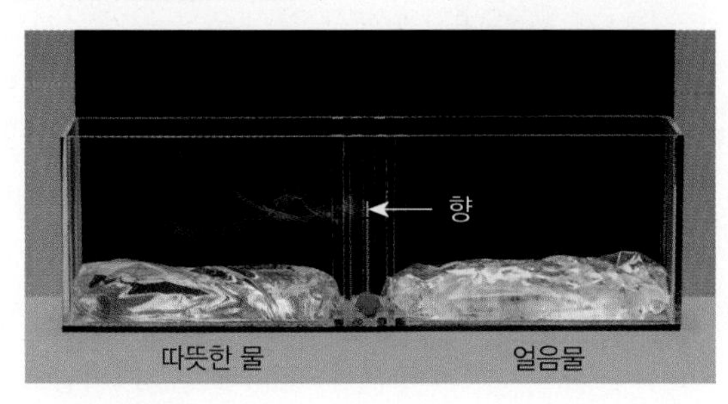

① 따뜻한 물이 든 칸은 고기압, 얼음물이 든 칸은 저기압이 된다.
② 향 연기는 얼음물이 든 칸에서 따뜻한 물이 든 칸으로 이동한다.
③ 수조 뒤에 흰색 도화지를 대면 연기의 움직임을 더 잘 볼 수 있다.
④ 실험에서 향 연기의 움직임에 해당하는 자연 현상은 우박이다.
⑤ 따뜻한 물이 든 칸의 공기가 얼음물이 든 칸의 공기보다 온도가 낮다.

천재교육, 천재교과서, 금성, 김영사, 동아, 미래엔, 아이스크림

11 다음 중 바닷가에서 낮과 밤에 부는 바람의 방향을 옳게 나타낸 것을 골라 기호를 쓰시오.

㉠

낮

㉡

밤

(　　　　　　　)

9종 공통

12 다음은 날씨에 영향을 미치는 것에 대한 설명입니다. □ 안에 공통으로 들어갈 알맞은 말을 쓰시오.

> 대륙이나 바다와 같이 넓은 곳을 덮고 있는 □이/가 한 지역에 오랫동안 머물게 되면 □은/는 그 지역의 온도나 습도와 비슷한 성질을 갖게 됩니다.

(　　　　　　　)

9종 공통

13 우리나라의 계절별 날씨에 영향을 미치는 공기 덩어리 중 다음 ㉠ 공기 덩어리의 성질로 옳은 것은 어느 것입니까? (　　　)

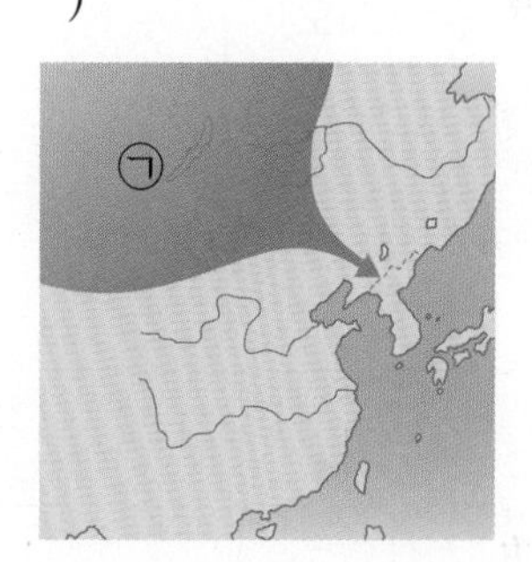

① 습하다.　② 덥고 습하다.
③ 춥고 건조하다.　④ 차고 습하다.
⑤ 따뜻하고 건조하다.

금성, 김영사

14 다음 중 날씨와 우리 생활의 모습으로 옳은 것은 어느 것입니까? (　　　)

① 미세 먼지가 심한 날에는 세차를 한다.
② 황사가 심한 날에는 야외 활동을 자제한다.
③ 비가 내리는 날에는 야외 활동을 주로 한다.
④ 맑고 따뜻한 날에는 주로 목도리를 착용한다.
⑤ 춥고 눈이 내리는 날에는 간편한 옷차림을 하고 야외 활동을 한다.

Step 2 서술형 평가

9종 공통

15 오른쪽은 어느 날 우리나라의 일기 예보의 모습입니다.

(1) 이 일기 예보를 보고, 우리나라에 부는 바람의 방향을 예상하여 일기 예보 모습 위에 화살표로 나타내시오.

(2) 위 (1)번의 답과 같이 예상한 까닭을 쓰시오.

답 공기는 ❶ [   ] 에서 ❷ [   ] (으)로 이동하는데, 우리나라의 서쪽에 고기압이 있고, 동쪽에 저기압이 있기 때문이다.

천재교육, 천재교과서, 금성, 김영사, 동아, 미래엔, 아이스크림

16 오른쪽은 맑은 날 낮의 바닷가 모습입니다. 바람이 부는 방향을 쓰고, 그와 같이 바람이 부는 까닭을 쓰시오.

____

____

9종 공통

17 오른쪽은 계절별로 우리나라로 이동해 오는 공기 덩어리입니다.

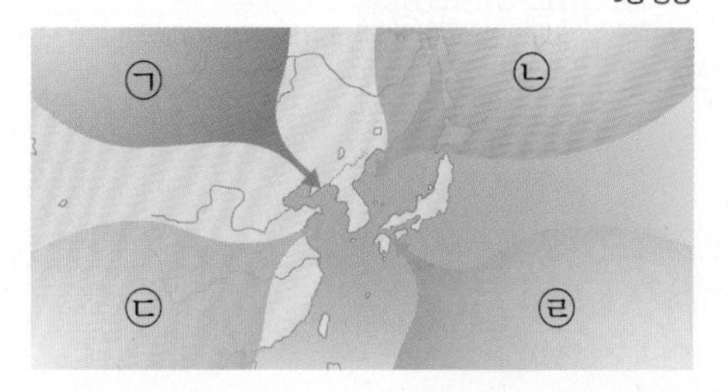

(1) 우리나라의 봄·가을에 영향을 주로 미치는 공기 덩어리를 골라 기호를 쓰시오.

(   )

(2) 위 (1)번 답의 공기 덩어리가 영향을 미치는 봄·가을 날씨의 특징을 공기 덩어리의 성질과 관련지어 쓰시오.

____

____

서술형 가이드
어려워하는 서술형 문제!
서술형 가이드를 이용하여 풀어 봐!

15 (1) 상대적으로 공기가 무거운 것을 (고 / 저)기압이라고 하고, 공기가 가벼운 것을 (고 / 저)기압이라고 합니다.
(2) 공기는 (고 / 저)기압에서 (고 / 저)기압으로 이동합니다.

16 낮에는 (바다 / 육지) 위가 고기압, 밤에는 (바다 / 육지) 위가 고기압이 되어 바람의 방향이 바뀝니다.

17 (1) 우리나라의 남서쪽 대륙에 있는 공기 덩어리는 우리나라 (봄·가을 / 여름) 날씨에 영향을 줍니다.
(2) 우리나라의 [ ][ ] 대륙에 있는 공기 덩어리는 따뜻하고 건조한 성질을 가지고 있습니다.

Step 3 수행평가

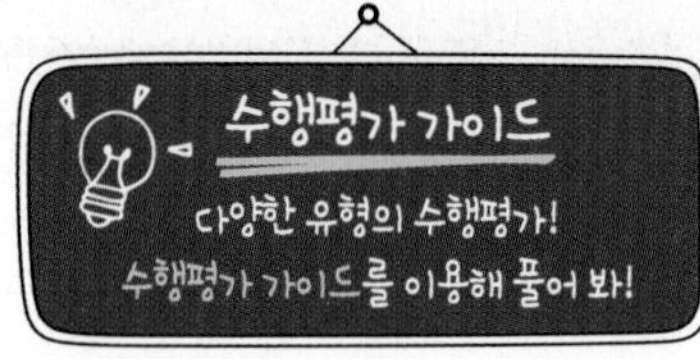

학습 주제 우리나라에 영향을 주는 공기 덩어리

학습 목표 우리나라 날씨에 영향을 주는 공기 덩어리와 우리나라의 계절별 날씨를 알 수 있다.

9종 공통

18 다음은 공기 덩어리에 대한 설명입니다. □ 안에 들어갈 알맞은 말을 각각 쓰시오.

대륙이나 바다와 같이 넓은 곳을 덮고 있는 공기 덩어리가 한 지역에 오랫동안 머물게 되면 공기 덩어리는 그 지역의 온도나 습도와 ❶ [ ] 한 성질을 가지게 됩니다. 한 지역에 오래 머물던 공기 덩어리가 이동해 오면 그 지역은 공기 덩어리의 영향을 받아 ❷ [ ] 이/가 변합니다.

공기덩어리의 성질

대륙에서 이동해 오는 공기 덩어리는 건조하고, 바다에서 이동해 오는 공기 덩어리는 습합니다.

9종 공통

19 우리나라의 봄과 여름에 영향을 주는 공기 덩어리가 머물던 지역과 공기 덩어리의 성질을 각각 쓰시오.

계절	공기 덩어리가 머물던 지역	공기 덩어리의 성질
봄	❶	❷
여름	❸	❹

9종 공통

20 오른쪽 날씨 현상과 관련이 깊은 계절의 날씨 특징을 우리나라에 영향을 주는 공기 덩어리와 관련지어 쓰시오.

공기 덩어리의 성질

북쪽에서 이동해 오는 공기 덩어리는 차갑고, 남쪽에서 이동해 오는 공기 덩어리는 따뜻합니다.

3 단원 진도 완료 체크

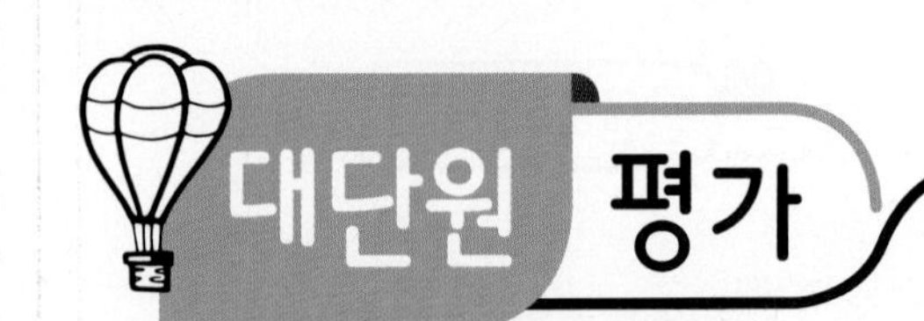

3. 날씨와 우리 생활

점수

배점 표시가 없는 문제는 문제당 4점입니다.

[1~2] 다음은 건습구 습도계의 모습입니다. 물음에 답하시오.

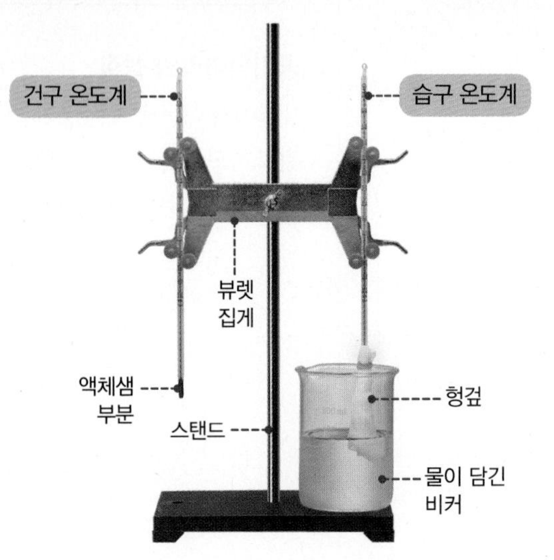

천재교과서, 김영사, 동아, 비상, 지학사

1 다음은 위 건습구 습도계에 대한 설명입니다. □ 안에 들어갈 알맞은 말을 쓰시오. [3점]

> 건구 온도계와 습구 온도계의 온도가 다른 까닭은 습구 온도계의 □ 부분을 감싼 헝겊의 물이 증발하면서 주변의 온도를 낮추기 때문입니다.

(　　　　　　　　)

9종 공통

2 다음 중 위 건습구 습도계에서 건구 온도가 28 ℃이고, 습구 온도가 26 ℃일 때, 다음 습도표를 이용하여 구한 습도로 옳은 것은 어느 것입니까? (　　　)

(단위 : %)

건구 온도 (℃)	건구 온도와 습구 온도의 차(℃)					
	0	1	2	3	4	5
28	100	93	85	78	72	65
29	100	93	86	79	72	66

① 72 %　② 78 %　③ 85 %
④ 86 %　⑤ 100 %

9종 공통

3 다음 중 습도가 낮을 때 나타날 수 있는 현상으로 옳은 것을 두 가지 고르시오. (　　,　　)

① 곰팡이가 잘 핀다.
② 피부가 건조해진다.
③ 산불이 발생하기 쉽다.
④ 음식물이 부패하기 쉽다.
⑤ 빨래가 잘 마르지 않는다.

서술형·논술형 문제

김영사, 비상, 아이스크림

4 다음은 이슬과 안개가 발생하는 원리를 알아보는 실험입니다. ㉠, ㉡의 집기병에서 나타나는 변화를 각각 쓰시오. [8점]

㉠ 물과 조각 얼음을 넣은 집기병	㉡ 집기병 안을 데운 뒤 조각 얼음이 담긴 페트리 접시를 올려놓은 집기병
물과 조각 얼음	조각 얼음

9종 공통

5 오른쪽과 같이 추운 날 실내로 들어왔을 때 안경알 표면이 뿌옇게 흐려지는 원리와 비슷한 자연 현상은 어느 것입니까? (　　　)

① 눈　② 비　③ 이슬
④ 안개　⑤ 구름

9종 공통

6 다음에서 설명하는 자연 현상인 '이것'은 무엇인지 쓰시오.

> '이것'은 밤에 지표면 근처의 공기가 차가워져 공기 중 수증기가 응결해 물방울로 떠 있는 것으로, '이것'이 많이 낀 날에는 시야가 가려져 앞이 잘 보이지 않습니다.

( )

9종 공통

7 다음 중 오른쪽 자연 현상에 대해 바르게 설명한 친구의 이름을 쓰시오.

> 승기: 공기 중 얼음 알갱이가 커지면서 무거워져 떨어지는 거야.
> 예림: 공기 중 수증기가 응결해 작은 물방울로 지표면 근처에 떠 있는 거야.
> 지민: 공기가 위로 올라가 차가워지면 공기 중 수증기가 응결하거나 얼음 알갱이로 변해 높은 하늘에 떠 있는 거야.

( )

9종 공통

다음의 자연 현상에서 공통으로 관련이 있는 것은 어느 것입니까? ( ) [3점]

> • 풀잎에 이슬이 맺힙니다.
> • 하늘 높이 구름이 만들어집니다.
> • 지표면 가까이에 안개가 낍니다.

① 증발 ② 끓음
③ 녹음 ④ 응결
⑤ 공기의 무게

서술형·논술형 문제

천재교육

9 다음은 비의 생성 과정 모형실험하기의 과정입니다. [총 10점]

> **1** 잘게 부순 얼음과 찬물을 둥근바닥 플라스크에 $\frac{1}{3}$ 정도 넣고 겉면을 마른 수건으로 닦기
> **2** 비커에 [ ]을/를 $\frac{1}{3}$ 정도 넣기
> **3** 스탠드에 비커를 놓고, 둥근바닥 플라스크를 비커 위에서 약간 떨어뜨려 고정하기

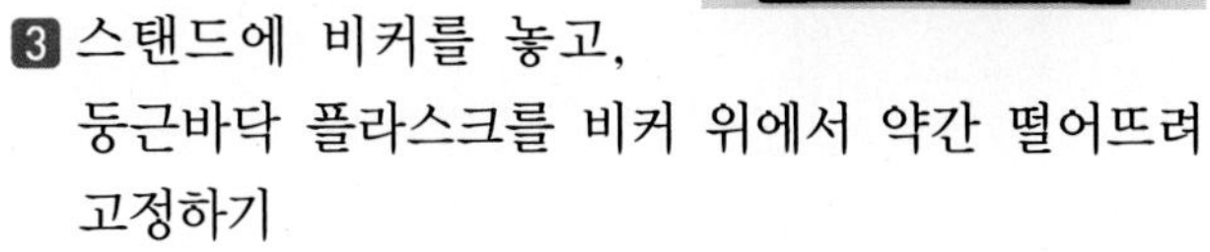

(1) 위 과정에서 [ ] 안에 들어갈 말은 무엇인지 쓰시오. [2점]

( )

(2) 위 실험의 결과를 쓰시오. [8점]

____

____

9종 공통

10 다음은 자연 현상에 대한 설명입니다. ㉠, ㉡에 들어갈 알맞은 말을 바르게 짝지은 것은 어느 것입니까? ( )

> 구름 속의 작은 물방울들이 합쳐지면서 커지고 무거워져 떨어지거나 커진 얼음 알갱이가 떨어지면서 녹으면 [㉠]이/가 되고, 커진 얼음 알갱이가 녹지 않은 채 떨어지면 [㉡]이/가 됩니다.

	㉠	㉡
①	눈	비
②	눈	바람
③	비	눈
④	비	가뭄
⑤	비	소나기

서술형·논술형 문제

천재교과서

11 다음은 무게가 같은 두 플라스틱 통의 뚜껑을 열어 따뜻한 물과 얼음물에 각각 넣었다가 꺼낸 뒤, 뚜껑을 닫고 물기를 닦은 다음 무게를 측정한 것입니다. [총 10점]

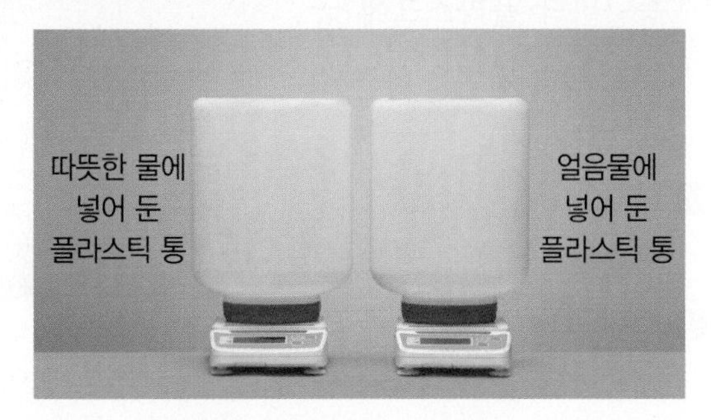

(1) 위의 두 플라스틱 통의 무게를 >, <를 이용하여 비교하시오. [2점]

따뜻한 물에 넣어 둔 플라스틱 통	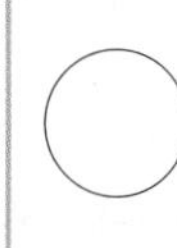	얼음물에 넣어 둔 플라스틱 통

(2) 위 실험을 통해 알게 된 점을 쓰시오. [8점]

____

____

천재교육, 금성, 김영사, 아이스크림

12 다음과 같이 플라스틱 통에 차가운 공기와 따뜻한 공기를 각각 넣고 무게를 측정하는 실험에 대한 설명으로 옳은 것은 어느 것입니까? (단, 플라스틱 통의 부피는 같습니다.) (　　　)

▲ 차가운 공기를 넣은 플라스틱 통

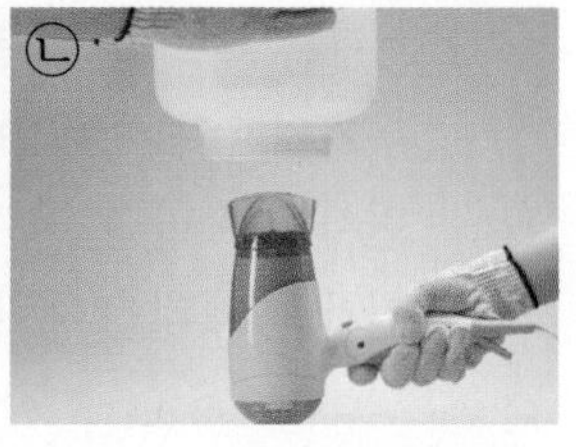

▲ 따뜻한 공기를 넣은 플라스틱 통

① ㉠과 ㉡은 기압이 같다.
② ㉠과 ㉡의 무게는 같다.
③ ㉠에는 ㉡보다 공기 알갱이의 양이 많다.
④ ㉡은 ㉠보다 공기 알갱이의 무게가 무겁다.
⑤ 공기 중 수증기 양을 알아보기 위한 실험이다.

9종 공통

13 다음은 기압에 대한 설명입니다. ㉠, ㉡에 들어갈 알맞은 말을 각각 쓰시오.

> 공기의 [㉠](으)로 생기는 힘을 기압이라고 하며, 일정한 부피에 공기 알갱이가 많을수록 공기는 무거워지며 기압은 [㉡].

㉠ (　　　　　　)
㉡ (　　　　　　)

9종 공통

14 다음 보기에서 기압에 대한 설명으로 옳은 것을 골라 기호를 쓰시오.

> **보기**
> ㉠ 공기의 양이 많을수록 가볍습니다.
> ㉡ 공기의 무게가 주위보다 무거우면 기압이 높아집니다.
> ㉢ 어느 장소에서나 공기의 양은 같으므로 기압은 항상 일정합니다.

(　　　　)

금성, 미래

15 다음과 같이 장치한 뒤, 전등을 켰을 때와 껐을 때의 모래와 물의 온도 변화를 측정하는 실험을 하였습니다. 다음 중 모래, 물, 전등이 나타내는 것을 바르게 짝지은 것은 어느 것입니까? (　　　)

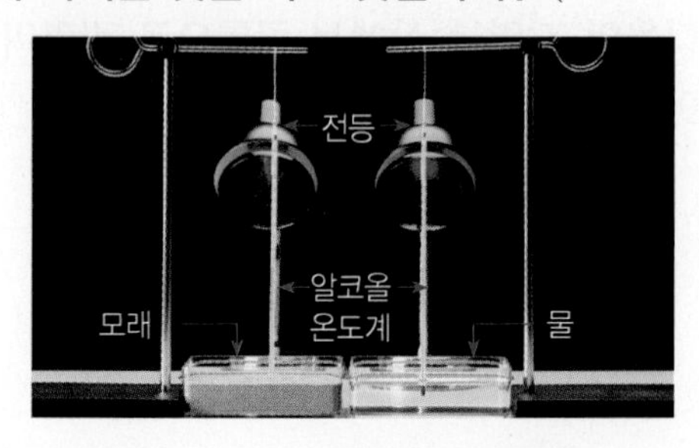

① 물 - 육지
② 물 - 태양
③ 모래 - 바다
④ 모래 - 육지
⑤ 전등 - 바다

9종 공통

6 **다음에서 설명하는 자연 현상인 '이것'은 무엇인지 쓰시오.**

'이것'은 밤에 지표면 근처의 공기가 차가워져 공기 중 수증기가 응결해 물방울로 떠 있는 것으로, '이것'이 많이 낀 날에는 시야가 가려져 앞이 잘 보이지 않습니다.

(　　　　　　　　　　)

9종 공통

7 **다음 중 오른쪽 자연 현상에 대해 바르게 설명한 친구의 이름을 쓰시오.**

승기: 공기 중 얼음 알갱이가 커지면서 무거워져 떨어지는 거야.
예림: 공기 중 수증기가 응결해 작은 물방울로 지표면 근처에 떠 있는 거야.
지민: 공기가 위로 올라가 차가워지면 공기 중 수증기가 응결하거나 얼음 알갱이로 변해 높은 하늘에 떠 있는 거야.

(　　　　　　　　　　)

9종 공통

다음의 자연 현상에서 공통으로 관련이 있는 것은 어느 것입니까? (　　　　) [3점]

• 풀잎에 이슬이 맺힙니다.
• 하늘 높이 구름이 만들어집니다.
• 지표면 가까이에 안개가 낍니다.

① 증발　　② 끓음
③ 녹음　　④ 응결
⑤ 공기의 무게

서술형·논술형 문제

천재교육

9 **다음은 비의 생성 과정 모형실험하기의 과정입니다.**

[총 10점]

1 잘게 부순 얼음과 찬물을 둥근바닥 플라스크에 $\frac{1}{3}$ 정도 넣고 겉면을 마른 수건으로 닦기

2 비커에 [　　　]을/를 $\frac{1}{3}$ 정도 넣기

3 스탠드에 비커를 놓고, 둥근바닥 플라스크를 비커 위에서 약간 떨어뜨려 고정하기

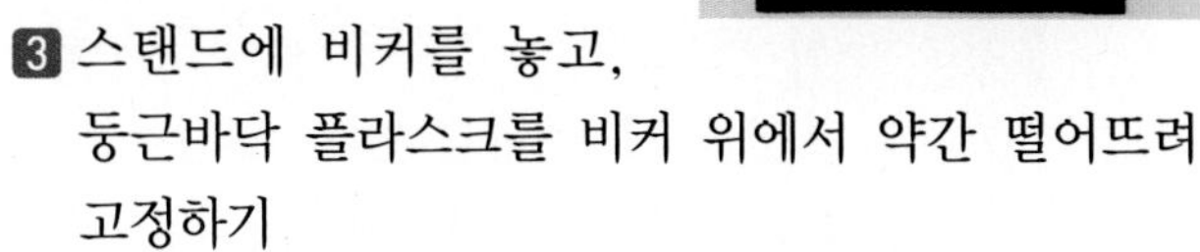

(1) 위 과정에서 □ 안에 들어갈 말은 무엇인지 쓰시오. [2점]

(　　　　　　　　　　)

(2) 위 실험의 결과를 쓰시오. [8점]

____

____

3 단원

9종 공통

10 **다음은 자연 현상에 대한 설명입니다. ㉠, ㉡에 들어갈 알맞은 말을 바르게 짝지은 것은 어느 것입니까?**

(　　　　)

구름 속의 작은 물방울들이 합쳐지면서 커지고 무거워져 떨어지거나 커진 얼음 알갱이가 떨어지면서 녹으면 [㉠]이/가 되고, 커진 얼음 알갱이가 녹지 않은 채 떨어지면 [㉡]이/가 됩니다.

	㉠	㉡
①	눈	비
②	눈	바람
③	비	눈
④	비	가뭄
⑤	비	소나기

서술형·논술형 문제

천재교과서

11 다음은 무게가 같은 두 플라스틱 통의 뚜껑을 열어 따뜻한 물과 얼음물에 각각 넣었다가 꺼낸 뒤, 뚜껑을 닫고 물기를 닦은 다음 무게를 측정한 것입니다. [총 10점]

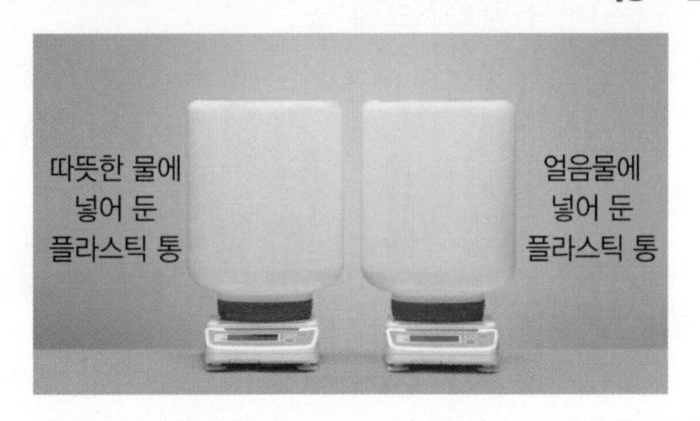

(1) 위의 두 플라스틱 통의 무게를 >, <를 이용하여 비교하시오. [2점]

따뜻한 물에 넣어 둔 플라스틱 통	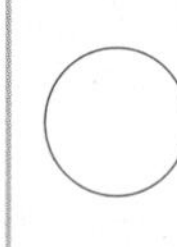	얼음물에 넣어 둔 플라스틱 통

(2) 위 실험을 통해 알게 된 점을 쓰시오. [8점]

천재교육, 금성, 김영사, 아이스크림

12 다음과 같이 플라스틱 통에 차가운 공기와 따뜻한 공기를 각각 넣고 무게를 측정하는 실험에 대한 설명으로 옳은 것은 어느 것입니까? (단, 플라스틱 통의 부피는 같습니다.) (   )

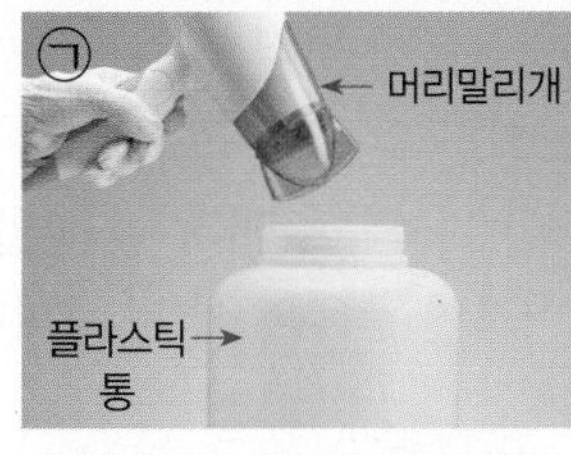

차가운 공기를 넣은 플라스틱 통

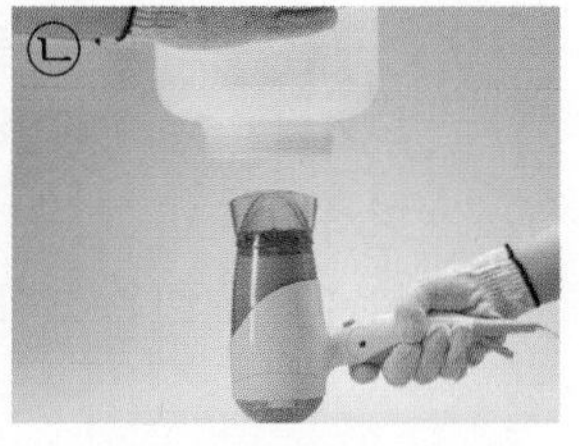

따뜻한 공기를 넣은 플라스틱 통

① ㉠과 ㉡은 기압이 같다.
② ㉠과 ㉡의 무게는 같다.
③ ㉠에는 ㉡보다 공기 알갱이의 양이 많다.
④ ㉡은 ㉠보다 공기 알갱이의 무게가 무겁다.
⑤ 공기 중 수증기 양을 알아보기 위한 실험이다.

9종 공통

13 다음은 기압에 대한 설명입니다. ㉠, ㉡에 들어갈 알맞은 말을 각각 쓰시오.

> 공기의 [㉠](으)로 생기는 힘을 기압이라고 하며, 일정한 부피에 공기 알갱이가 많을수록 공기는 무거워지며 기압은 [㉡].

㉠ (   )
㉡ (   )

9종 공통

14 다음 보기에서 기압에 대한 설명으로 옳은 것을 골라 기호를 쓰시오.

보기
㉠ 공기의 양이 많을수록 가볍습니다.
㉡ 공기의 무게가 주위보다 무거우면 기압이 높아집니다.
㉢ 어느 장소에서나 공기의 양은 같으므로 기압은 항상 일정합니다.

(   )

금성, 미래

15 다음과 같이 장치한 뒤, 전등을 켰을 때와 껐을 때의 모래와 물의 온도 변화를 측정하는 실험을 하였습니다. 다음 중 모래, 물, 전등이 나타내는 것을 바르게 짝지은 것은 어느 것입니까? (   )

① 물 – 육지
② 물 – 태양
③ 모래 – 바다
④ 모래 – 육지
⑤ 전등 – 바다

천재교육, 금성

16 다음은 육지와 바다의 하루 동안 기온 변화를 측정하여 그래프로 나타낸 것입니다. ㉠과 ㉡은 육지와 바다 중 각각 어느 것을 나타내는지 쓰시오.

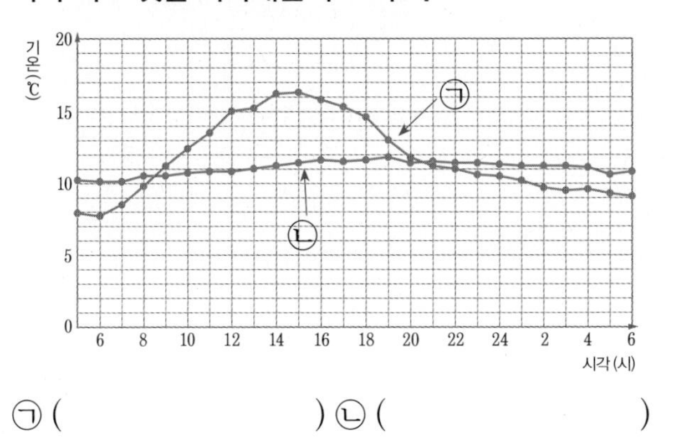

㉠ (　　　　　　) ㉡ (　　　　　　)

천재교육, 천재교과서, 금성, 김영사, 동아, 미래엔, 아이스크림

17 다음 육지와 바다의 하루 동안 온도 변화를 설명한 내용에서 (　　) 안의 알맞은 말에 각각 ○표를 하시오.

> 낮에는 육지의 기온이 바다의 기온보다 (낮 / 높)고, 밤에는 육지의 기온이 바다의 기온보다 (낮 / 높)습니다.

천재교육, 천재교과서, 금성, 김영사, 동아, 미래엔, 아이스크림

18 오른쪽과 같이 바람이 육지에서 바다로 불 때, 육지와 바다의 온도와 기압을 각각 비교해 더 높은 곳에 각각 ○표를 하시오.

구분	육지	바다
㉠ 온도		
㉡ 기압		

서술형·논술형 문제

9종 공통

19 다음은 우리나라의 어느 계절의 모습입니다. [총 10점]

(1) 위와 같은 날씨는 우리나라 계절 중 어느 계절의 모습인지 쓰시오. [2점]

(　　　　　　)

(2) 위 (1)번 답의 계절에 영향을 미치는 공기 덩어리의 성질을 쓰시오. [8점]

____

____

3 단원

진도 완료 체크

9종 공통

20 다음 중 우리나라의 덥고 습한 여름 날씨와 춥고 건조한 겨울 날씨에 주로 영향을 미치는 공기 덩어리의 기호를 각각 쓰시오.

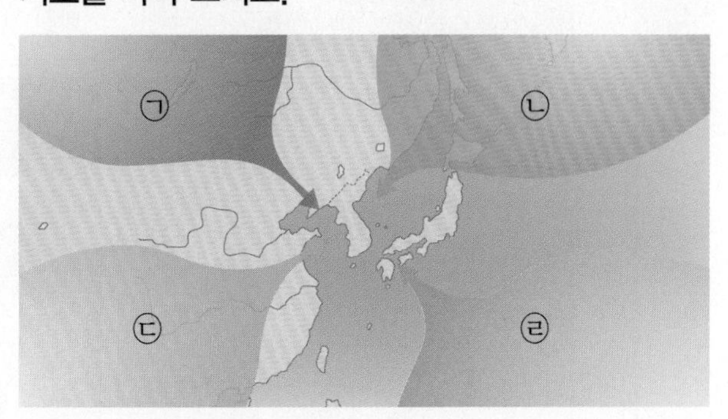

(1) 덥고 습한 여름 날씨에 영향을 주는 공기 덩어리:
(　　　　　　)

(2) 춥고 건조한 겨울 날씨에 영향을 주는 공기 덩어리:
(　　　　　　)

연관 학습 안내

이 단원의 학습	중학교
물체의 운동 물체가 이동하는 데 걸린 시간과 이동 거리로 물체의 운동을 나타내고 물체의 속력을 구하는 방법을 배워요.	운동과 에너지 물체의 질량과 속력으로 운동하는 물체의 에너지를 구하는 방법을 배울 거예요.

만화로 단원 미리보기

물체의 운동

4

 단원 안내

(1) 물체의 운동 / 물체의 빠르기 비교 방법
(2) 속력 / 교통안전

이어서 개념 웹툰

물체의 운동 / 물체의 빠르기 비교 방법

개념 ① 물체의 운동을 나타내는 방법

1. 물체의 운동

① 뜻: 시간이 지남에 따라 물체의 위치가 변하는 것

② 물체가 이동하는 데 걸린 시간과 이동 거리로 나타냅니다.
→ 사람이나 동물도 물체에 포함됩니다.

2. 물체의 운동 나타내기

내 교과서 살펴보기 / 천재교과서

① 운동한 물체와 운동하지 않은 물체를 찾고, 물체의 운동을 나타내기 예

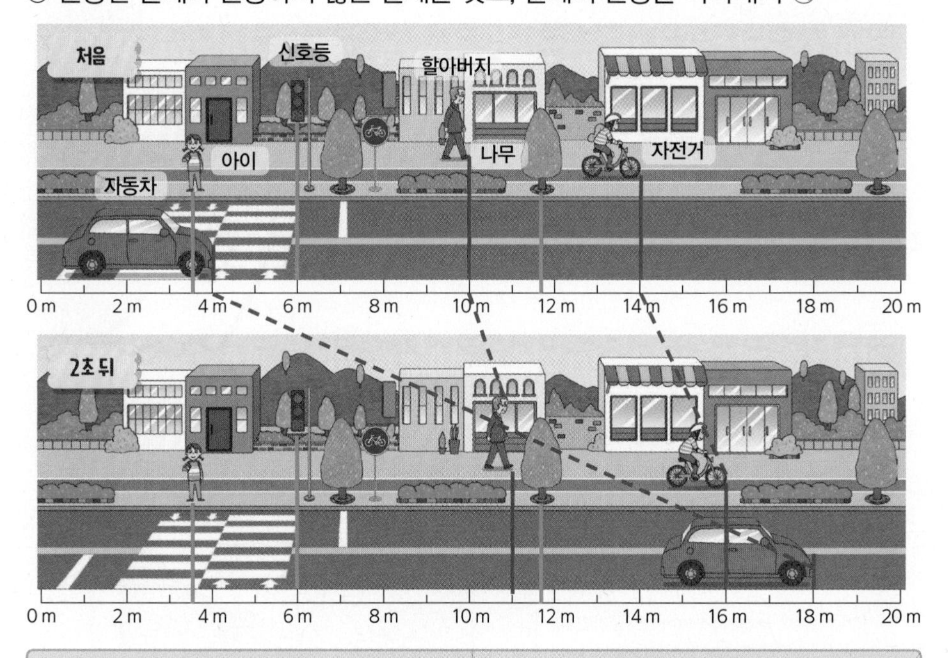

운동한 물체 → 시간이 지남에 따라 물체의 위치가 변합니다.	운동하지 않은 물체 → 시간이 지나도 물체의 위치가 변하지 않습니다.
• 자전거: 2초 동안 2 m를 이동함. • 자동차: 2초 동안 14 m를 이동함. • 할아버지: 2초 동안 1 m를 이동함.	• 나무 • 신호등 • 횡단보도에 서 있는 아이

② 시간이 지남에 따라 물체의 위치가 변할 때 물체가 운동했다고 합니다.

개념 ② 여러 가지 물체의 운동

1. 여러 가지 물체의 운동 비교하기

① 물체의 빠르기: 물체의 움직임이 빠르고 느린 정도

② 빠르기가 변하는 운동과 빠르기가 일정한 운동의 예

빠르기가 변하는 운동	빠르기가 일정한 운동
• 기차 • 치타 • 바이킹 • 비행기 • 자동차 • 급류 타기 • 움직이는 농구공 • 자이로 드롭 • 움직이는 배드민턴공 • 롤러코스터	• 자동길 • 리프트 • 회전목마 • 자동계단 • 케이블카 • 대관람차 • 컨베이어 벨트 → 용어 공장 등에서 벨트에 물건을 올려 자동으로 옮기는 장치

개념 체크

☑ 물체의 운동

시간이 지남에 따라 물체의 ❶ [ㅇ][ㅊ]가 변할 때 물체가 운동한다고 합니다.

☑ 물체의 운동을 나타내는 방법

운동은 물체가 이동하는 데 걸린 시간과 ❷(이동 거리 / 물체의 크기)로 나타냅니다.

정답 ❶ 위치 ❷ 이동 거리

개념 체크

개념 3 같은 거리를 이동한 물체의 빠르기 비교

실험 동영상

1. 같은 거리를 이동한 물체의 빠르기 비교하기

내 교과서 살펴보기 / **천재교육**

실험 방법	1 종이 자동차 전개도를 준비한 후 교실 바닥에 줄자를 놓고 색깔 테이프로 출발선과 도착선을 표시하기 2 자동차를 출발선에 놓은 뒤 출발 신호에 맞추어 자동차 뒤에서 부채로 바람을 일으켜 자동차를 움직이기 3 자동차가 도착선에 들어올 때까지 걸린 시간을 측정해 기록하기	
실험 결과	모둠원 이름	걸린 시간
	김민수	15초 01 (가장 빠른 종이 자동차)
	최진영	18초 22
	강민정	17초 50
	오주희	16초 54
알게 된 점	먼저 도착한 종이 자동차가 나중에 도착한 종이 자동차보다 빠르다.	

→ 도착선에 먼저 도착한 종이 자동차가 같은 거리를 이동하는 데 걸린 시간이 더 짧습니다.

2. 같은 거리를 이동한 물체의 빠르기 비교 방법

① 같은 거리를 이동한 물체의 빠르기는 물체가 이동하는 데 걸린 시간으로 비교합니다.

② 같은 거리를 이동하는 데 짧은 시간이 걸린 물체가 더 빠릅니다.

일정한 거리를 이동한 물체의 빠르기를 비교하는 운동 경기

결승선까지 이동하는 데 걸린 시간을 측정해 빠르기를 비교하는 운동 경기입니다.

- 출발선에서 동시에 출발하여 결승선까지 이동하는 데 걸린 시간을 측정해 빠르기를 비교합니다.
- 수영, 스피드 스케이팅, 육상 경기, 조정, 카누, 스키점프, 봅슬레이, 자동차 경주 등이 있습니다.

육상 경기 → 100 m, 200 m처럼 이동 거리를 같게 한 뒤 그 거리를 이동하는 데 걸린 시간을 측정합니다.

수영

스피드 스케이팅

육상 경기

조정

☑ 같은 거리를 가장 빠르게 달린 친구 찾기

결승선까지 달리는 데 가장 ❸(긴 / 짧은) 시간이 걸린 친구를 찾습니다.

지민이가 결승선에 도착하는 데 가장 짧은 시간이 걸렸구나.
야호! 내가 가장 빨랐어!
다다다다

☑ 운동 경기에서 빠르기 비교하기

수영, 스피드 스케이팅, 조정 등은 같은 거리를 이동하는 데❹(걸린 시간 / 몸무게)을/를 측정하여 빠르기를 비교합니다.

하하, 내가 걸린 시간이 제일 짧아.
김민재 선수! 우승입니다!
부아앙

정답 ❸ 짧은 ❹ 걸린 시간

4 단원

개념 알기

개념 4 같은 시간 동안 이동한 물체의 빠르기 비교

1. 같은 시간 동안 이동한 물체의 빠르기 비교하기

내 교과서 살펴보기 / **천재교과서**

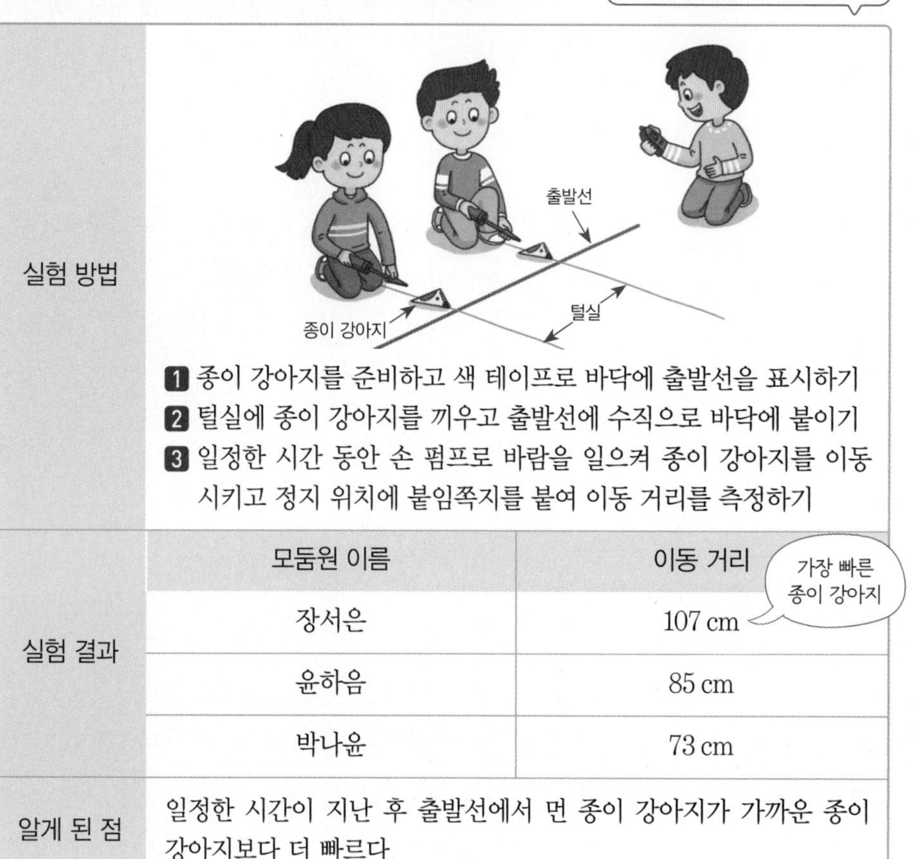

구분	내용	
실험 방법	❶ 종이 강아지를 준비하고 색 테이프로 바닥에 출발선을 표시하기 ❷ 털실에 종이 강아지를 끼우고 출발선에 수직으로 바닥에 붙이기 ❸ 일정한 시간 동안 손 펌프로 바람을 일으켜 종이 강아지를 이동시키고 정지 위치에 붙임쪽지를 붙여 이동 거리를 측정하기	
실험 결과	모둠원 이름	이동 거리
	장서은	107 cm
	윤하음	85 cm
	박나윤	73 cm
알게 된 점	일정한 시간이 지난 후 출발선에서 먼 종이 강아지가 가까운 종이 강아지보다 더 빠르다.	

→ 출발선에서 먼 종이 강아지는 가까운 종이 강아지보다 일정한 시간 동안 더 긴 거리를 이동했습니다.

중요 2. 같은 시간 동안 이동한 물체의 빠르기 비교 방법

① 같은 시간 동안 이동한 물체의 빠르기는 물체가 이동한 거리로 비교합니다.

② 같은 시간 동안 긴 거리를 이동한 물체가 짧은 거리를 이동한 물체보다 빠릅니다. → 출발선에서 먼 사람은 가까운 사람보다 일정한 시간 동안 더 긴 거리를 이동합니다.

내 교과서 살펴보기 / **천재교육, 천재교과서, 김영사**

무궁화 꽃이 피었습니다 놀이

술래가 일정한 시간이 지난 후 뒤를 돌아보았을 때 출발선에서 가장 긴 거리를 이동한 친구가 가장 빠릅니다.

〈놀이 방법〉

① 술래가 벽을 보고 '무궁화 꽃이 피었습니다'를 외치기

② 구호가 끝나고 뒤를 돌아본 술래는 움직이는 사람이 있으면 잡아내기

☑ 같은 시간 동안 가장 빠르게 달린 친구 찾기

일정한 시간이 지난 후에 출발선에서 가장 ❺(먼 / 짧은) 거리를 이동한 친구를 찾습니다.

☑ 이동 거리로 빠르기 비교

같은 시간 동안 이동한 물체의 빠르기는 물체가 이동한 ❻(날짜 / 거리) 비교합니다.

정답 ❺ 먼 ❻

9종 공통

1 다음 중 물체의 운동에 대한 설명으로 옳은 것은 어느 것입니까? (　　　　)

① 동물은 운동하지 않는다.
② 사람은 운동하지 않는다.
③ 물체의 운동은 무게가 달라지는 것을 뜻한다.
④ 시간이 지남에 따라 물체의 모양이 변하는 것이다.
⑤ 이동하는 데 걸린 시간과 이동 거리로 나타낸다.

천재교과서

2 다음은 같은 장소를 2초 간격으로 나타낸 것입니다. 각 물체의 운동을 줄로 바르게 이으시오.

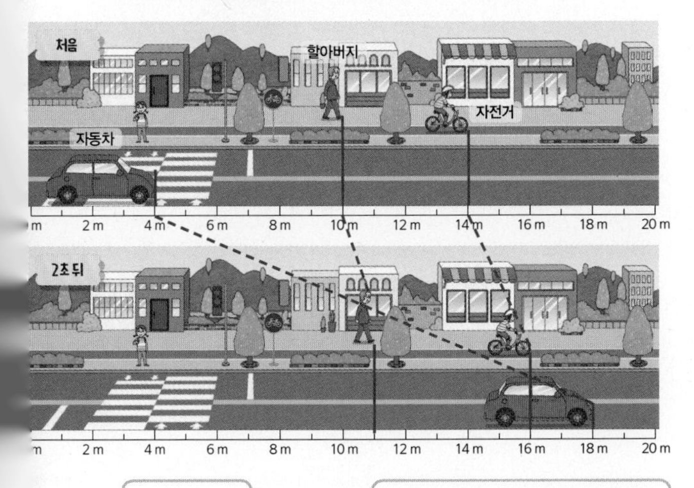

(1) 자동차 •　　　• ㉠ 2초 동안 1 m를 이동함.

(2) 자전거 •　　　• ㉡ 2초 동안 2 m를 이동함.

(3) 할아버지 •　　　• ㉢ 2초 동안 14 m를 이동함.

9종 공통

3 다음 보기에서 빠르기가 변하는 운동을 하는 물체와 빠르기가 일정한 운동을 하는 물체를 골라 각각 기호를 쓰시오.

> **보기**
> ㉠ 비행기　　㉡ 날아가는 공　　㉢ 자동계단

(1) 빠르기가 변하는 운동을 하는 물체:
(　　　　　　　　)

(2) 빠르기가 일정한 운동을 하는 물체 :
(　　　　　　　　)

9종 공통

4 다음 중 같은 거리를 이동한 물체의 빠르기를 비교하는 방법으로 옳은 것을 두 가지 고르시오. (　　　,　　　)

① 물체가 이동한 거리를 비교한다.
② 물체가 이동하는 데 걸린 시간을 비교한다.
③ 같은 거리를 이동한 물체의 빠르기는 비교할 수 없다.
④ 같은 거리를 이동하는 데 짧은 시간이 걸린 물체가 긴 시간이 걸린 물체보다 빠르다.
⑤ 같은 거리를 이동하는 데 긴 시간이 걸린 물체가 짧은 시간이 걸린 물체보다 빠르다.

천재교과서

5 다음은 같은 시간 동안 손 펌프로 바람을 일으켜 종이 강아지를 이동시키는 종이 강아지 경주의 결과입니다. 가장 빠른 종이 강아지를 만든 모둠원의 이름을 쓰시오.

모둠원 이름	이동 거리
장서은	107 cm
윤하음	85 cm
박나윤	73 cm

(　　　　　　　　)

9종 공통

6 다음 중 가장 빠른 물체는 어느 것입니까? (　　　　)

① 1시간 동안 60 km를 이동하는 버스
② 1시간 동안 100 km를 이동하는 기차
③ 1시간 동안 40 km를 이동하는 유람선
④ 1시간 동안 80 km를 이동하는 자동차
⑤ 1시간 동안 20 km를 이동하는 자전거

Step 1 단원평가

9종 공통

[1~5] 다음은 개념 확인 문제입니다. 물음에 답하시오.

1 시간이 지남에 따라 물체의 무엇이 변할 때 물체가 운동한다고 합니까? (　　　　　　　　)

2 물체의 움직임이 빠르고 느린 정도를 물체의 무엇이라고 합니까? (　　　　　　　　)

3 자동길과 자동계단은 빠르기가 (변하는 / 일정한) 운동을 합니다.

4 같은 거리를 이동한 물체의 빠르기는 물체의 무엇으로 비교합니까? (　　　　　　　　)

5 같은 시간 동안 이동한 물체의 빠르기는 물체의 무엇으로 비교합니까? (　　　　　　　　)

천재교과서, 금성, 김영사, 동아, 미래엔, 지학사

6 다음 보기에서 물체의 운동을 바르게 나타낸 것을 골라 기호를 쓰시오.

보기
- ㉠ 검은 비닐봉지가 날아갔습니다.
- ㉡ 아영이는 10초 동안 달렸습니다.
- ㉢ 이서는 한 발로 3 m를 뛰었습니다.
- ㉣ 민규는 3초 동안 1 m를 이동했습니다.
- ㉤ 요한이는 왼쪽으로 5 m 걸어갔습니다.
- ㉥ 윤희는 제자리뛰기를 10번 했습니다.

(　　　　　　　　)

천재교육

7 다음에서 운동하지 않은 물체를 골라 기호를 쓰시오.

(

9종 공

8 다음 중 빠르기가 변하는 운동을 하는 물체는 어느 것입니까? (　　　　)

① 
비행기

② 자동길

③ 
리프트

④ 
자동계단

⑤ 
케이블카

천재교육, 천재교과서, 금성, 김영사, 비상, 지학사

9 다음은 친구들이 50 m를 달리는 데 걸린 시간을 기록한 것입니다. 가장 빠르게 달린 친구의 이름을 쓰시오.

이름	걸린 시간
정원	8초
성은	11초
경민	9초

( )

천재교육, 천재교과서, 금성, 김영사, 비상, 지학사

10 다음 보기에서 100 m 달리기 경기를 할 때 빠르기를 비교하는 방법에 대한 설명으로 옳은 것을 두 가지 골라 기호를 쓰시오.

보기
㉠ 현재의 위치를 기록해야 합니다.
㉡ 출발선에서 결승선까지 이동한 거리는 모두 같습니다.
㉢ 출발선에서 결승선까지 이동한 거리를 측정해 빠르기를 비교할 수 있습니다.
㉣ 출발선에서 결승선까지 이동하는 데 걸린 시간을 측정해 빠르기를 비교할 수 있습니다.

(,)

9종 공통

1 다음 중 같은 거리를 이동한 물체의 빠르기를 비교하는 방법으로 옳지 않은 것은 어느 것입니까? ( )

① 같은 거리를 이동한 물체의 빠르기는 물체의 길이로 비교한다.
② 같은 거리를 이동한 물체의 빠르기는 물체가 이동하는 데 걸린 시간으로 비교한다.
③ 출발선에서 출발하여 결승선에 도착하는 데 가장 짧은 시간이 걸린 물체가 가장 빠르다.
④ 같은 거리를 이동하는 데 걸린 시간을 기록해 두면 여러 물체가 동시에 운동하지 않더라도 빠르기를 비교할 수 있다.
⑤ 출발선을 동시에 출발해서 결승선에 먼저 도착한 물체는 나중에 도착한 물체보다 일정한 거리를 이동하는 데 걸린 시간이 더 짧다.

천재교육, 천재교과서, 금성, 김영사, 동아, 미래엔, 비상, 지학사

12 다음 중 일정한 거리를 이동한 물체의 빠르기를 비교하는 운동 경기가 아닌 것은 어느 것입니까? ( )

①

100 m 달리기

②

조정

③

수영

④

리듬 체조

⑤

스피드 스케이팅

천재교육, 천재교과서, 김영사

13 다음은 친구들이 무궁화 꽃이 피었습니다 놀이를 하며 5초 동안 이동한 거리를 측정한 것입니다. 가장 빠른 친구의 이름을 쓰시오.

이름	이동 거리
민호	30 cm
은영	150 cm
지연	80 cm

( )

9종 공통

14 다음 보기에서 같은 시간 동안 이동한 물체의 빠르기를 비교하는 방법으로 옳은 것을 골라 기호를 쓰시오.

보기
㉠ 물체가 이동하는 데 걸린 시간을 비교합니다.
㉡ 같은 시간 동안 긴 거리를 이동한 물체가 짧은 거리를 이동한 물체보다 빠릅니다.
㉢ 같은 시간 동안 짧은 거리를 이동한 물체가 긴 거리를 이동한 물체보다 빠릅니다.

( )

Step 2 서술형 평가

9종 공통

15 다음은 물체의 운동에 대해 정리한 것입니다.

뜻	시간이 지남에 따라 물체의 ☐ 이/가 변하는 것
나타내기	예 자전거는 1초 동안 1 m를 이동함.

(1) 위의 ☐ 안에 들어갈 알맞은 말을 쓰시오.

( )

(2) 물체의 운동을 나타내는 방법에 대해 쓰시오.

답 물체가 이동하는 데 걸린 ❶ ☐ 와/과 이동 ❷ ☐ (으)로 나타낸다.

천재교과서, 금성, 김영사, 동아, 미래엔, 아이스크림, 지학사

16 다음은 우리 주변에서 찾은 운동하는 물체입니다. 두 물체의 운동의 공통점을 쓰시오.

케이블카

자동계단

천재교육, 천재교과서, 금성, 김영사, 동아, 미래엔, 비상, 지학사

17 다음은 수영 경기와 100 m 달리기 경기의 모습입니다.

수영

100 m 달리기

(1) 위의 두 운동 경기와 같은 방법으로 빠르기를 비교하는 운동 경기를 두 가지 쓰시오.

(,)

(2) 위의 두 운동 경기에서 빠르기를 비교하는 공통적인 방법을 쓰시오.

서술형 가이드

어려워하는 서술형 문제! 서술형 가이드를 이용하여 풀어 봐!

15 (1) ☐☐ 이 지남에 따라 물체의 위치가 변할 때 물체가 운동한다고 합니다.

(2) 물체의 ☐☐ 은 물체가 이동하는 데 걸린 시간과 이동 거리로 나타냅니다.

16 대관람차, 회전목마는 빠르기가 ☐☐☐ 운동을 하는 놀이기구이고, 롤러코스터, 바이킹, 자이로 드롭은 빠르기가 변하는 운동을 하는 놀이기구입니다.

17 (1) 조정, 봅슬레이 등은 선수들의 ☐☐☐ 를 비교하는 경기입니다.

(2) 같은 거리를 이동하는 데 짧은 시간이 걸린 물체가 긴 시간이 걸린 물체보다 더 ☐☐ 니다.

단원 실력 쌓기 정답 11쪽

Step 3 수행평가

학습 주제 운동하는 물체의 빠르기 비교하기

학습 목표 물체의 운동이 무엇인지 알고, 물체의 빠르기를 비교할 수 있다.

수행평가 가이드
다양한 유형의 수행평가!
수행평가 가이드를 이용해 풀어 봐!

천재교과서

18 다음은 물체의 운동을 2초 간격으로 나타낸 것입니다. 운동하는 물체가 2초 동안 이동한 거리를 각각 쓰시오.

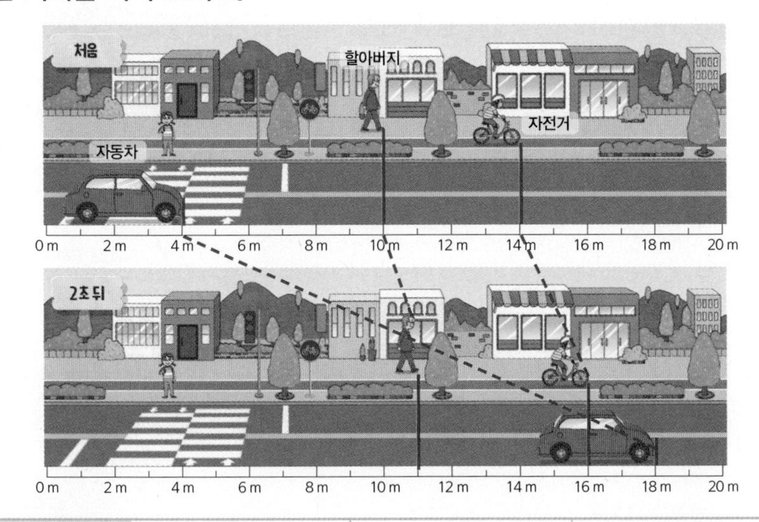

물체	자동차	할아버지	자전거
이동 거리	❶	❷	❸

천재교육, 천재교과서, 금성, 김영사, 비상, 지학사

19 다음은 50 m 달리기 경기에서 가장 빠르게 달린 선수를 정하는 방법에 대한 설명입니다. ㉠, ㉡에 들어갈 알맞은 말을 각각 쓰시오.

> 가장 빠르게 달린 선수는 결승선까지 달리는 데 가장 [㉠] 시간이 걸린 선수입니다. 결승선에 먼저 도착한 선수는 나중에 도착한 선수보다 일정한 거리를 이동하는 데 걸린 [㉡]이/가 더 짧기 때문입니다.

㉠ (　　　　　　) ㉡ (　　　　　　)

같은 거리를 이동한 물체

같은 거리를 이동한 물체의 빠르기는 물체가 이동하는 데 걸린 시간으로 비교합니다.

4 단원

진도 완료 체크

천재교과서

20 오른쪽은 일정한 시간 동안 손 펌프로 바람을 일으켜 종이 강아지를 이동시키는 종이 강아지 경주를 하는 모습입니다. 가장 빠른 종이 강아지를 찾는 방법을 쓰시오.

같은 시간 동안 이동한 물체

같은 시간 동안 긴 거리를 이동한 물체가 짧은 거리를 이동한 물체보다 더 빠릅니다.

개념 ① 물체의 속력

1. 속력

용어 1초, 1분, 1시간 등 기준이 되는 시간 단위를 뜻합니다.

① 물체가 단위 시간 동안 이동한 거리를 말합니다.
② 물체가 빠르게 운동할 때 속력이 크다고 합니다.
③ 속력을 계산하여 걸린 시간과 이동 거리가 모두 다른 여러 물체의 빠르기를 비교할 수 있습니다.

2. 물체의 속력 구하기

① 속력은 물체의 이동 거리를 이동하는 데 걸린 시간으로 나누어 구합니다.

(속력)=(이동 거리)÷(걸린 시간)

② 속력의 단위: km/h, m/s 등
③ 속력을 읽는 방법

거리의 단위	km(킬로미터), m(미터)
기호	/(매)
시간의 단위	h(시), s(초)

단위	읽는 방법
km/h	'시속 ○○ 킬로미터' 또는 '○○ 킬로미터 매 시'
m/s	'초속 ○○ 미터' 또는 '○○ 미터 매 초'

④ 속력 구하기 예

2초 동안 10 m를 이동한 자전거의 속력 » 10 m÷2 s=5 m/s
'오 미터 매 초' 또는 '초속 오 미터'
→ 물체가 1초 동안 5 m를 이동한다는 뜻입니다.

3시간 동안 120 km를 이동한 자동차의 속력 » 120 km÷3 h=40 km/h
'사십 킬로미터 매 시' 또는 '시속 사십 킬로미터'
→ 물체가 1시간 동안 40 km를 이동한다는 뜻입니다.

개념 체크

☑ 속력의 뜻

물체가 ❶ ㄷ ㅇ ㅅ ㄱ 동안 이동한 거리를 속력이라고 합니다.

단위 시간은 꼭 1초여야 하는 것은 아니야! 1분일 수도 있고 1시간일 수도 있어.

☑ 속력 구하기

속력은 ❷(이동 거리 / 걸린 시간)을/를 ❸(이동 거리 / 걸린 시간)(으)로 나누어 구합니다.

이동 거리÷걸린 시간을 기억한다면 속력의 계산이 더 이상 헷갈리지 않을 걸!

정답 ❶ 단위 시간 ❷ 이동 거리 ❸ 걸린

개념 체크

3. 10초 동안 운동한 여러 물체의 빠르기 비교하기 예

내 교과서 살펴보기 / **천재교과서**

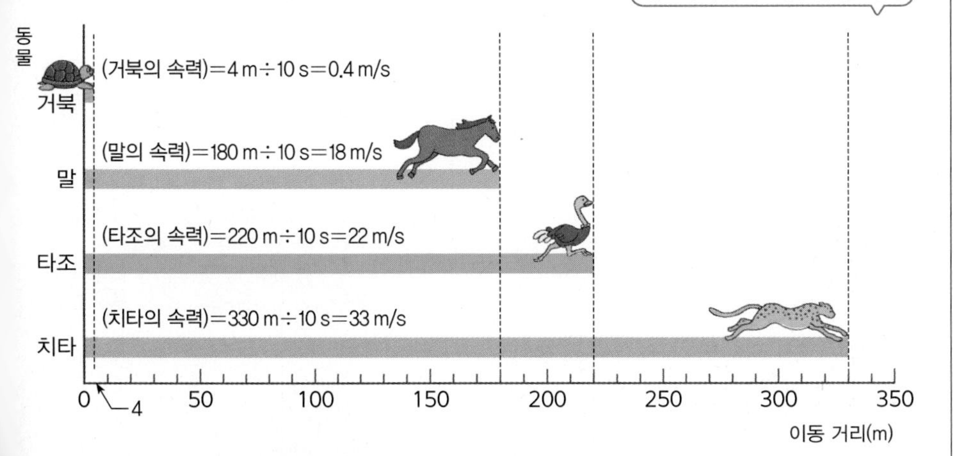

(거북의 속력)=4 m÷10 s=0.4 m/s

(말의 속력)=180 m÷10 s=18 m/s

(타조의 속력)=220 m÷10 s=22 m/s

(치타의 속력)=330 m÷10 s=33 m/s

이동 거리(m)

물체의 빠르기를 비교하는 방법	속력을 구하여 비교함.
동물의 속력 비교	치타 > 타조 > 말 > 거북

치타 → 같은 시간 동안 가장 많이 이동했습니다. =속력이 가장 큽니다.

거북 → 같은 시간 동안 가장 조금 이동했습니다. =속력이 가장 작습니다.

4. 속력을 이용하여 물체의 빠르기를 나타낸 예

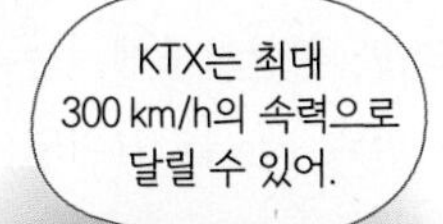

KTX는 최대 300 km/h의 속력으로 달릴 수 있어.

자동차는 100 km/h보다 빠르게 달릴 수 있어.

말이 가장 빨리 달릴 때의 속력은 60 km/h가 넘어.

속력이 큰 물체가 위험한 이유

자동차 충돌 실험

내 교과서 살펴보기 / **천재교육, 천재교과서, 김영사**

자동차의 속력이 약 64 km/h일 때

자동차의 속력이 약 90 km/h일 때

- 속력이 약 90 km/h일 때 자동차가 더 많이 부서지고 찌그러졌습니다.
- 자동차의 속력이 클수록 충돌시 운전자와 보행자가 더 많이 다칠 수 있습니다.

속력이 큰 물체가 위험한 이유 → 학교 복도에서 뛰다가 친구와 부딪쳐서 다칠 수 있습니다.

- 물체의 속력이 클수록 충돌할 때의 충격이 커집니다.
- 충돌하면 운전자와 보행자 모두가 크게 다칠 수 있습니다.
- 속력이 큰 자동차는 제동 장치를 작동시키더라도 바로 멈추지 못하고 더 멀리까지 이동하므로 위험합니다.

☑ 속력을 이용한 빠르기 비교

속력이 가장 ❹(큰 / 작은) 물체가 같은 시간 동안 가장 많이 이동합니다.

어흥, 속력이 큰 사자 나가신다!

나도 사자만큼 속력이 커!

☑ 속력이 큰 물체가 위험한 이유

속력이 큰 물체는 속력이 작은 물체와 달리 바로 멈출 수 ❺(있 / 없)기 때문에 더 위험합니다.

으악, 멈출 수가 없어!
위험해!
콰아악

정답 ❹ 큰 ❺ 없

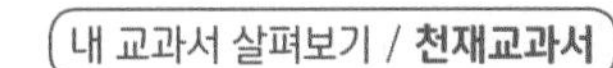

4 단원

개념 알기

개념 2 속력과 관련된 안전장치와 교통안전 수칙

교통안전 수칙: 도로 주변에서 안전을 위해 지켜야 하는 규칙을 말합니다.

중요 1. 자동차와 도로에 설치된 안전장치의 예

구분	안전장치	기능
자동차	안전띠	긴급 상황에서 탑승자의 몸을 고정함.
	에어백	충돌 사고에서 탑승자의 몸에 가해지는 충격을 줄여줌.
도로	어린이 보호구역 표지판	학교 주변 도로에서 자동차의 속력을 제한해 어린이들의 교통 안전사고를 예방함.
	과속 단속 카메라	자동차가 일정한 속력 이상으로 달리지 못하도록 제한하여 사고를 예방함.
	과속 방지 턱	자동차의 속력을 줄여서 사고를 예방함.

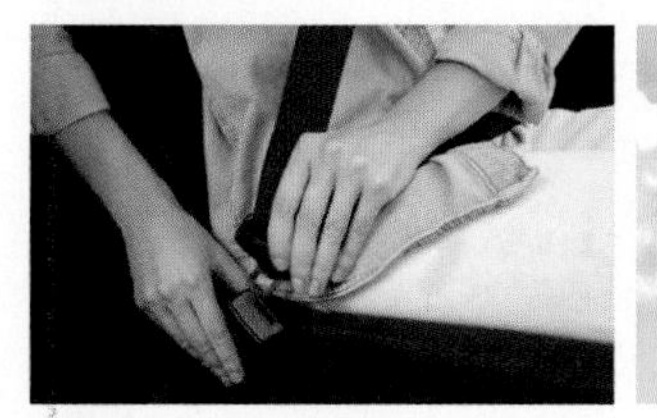
안전띠

어린이 보호구역 표지판

과속 방지 턱

자동차와 도로에 안전장치들이 많이 있지만 속력이 큰 물체는 위험하기 때문에 도로 주변에서는 항상 교통안전 수칙을 지켜야 해.

2. 도로 주변에서 지켜야 할 교통안전 수칙 예

내 교과서 살펴보기 / **천재교과서**

개념 체크

☑ 속력과 관련된 안전장치

어린이 보호구역 표지판, 과속 단속 카메라, 과속 방지 턱은 ❻(자동차 / 도로)에 설치된 안전장치입니다.

☑ 도로 주변에서 안전하게 행동하기

버스를 기다릴 때는 ❼(차도 / 인도)에서 기다리고, 횡단보도에서는 ❽(좌우 / 바닥)을/를 살피며 길을 건너야 합니다.

초록불이 켜지면 좌우를 살핀 후 손을 들고 건너야지.
도로 주변에서는 항상 인도에 서있어야 해.
BUS

정답 ❻ 도로 ❼ 인도 ❽ 좌

개념 다지기

9종 공통

1 다음 중 속력에 대한 설명으로 옳은 것은 어느 것입니까? (　　　)

① 단위 시간은 항상 1초이다.
② 물체가 단위 시간 동안 이동한 거리이다.
③ 물체가 빠르게 운동할 때 속력이 작다고 한다.
④ 걸린 시간과 이동한 거리가 모두 다른 여러 물체의 빠르기는 비교할 수 없다.
⑤ 단위 시간 동안 짧은 거리를 이동한 물체의 속력이 긴 거리를 이동한 물체의 속력보다 크다.

9종 공통

2 다음 설명을 읽고, 이 비행기의 속력을 구하여 쓰시오.

3시에 출발한 비행기가 6시에 600 km 떨어진 곳에 도착했습니다.

비행기의 속력: (　　　　　　　　) km/h

9종 공통

3 다음은 어린이 보호 구역에 대한 설명입니다. 밑줄 친 속력을 바르게 읽으시오.

교통사고의 위험으로부터 어린이를 보호하기 위해서 유치원, 초등학교, 어린이집, 학원 등의 주변 도로 중 일정 구간을 자동차 등의 통행 속력을 <u>30 km/h</u> 이내로 제한하는 어린이 보호 구역으로 지정할 수 있습니다.

(　　　　　　　　　　　　　　)

9종 공통

4 다음 중 속력과 관련된 안전장치와 그에 대한 설명으로 옳은 것에 ○표, 옳지 않은 것에 ×표를 하시오.

(1) 안전띠는 긴급 상황에서 탑승자의 몸을 고정합니다. (　　　)
(2) 과속 방지 턱은 자동차에 설치된 속력과 관련된 안전장치입니다. (　　　)
(3) 에어백은 자동차의 속력을 제한하여 어린이들의 교통 안전사고를 예방합니다. (　　　)

천재교과서

5 다음에서 볼 수 있는 친구들의 행동과 관련된 교통안전 수칙에 대한 설명 중 옳지 않은 것은 어느 것입니까? (　　　)

① 아린: 자전거를 탈 때는 보호 장비를 착용한다.
② 채영: 도로 주변에서 공은 공 주머니에 넣고 다녀야 한다.
③ 아름: 차가 멈췄는지 확인 후 손을 들고 횡단보도를 건넌다.
④ 지원: 횡단보도를 건널 때는 자전거에서 내려서 자전거를 끌고 가야 한다.
⑤ 성빈: 횡단보도를 건널 때 휴대전화를 보면서 좌우를 잘 살피지 않아도 된다.

4 단원

단원 실력 쌓기

Step 1 단원평가

9종 공통

[1~5] 다음은 개념 확인 문제입니다. 물음에 답하시오.

1 물체가 단위 시간 동안 이동한 거리를 무엇이라고 합니까? (　　　　　　　)

2 물체가 빠르게 운동할 때 속력이 (크다 / 깊다)고 합니다.

3 물체의 속력은 물체가 이동한 거리를 무엇으로 나누어서 구합니까? (　　　　　　　)

4 속력 10 m/s는 어떻게 읽습니까?
(　　　　　　　)

5 학교 주변 도로에서 자동차의 속력을 제한해 어린이들의 교통 안전사고를 예방하는 안전장치는 (에어백 / 어린이 보호구역 표지판)입니다.

9종 공통

6 다음 중 이동 수단의 빠르기에 대한 설명으로 옳지 않은 것은 어느 것입니까? (　　　)

> 자전거: 1시간 동안 20 km를 운동합니다.
> 자동차: 60 km/h의 속력으로 이동합니다.
> 킥보드: 시속 오 킬로미터의 속력으로 이동합니다.
> 지하철: 팔십 킬로미터 매 시의 속력으로 이동합니다.

① 자전거의 속력은 20 km/h이다.
② 가장 빠른 이동 수단은 지하철이다.
③ 킥보드는 5 m/s의 속력으로 이동한다.
④ 지하철의 속력은 80 km/h로 쓸 수 있다.
⑤ 자전거는 이십 킬로미터 매 시의 속력으로 이동한다.

9종 공통

7 다음은 수민이와 우현이의 달리기 기록입니다. 두 친구의 속력을 구하시오.

이름	달리기 기록	속력
수민	1초 동안 3 m를 이동했음.	㉠
우현	10초 동안 40 m를 이동했음.	㉡

㉠ (　　　　　　　) m/s
㉡ (　　　　　　　) m/s

9종 공통

8 다음 중 속력을 구하기 위해 가장 필요한 것을 두 가지 고르시오. (　　,　　)

① 물체의 무게
② 물체의 종류
③ 물체의 이동 거리
④ 물체의 현재 위치
⑤ 물체가 이동하는 데 걸린 시간

9종 공통

9 다음은 트럭과 버스의 이동 거리와 걸린 시간을 나타낸 것입니다. 이에 대한 설명으로 옳은 것은 어느 것입니까? (　　　)

> • 트럭은 2시간 동안 100 km를 이동했습니다.
> • 버스는 3시간 동안 360 km를 이동했습니다.

① 트럭이 버스보다 빠르다.
② 트럭의 속력은 100 km/h이다.
③ 버스의 속력은 360 km/h이다.
④ 버스가 트럭보다 일정한 시간 동안 더 긴 거리를 이동한다.
⑤ 트럭이 버스보다 일정한 거리를 이동하는 데 짧은 시간이 걸린다.

천재교과서

10 다음은 거북, 말, 타조, 치타가 10초 동안 이동한 거리를 비교한 그래프입니다. 네 동물의 속력에 대한 설명 중 옳지 않은 것은 어느 것입니까? (　　　)

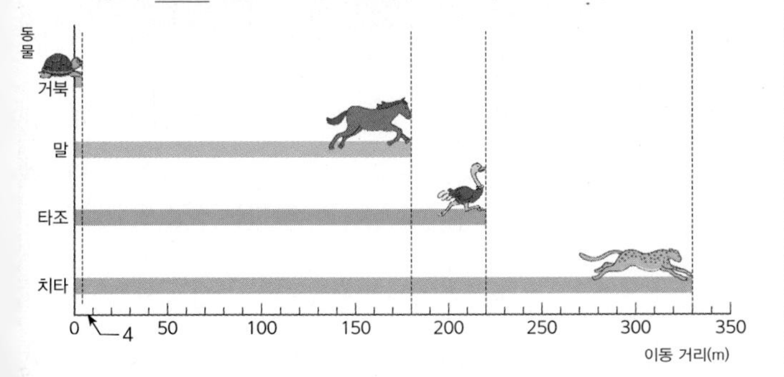

① 말의 속력은 18 m/s이다.
② 타조의 속력은 이십이 미터 매 초이다.
③ 타조와 치타의 속력은 서로 비교할 수 없다.
④ 같은 시간 동안 가장 조금 이동한 거북의 속력이 가장 작다.
⑤ 같은 시간 동안 가장 많이 이동한 치타의 속력이 가장 크다.

9종 공통

11 다음 중 속력에 대한 설명으로 옳은 어느 것입니까? (　　　)

① 속력이 큰 물체가 더 느리다.
② 속력의 단위에는 s/m, h/km 등이 있다.
③ 단위 시간 동안 물체가 이동한 방향을 말한다.
④ 속력이 크면 일정한 시간 동안 더 짧은 거리를 이동한다.
⑤ 이동하는 데 걸린 시간과 이동 거리가 모두 다른 물체의 빠르기는 속력으로 나타내 비교한다.

9종 공통

12 다음 중 속력에 대한 설명으로 옳지 않은 것은 어느 것입니까? (　　　)

① 2 m/s는 '이 미터 매 초'라고 읽는다.
② 5 km/h는 '시속 오 킬로미터'라고 읽는다.
③ 물체가 이동한 거리를 걸린 시간으로 나누어 구한다.
④ 3 m/s는 3초 동안 1 m를 이동한 물체의 속력을 뜻한다.
⑤ 속력의 단위 km/h에서 km는 거리, h는 시간의 단위이다.

9종 공통

13 다음 중 속력과 관련된 안전장치로 옳지 않은 것은 어느 것입니까? (　　　)

① 에어백
② 자동계단
③ 과속 방지 턱
④ 과속 단속 카메라
⑤ 어린이 보호구역 표지판

천재교과서

14 다음 중 교통안전 수칙을 잘 지킨 친구를 바르게 짝지은 것은 어느 것입니까? (　　　)

① 아린, 민수　　② 채영, 종호
③ 민수, 종호　　④ 아린, 채영
⑤ 아린, 종호

9종 공통

15 다음 중 횡단보도에서 지켜야 할 교통안전 수칙으로 옳지 않은 것은 어느 것입니까? (　　　)

① 무단횡단을 하지 않는다.
② 좌우를 살피고 건너간다.
③ 자전거에서 내려 자전거를 끌고 간다.
④ 신호등의 초록색 불이 켜지기 전에 건넌다.
⑤ 길을 건너기 전에 자동차가 멈췄는지 확인한다.

4 단원

Step 2 서술형 평가

9종 공통

16 **오른쪽 기차는 오후 12시에 서울역에서 출발하여 오후 3시에 300 km 떨어진 부산역에 도착했습니다.**

(1) 이 기차의 속력을 구하여 쓰시오.

(   ) km/h

(2) 위 (1)번 답을 구한 과정을 쓰시오.

답 속력은 이동 거리를 걸린 ❶ [   ](으)로 나누어 구할 수 있으므로, 기차의 속력은 300 km를 ❷ [   ] h로 나누어 구한다.

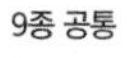

9종 공통

17 **다음 글을 읽고 빛과 소리 중 어느 것의 속력이 더 큰지 그 이유와 함께 쓰시오.**

> 벼락이 칠 때 구름 사이로 번쩍이는 빛을 번개라 하고, 이때 생기는 큰 소리를 천둥소리라고 합니다. 이 때 우리는 번개를 먼저 보고 약간의 시간이 지난 다음에 천둥소리를 들을 수 있습니다. 왜냐하면 빛의 속력은 약 300,000,000 m/s이고 소리의 속력은 340 m/s이기 때문입니다.

천재교육, 천재교과서, 금성, 김영사, 동아, 미래엔, 비상

18 **다음은 도로에 설치된 속력과 관련된 안전장치입니다.**

(1) 위 안전장치의 이름은 무엇인지 쓰시오.

(   )

(2) 위 (1)번 답 안전장치의 기능은 무엇인지 쓰시오.

서술형 가이드
어려워하는 서술형 문제!
서술형 가이드를 이용하여 풀어 봐!

16 (1) 10 km/h는 물체가 1시간 동안 (10 km / 10 m)를 이동하는 것을 말합니다.

(2) [ ][ ][ ][ ]을/를 걸린 시간으로 나누어 속력을 구합니다.

17 같은 시간 동안 더 (짧은 / 긴 거리를 이동하는 물체의 속력이 더 큽니다.

18 (1) 도로에 설치된 속력과 관련 [ ][ ][ ][ ]에 과속 방지 턱, 과속 단속 카메라, 어린이 보호구역 표지 등이 있습니다.

(2) 어린이 보호구역 표지판 학교 주변 도로에서 자동차 [ ][ ]을/를 제한하 어린이들의 교통 안전사고 예방합니다.

Step 3 수행평가

학습 주제 운동하는 물체의 속력

학습 목표 물체의 속력을 구하고, 속력과 관련된 안전장치와 교통안전 수칙을 알 수 있다.

수행평가 가이드
다양한 유형의 수행평가!
수행평가 가이드를 이용해 풀어 봐!

9종 공통

19 다음의 도로를 달리는 트럭과 버스의 속력을 각각 구하여 쓰시오.

나는 3시간 동안 180 km를 이동했어.
나는 2시간 동안 180 km를 이동했어.
트럭
버스

트럭	버스
❶ ☐ km/h	❷ ☐ km/h

물체의 속력
운동하는 물체의 속력은 물체의 이동 거리에서 이동하는 데 걸린 시간을 나누어 구할 수 있습니다.

속력이 큰 물체가 더 빠른 물체이고, 더 빠른 물체가 같은 시간 동안 더 긴 거리를 이동해.

4 단원
진도 완료 체크

천재교과서

20 다음의 학교 주변 도로에서 친구들이 하교하는 모습을 보고, 도로 주변에서 어린이가 지켜야 할 교통안전 수칙을 두 가지 쓰시오.

____

____

속력이 큰 물체가 위험한 이유
큰 속력으로 운동하는 물체는 바로 멈추기가 어려워서 다른 물체와 충돌하기 쉽고, 충돌 시 충격이 커서 피해도 큽니다.

대단원 평가

4. 물체의 운동

점수

배점 표시가 없는 문제는 문제당 4점입니다.

9종 공통

1 다음에서 설명하는 것은 어느 것입니까? (　　　)

> 시간이 지남에 따라 물체의 위치가 변하는 것

① 물체의 크기　　② 물체의 무게
③ 물체의 운동　　④ 물체의 속력
⑤ 물체의 빠르기

천재교과서

2 다음 중 물체의 운동에 대해 <u>잘못</u> 말한 사람을 보기에서 골라 기호를 쓰시오.

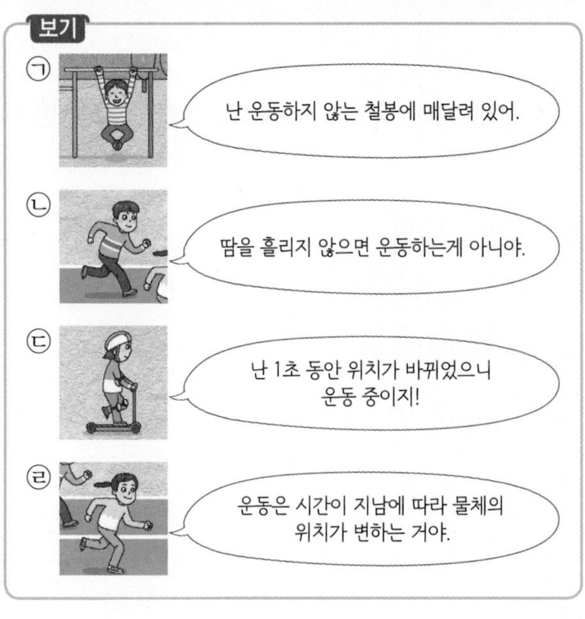

보기
㉠
난 운동하지 않는 철봉에 매달려 있어.
㉡
땀을 흘리지 않으면 운동하는게 아니야.
㉢
난 1초 동안 위치가 바뀌었으니 운동 중이지!
㉣
운동은 시간이 지남에 따라 물체의 위치가 변하는 거야.

(　　　　　　　　　　)

9종 공통

3 다음 중 운동하지 <u>않는</u> 물체는 어느 것입니까?
(　　　)

①
달리는 육상 선수

②

경기 중인 사이클 선수

③

굴러가는 축구공

④
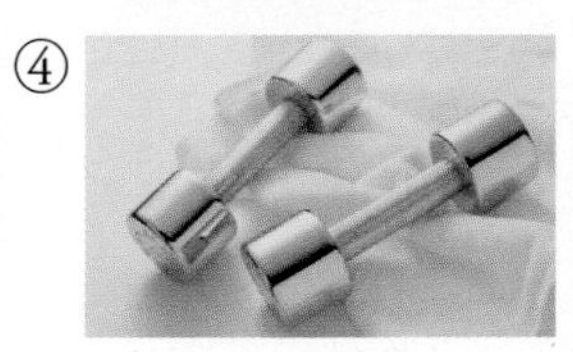
무거운 운동기구

⑤

이동하는 배

서술형·논술형 문제

천재교과

4 다음은 10초 동안 여러 동물이 이동한 거리를 그림으로 나타낸 것입니다. [총 12점]

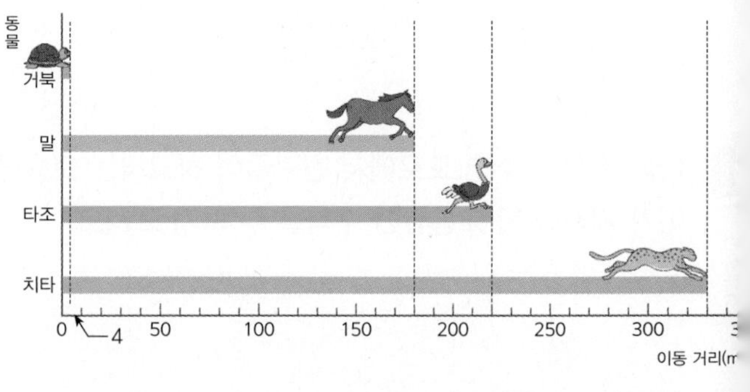

(1) 위의 네 동물을 속력이 큰 순서대로 쓰시오. [4
(　　　　,　　　　,　　　　,　　　　)

(2) 위 (1)번의 답과 같이 생각한 까닭을 쓰시오. [8

천재교육, 천재교과서, 금성, 비상, 지학사

5 다음 중 물체가 하는 운동의 종류가 다른 것은 어느 것입니까? (　　　)

①

롤러코스터

②

대관람차

③

자이로 드롭

④

급류 타기

⑤

바이킹

천재교육, 천재교과서, 금성, 김영사, 동아, 비상, 지학사

6 다음은 올림픽 경기 종목 중 일부입니다. 아래 경기들이 가장 빠른 선수를 정하는 방법으로 옳은 것은 어느 것입니까? (　　　)

수영

스피드 스케이팅

육상 경기

① 출발한 순서를 기준으로 빠르기를 비교한다.
② 도착한 위치를 기준으로 빠르기를 비교한다.
③ 지난 경기 순위를 통하여 빠르기를 비교한다.
④ 같은 시간 동안 이동한 거리를 측정하여 빠르기를 비교한다.
⑤ 같은 거리를 이동하는 데 걸린 시간을 측정하여 빠르기를 비교한다.

천재교육

7 다음은 미현이네 모둠의 종이 자동차 1 m 경주 기록입니다. 종이 자동차의 빠르기가 가장 빠른 친구와 가장 느린 친구를 순서대로 옳게 짝지은 것은 어느 것입니까? (　　　)

이름	미현	지안	보아	윤진
걸린 시간	21초	30초	33초	26초

① 윤진, 지안　　② 지안, 윤진
③ 지안, 보아　　④ 미현, 보아
⑤ 미현, 지안

9종 공통

8 다음 중 물체의 빠르기를 비교하는 방법으로 옳지 않은 것은 어느 것입니까? (　　　)

① 같은 시간 동안 이동한 물체의 빠르기는 물체가 이동한 거리로 비교한다.
② 같은 시간 동안 긴 거리를 이동한 물체가 짧은 거리를 이동한 물체보다 더 빠르다.
③ 같은 거리를 이동하는 데 짧은 시간이 걸린 물체가 긴 시간이 걸린 물체보다 더 빠르다.
④ 같은 거리를 이동한 물체의 빠르기는 물체가 이동하는 데 걸린 시간으로 비교한다.
⑤ 출발선에서 동시에 출발한 물체 중에서 일정한 시간이 지난 후 출발선에서부터 가장 가까운 물체가 가장 빠르다.

9종 공통

9 다음 보기 에서 속력에 대한 설명으로 옳은 것을 골라 기호를 쓰시오.

보기
㉠ 물체가 단위 시간 동안 이동한 거리입니다.
㉡ 시간이 지남에 따라 물체의 위치가 변하는 것을 말합니다.
㉢ 물체가 이동하는 데 걸린 시간을 이동한 거리로 나누어 구합니다.

(　　　　　　　　　)

4 단원

9종 공통

10 다음 중 속력에 대한 설명으로 옳은 것은 어느 것입니까? (　　　)

① 40 m/s는 '시속 사십 미터'라고 읽는다.
② 5 m/s의 속력은 4 m/s의 속력보다 빠르다.
③ 이동하는 데 걸린 시간을 이동 거리로 나눈 것이다.
④ 물체의 속력을 나타낼 때는 속력을 측정한 날짜도 적는다.
⑤ 10 m/s는 1시간 동안 10 m를 이동한 물체의 속력을 의미한다.

9종 공통

11 다음 중 보기 에서 밑줄 친 부분을 바르게 읽은 것은 어느 것입니까? (　　　)

> 보기
> 고속도로에서 자동차의 최고 속력은 <u>100 km/h</u>, 최저 속력은 50 km/h입니다.

① 시속 백 미터
② 백 킬로미터 매 시
③ 매 시 백 킬로미터
④ 시속 오십 킬로미터
⑤ 오십 킬로미터 매 시

서술형·논술형 문제

9종 공통

12 다음은 우리 생활 속 물체의 속력과 관련된 글입니다. 밑줄 친 부분의 의미를 쓰시오. [8점]

> 우리나라 공항에서 이륙한 비행기가 <u>800 km/h</u>의 속력으로 이동하여 영국의 공항에 착륙했습니다.

9종 공통

13 다음은 소리네 모둠에서 운동하는 물체에 대해 나눈 이야기입니다. 빠른 물체를 말한 친구를 순서대로 나열한 것으로 옳은 것은 어느 것입니까? (　　　)

> 소리: 오늘 바람의 속력은 3 m/s래. 바람이 불어서 기분이 좋아.
> 문수: 오늘 아침 등굣길에서 1초에 6 m를 이동하는 고양이를 봤어.
> 이헌: 요즘은 자전거를 타고 등교해. 그래서 100 m를 10초 만에 이동했지.
> 보민: 학교 앞 횡단 보도의 길이는 5 m이고, 나는 횡단 보도를 건너는 데 5초가 걸렸어.

① 문수, 이헌, 보민, 소리
② 이헌, 문수, 소리, 보민
③ 이헌, 소리, 문수, 보민
④ 보민, 소리, 이헌, 문수
⑤ 소리, 문수, 보민, 이헌

9종 공통

14 윤미는 자동차를 타고 2시간 동안 150 km를 달렸습니다. 이 자동차의 속력은 얼마입니까? (　　　)

① 2 km/h　② 15 km/h　③ 30 km/h
④ 75 km/h　⑤ 150 km/h

9종 공통

15 다음 중 두 물체의 속력에 대한 설명으로 옳지 <u>않은</u> 것은 어느 것입니까? (　　　)

> • 자전거는 4시간 동안 200 km를 이동했습니다.
> • 자동차는 3시간 동안 300 km를 이동했습니다.

① 자전거는 자동차보다 빠르다.
② 자전거의 속력은 50 km/h이다.
③ 이동하는 데 걸린 시간과 이동 거리로 속력을 구할 수 있다.
④ 속력을 구하면 자전거와 자동차의 빠르기를 비교할 수 있다.
⑤ 자동차는 자전거보다 일정한 시간 동안 더 긴 거리를 이동한다.

서술형·논술형 문제

9종 공통

16 다음은 우리 학급의 친구들이 교통안전 수칙을 실천한 내용입니다. [총 12점]

창수: 차도에 내려와서 버스를 기다렸어.
지현: 급한 일이 있어도 무단횡단하지 않았어.
민우: 도로 주변에서 공은 공 주머니에 넣고 다녔어.

(1) 위에서 교통안전 수칙을 바르게 실천하지 않은 친구의 이름을 쓰시오. [4점]
( )

(2) 위 (1)번 답의 친구의 행동이 교통안전 수칙에 어긋난 까닭을 쓰시오. [8점]

9종 공통

17 다음 중 자동차와 도로에 설치된 속력과 관련된 안전 장치로 옳지 않은 것은 어느 것입니까? ( )

①
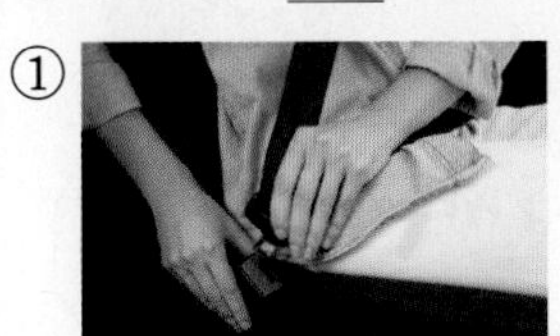
안전띠

②

어린이 보호구역 표지판

③

에어백

④

과속 단속 카메라

⑤

도로터널

9종 공통

18 다음의 속력과 관련된 안전장치를 도로와 자동차에 설치된 것으로 옳게 분류한 것은 어느 것입니까?
( )

안전띠, 과속 방지 턱, 과속 단속 카메라, 에어백

① 안전띠, 과속 방지 턱 / 과속 단속 카메라, 에어백
② 안전띠, 과속 단속 카메라 / 과속 방지 턱, 에어백
③ 과속 방지 턱, 과속 단속 카메라 / 안전띠, 에어백
④ 과속 방지 턱, 안전띠, 에어백 / 과속 단속 카메라
⑤ 과속 방지 턱, 에어백, 과속 단속 카메라 / 안전띠

9종 공통

19 다음은 도로에 설치된 속력과 관련된 안전장치에 대한 설명입니다. 설명에 해당하는 안전장치로 옳은 것은 어느 것입니까? ( )

이것은 도로에 설치된 속력과 관련된 안전장치입니다. 이것은 자동차의 속력을 줄여서 사고를 예방합니다.

① 안전띠
② 에어백
③ 횡단보도
④ 과속 방지 턱
⑤ 과속 단속 카메라

4 단원
진도 완료 체크

9종 공통

20 다음 중 교통안전 수칙으로 옳지 않은 것은 어느 것입니까? ( )

① 도로 주변에서 공놀이를 하지 않는다.
② 버스를 기다릴 때는 인도에서 기다린다.
③ 횡단보도에서는 자전거에서 내려 끌고 간다.
④ 횡단 보도를 건널 때에는 좌우를 살피며 건넌다.
⑤ 신호등의 초록색 불이 켜지자마자 빠르게 횡단 보도를 건넌다.

연관 학습 안내

초등 3~4학년	이 단원의 학습	중학교
혼합물의 분리 혼합물의 특징과 혼합물을 분리하는 방법에 대해 배웠어요.	산과 염기 지시약을 이용해 용액을 분류하는 방법에 대해 배워요.	물질의 특성 혼합물의 구성하는 물질의 특성에 대해 배울 거예요.

만화로 단원 미리보기

5 산과 염기

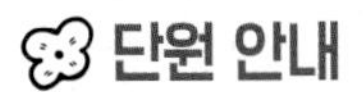

(1) 용액의 특징에 따른 분류 / 지시약을 이용한 분류

(2) 산성 용액과 염기성 용액의 성질과 이용 / 산성 용액과 염기성 용액을 섞을 때의 변화

이어서 개념 웹툰

개념① 여러 가지 용액의 분류

용어 용액: 용질이 용매에 골고루 섞여 있는 것

실험 동영상

1. 여러 가지 용액을 관찰하여 분류하기

구분	식초	탄산수	석회수	레몬즙	묽은 염산	유리 세정제	묽은 수산화 나트륨 용액
색깔	○	×	×	○	×	○	×
냄새	○	×	×	○	○	○	×
투명한 정도	투명함.	투명함.	투명함.	투명하지 않음.	투명함.	투명함.	투명함.
기포	×	○	×	×	×	×	×

2. 여러 가지 용액의 분류

① 용액들의 공통점과 차이점을 찾아 용액을 분류할 수 있는 기준을 세웁니다. (분류 기준은 객관적이고 명확한 것으로 정합니다.)

② 용액을 분류할 수 있는 기준: "색깔이 있는가?", "냄새가 나는가?", "투명한가?", "기포가 있는가?" 등

기준: 색깔이 있는가?

- 그렇다. → 식초, 레몬즙, 유리 세정제
- 그렇지 않다. → 탄산수, 석회수, 묽은 염산, 묽은 수산화 나트륨 용액

3. 겉으로 보이는 성질로만 용액을 분류할 때의 어려운 점

① 용액에 따라 맛을 보거나 냄새를 맡거나 만져 보는 등의 활동은 위험할 수 있어서 분류할 때 이용하기 어렵습니다. → 용액의 냄새를 확인해야 할 때는 손으로 바람을 일으켜 맡습니다.

② 색깔이 없는 용액은 눈으로 쉽게 구분되지 않아 분류하기 어렵습니다.

개념 체크

☑ **용액의 냄새 관찰**

용액의 냄새를 맡을 때에는 손으로 ❶ ㅂ ㄹ 을 일으켜 맡습니다.

정답 ❶ 바람

내 교과서 살펴보기 / **미래엔**

여러 가지 용액을 흔들었을 때 거품이 유지되는 시간

5초 이상	5초 이하
유리 세정제, 빨랫비누 물	식초, 레몬즙, 석회수, 묽은 염산, 묽은 수산화 나트륨 용액, 사이다

(빨랫비누 물: 색깔이 있고, 불투명하며 냄새가 납니다. / 사이다: 색깔이 투명하며 냄새가)

개념 체크

개념 2 색깔 변화를 이용한 용액 분류

1. **지시약:** 어떤 용액에 닿았을 때 그 용액의 성질에 따라 색깔의 변화가 나타나는 물질로, 리트머스 종이, 페놀프탈레인 용액 등이 있습니다.

2. 색깔 변화를 이용하여 용액 분류하기

① 리트머스 종이와 페놀프탈레인 용액의 색깔 변화

→ 무색 용액입니다.

구분	식초	탄산수	석회수	묽은 염산	유리 세정제	묽은 수산화 나트륨 용액
붉은색 리트머스 종이	변화 없음.	변화 없음.	푸른색	변화 없음.	푸른색	푸른색
푸른색 리트머스 종이	붉은색	붉은색	변화 없음.	붉은색	변화 없음.	변화 없음.
페놀프탈레인 용액	변화 없음.	변화 없음.	붉은색	변화 없음.	붉은색	붉은색

② 리트머스 종이와 페놀프탈레인 용액의 색깔 변화에 따른 용액 분류

리트머스 종이		페놀프탈레인 용액	
푸른색 → 붉은색	붉은색 → 푸른색	변화 없음.	붉은색으로 변함.
식초, 탄산수, 묽은 염산	석회수, 유리 세정제, 묽은 수산화 나트륨 용액	식초, 탄산수, 묽은 염산	석회수, 유리 세정제, 묽은 수산화 나트륨 용액

→ 용액을 분류한 결과가 서로 같습니다.

산성 용액과 염기성 용액 → 지시약의 색깔 변화로 용액의 성질을 확인할 수 있습니다.

구분	내용
산성 용액	• 푸른색 리트머스 종이를 붉은색으로 변하게 함. • 페놀프탈레인 용액의 색깔이 변하지 않음. • 식초, 탄산수, 묽은 염산, 레몬즙, 사이다, 요구르트 등
염기성 용액	• 붉은색 리트머스 종이를 푸른색으로 변하게 함. • 페놀프탈레인 용액을 붉은색으로 변하게 함. • 석회수, 유리 세정제, 묽은 수산화 나트륨 용액, 빨랫비누 물 등

✔ 색깔이 없고 투명한 용액의 분류 방법

색깔이 없고 투명하여 눈으로 구분하기 어려운 용액은 ❷ [ㅈ][ㅅ][ㅇ]을 사용하여 분류합니다.

날 사용해 봐.
사사삭
두 용액을 어떻게 분류하지?

정답 ❷ 지시약

내 교과서 살펴보기 / **비상**

BTB 용액으로 용액 분류하기

BTB 용액은 산성 용액에서는 노란색으로 변하고, 염기성 용액에서는 파란색으로 변합니다.

5 단원

개념 알기

개념 3 붉은 양배추를 이용한 용액 분류

실험 동영상

1. 지시약을 만들어 용액 분류하기

① 붉은 양배추로 지시약 만드는 방법

붉은 양배추를 가위로 잘라 비커에 담고, 붉은 양배추가 잠길 만큼 뜨거운 물 붓기

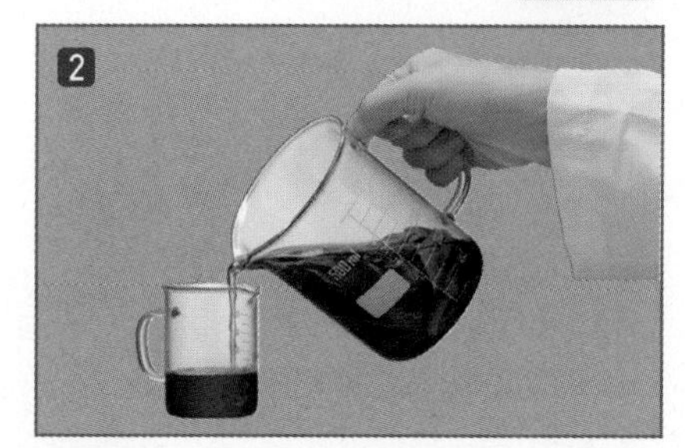
물 색깔이 변하면 비커를 충분히 식힌 뒤, 작은 비커에 필요한 양만큼 옮겨 담기

② 각 용액에 붉은 양배추 지시약을 떨어뜨렸을 때의 색깔 변화

식초	탄산수	석회수	묽은 염산	유리 세정제	묽은 수산화 나트륨 용액
붉은색	붉은색	연한 푸른색	붉은색	푸른색	노란색

③ 색깔에 따른 용액의 분류 → 리트머스 종이, 페놀프탈레인 용액으로 분류한 결과와 같습니다.

붉은색을 띠는 용액	식초, 탄산수, 묽은 염산 → 산성 용액
푸른색이나 노란색을 띠는 용액	석회수, 유리 세정제, 묽은 수산화 나트륨 용액 → 염기성 용액

2. 붉은 양배추 지시약으로 용액을 분류하는 방법

① 여러 가지 용액에 붉은 양배추 지시약을 떨어뜨리면 용액의 성질에 따라 색깔이 다르게 나타납니다.

② 붉은 양배추 지시약은 산성 용액에 떨어뜨리면 붉은색 계열의 색깔로 변하고, 염기성 용액에 떨어뜨리면 푸른색이나 노란색 계열의 색깔로 변합니다.

용어 계열: 서로 관련이 있거나 비슷하여 묶을 수 있는 것

내 교과서 살펴보기 / 천재교육

붉은 양배추 외에 지시약으로 사용할 수 있는 식물

포도 / 검은콩 / 피튜니아 / 자주색 양파

개념 체크

붉은 양배추 지시약 만들기

붉은 양배추를 잘라 비커에 담고 ❸(차가운 / 뜨거운) 물을 붓습니다.

정답 ❸ 뜨거운

내 교과서 살펴보기 / 천재교육

붉은 양배추 종이에 그림 그리기

1 붉은 양배추 종이에 유성 펜으로 밑그림 그리기

2 면봉에 레몬즙이나 가루 세제 용액을 묻혀 종이에 칠하기 (레몬즙 → 산성 용액, 가루 세제 용액 → 염기성 용액)

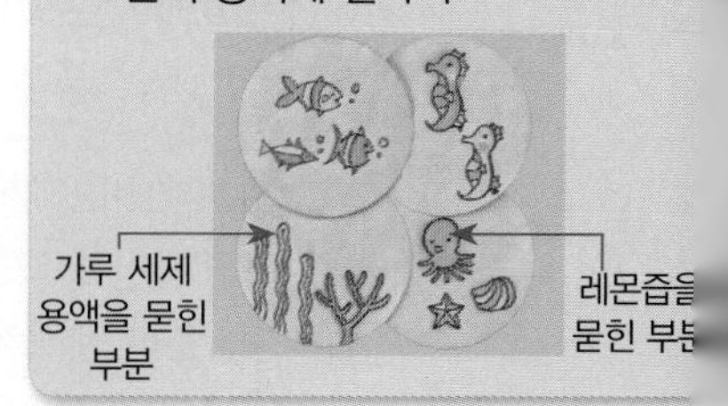

개념 다지기

천재교육, 천재교과서, 김영사, 동아, 미래엔

1 다음 용액의 특징을 줄로 바르게 이으시오.

(1) 식초 •
(2) 레몬즙 •
(3) 유리 세정제 •
(4) 묽은 수산화 나트륨 용액 •

• ㉠ 색깔이 있고, 투명하며, 냄새가 남.
• ㉡ 색깔이 없고, 투명하며, 냄새가 나지 않음.
• ㉢ 색깔이 있고, 투명하지 않으며, 냄새가 남.

9종 공통

2 다음 보기 에서 여러 가지 용액을 분류하는 기준으로 옳은 것을 두 가지 골라 기호를 쓰시오.

보기
㉠ 맛있는가? ㉡ 투명한가?
㉢ 색깔이 예쁜가? ㉣ 냄새가 나는가?

(,)

천재교육, 천재교과서, 금성, 김영사, 동아, 미래엔

3 다음 중 붉은색 리트머스 종이에 유리 세정제를 묻혔을 때의 결과로 옳은 것을 골라 기호를 쓰시오.

㉠
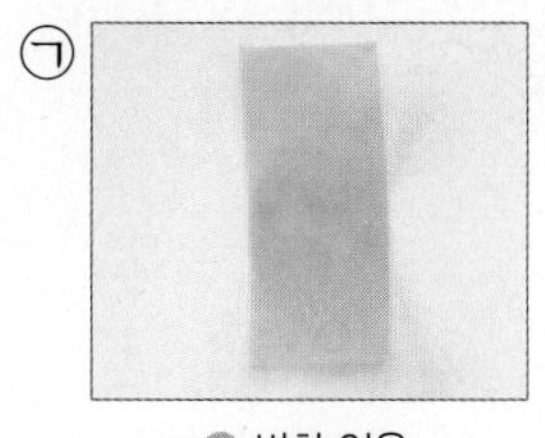
변화 없음.

㉡
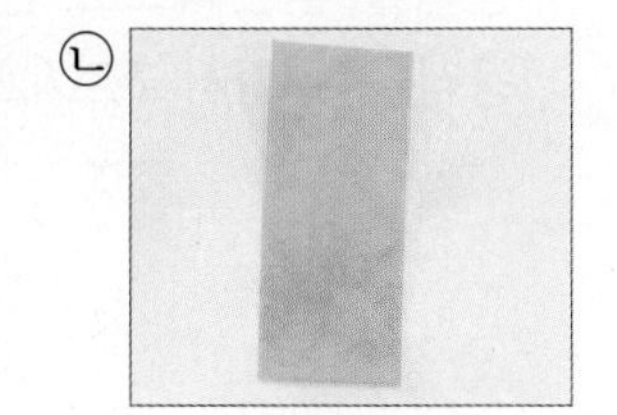
푸른색으로 변함.

( )

천재교육, 천재교과서, 금성, 김영사, 동아, 미래엔, 아이스크림, 지학사

4 다음은 산성 용액과 염기성 용액에 대한 설명입니다. ㉠~㉢에 들어갈 알맞은 말을 각각 쓰시오.

- 산성 용액은 푸른색 리트머스 종이를 [㉠](으)로 변하게 하고, 페놀프탈레인 용액을 떨어뜨렸을 때 색깔이 변하지 않습니다.
- 염기성 용액은 붉은색 리트머스 종이를 [㉡](으)로 변하게 하고, 페놀프탈레인 용액을 떨어뜨리면 [㉢](으)로 변합니다.

㉠ ( )
㉡ ( )
㉢ ( )

천재교육, 천재교과서, 금성, 김영사, 동아

5 다음 중 붉은 양배추 지시약을 붉은색 계열로 변하게 하는 용액을 두 가지 고르시오. (,)

① 식초 ② 석회수
③ 묽은 염산 ④ 유리 세정제
⑤ 묽은 수산화 나트륨 용액

9종 공통

6 다음은 붉은 양배추 지시약의 색깔 변화를 나타낸 것입니다. ( ) 안의 알맞은 말에 각각 ○표를 하시오.

붉은 양배추 지시약은 (산성 / 염기성) 용액에서는 붉은색 계열로 변하고, (산성 / 염기성) 용액에서는 푸른색이나 노란색 계열로 변합니다.

5 단원

Step 1 단원평가

9종 공통

[1~5] 다음은 개념 확인 문제입니다. 물음에 답하시오.

1 묽은 수산화나트륨 용액은 색깔이 (있고 / 없고), 식초는 색깔이 (있습 / 없습)니다.

2 어떤 용액에 닿았을 때 그 용액의 성질에 따라 색깔 변화가 나타나는 물질을 무엇이라고 합니까?
( )

3 (산성 / 염기성) 용액은 푸른색 리트머스 종이를 붉은색으로 변하게 합니다.

4 식초와 묽은 수산화 나트륨 용액 중 염기성 용액은 어느 것입니까? ( )

5 식초와 묽은 염산은 붉은 양배추 지시약을 (노란색 / 붉은색) 계열로 변하게 합니다.

천재교과서, 김영사, 동아, 미래엔

6 다음과 같은 특징이 있는 용액을 두 가지 고르시오.
(,)

- 투명합니다.
- 색깔이 있습니다.
- 냄새가 있습니다.
- 기포가 없습니다.

① 식초 ② 레몬즙
③ 석회수 ④ 묽은 염산
⑤ 유리 세정제

김영사, 동아, 미래엔

7 다음 중 냄새가 나는 용액끼리 바르게 짝지은 것은 어느 것입니까? ( )

① 식초, 석회수
② 레몬즙, 사이다
③ 석회수, 레몬즙
④ 석회수, 빨랫비누 물
⑤ 식초, 묽은 수산화 나트륨 용액

김영사, 동아, 미래엔

8 다음은 여러 가지 용액을 투명한 용액과 그렇지 않은 용액으로 분류한 모습입니다. ㉠에 들어갈 용액으로 알맞은 것에 ○표를 하시오.

탄산수 빨랫비누 물

김영사, 동아, 미래엔

9 오른쪽과 같이 푸른색 리트머스 종이를 붉은색으로 변하게 하는 용액을 두 가지 고르시오.
(,)

① 석회수 ② 레몬즙
③ 묽은 염산 ④ 유리 세정제
⑤ 묽은 수산화 나트륨 용액

천재교과서, 금성, 김영사, 동아, 미래엔

10 다음 보기 에서 페놀프탈레인 용액을 떨어뜨렸을 때 오른쪽과 같이 붉은색으로 변하는 용액을 두 가지 골라 기호를 쓰시오.

붉은색으로 변한 페놀프탈레인 용액

보기
㉠ 식초　㉡ 석회수
㉢ 묽은 염산　㉣ 유리 세정제

(,)

9종 공통

11 다음 중 여러 가지 용액을 산성 용액과 염기성 용액으로 분류하는 방법으로 옳은 것은 어느 것입니까? ( )

① 용액을 만져 본다.
② 용액을 서로 섞어 본다.
③ 용액의 냄새를 맡아 본다.
④ 용액의 색깔을 비교해 본다.
⑤ 용액을 리트머스 종이에 묻혀 본다.

천재교육, 천재교과서, 금성, 김영사, 동아, 미래엔, 아이스크림, 지학사

12 다음 중 산성 용액과 염기성 용액에 대한 설명으로 옳지 않은 것은 어느 것입니까? ( )

① 산성 용액은 푸른색 리트머스 종이를 붉은색으로 변하게 한다.
② 염기성 용액은 붉은색 리트머스 종이를 푸른색으로 변하게 한다.
③ 산성 용액은 페놀프탈레인 용액을 붉은색으로 변하게 한다.
④ 산성 용액과 염기성 용액에서 페놀프탈레인 용액의 색깔 변화가 다르다.
⑤ 식초와 묽은 염산은 산성 용액이고, 묽은 수산화 나트륨 용액은 염기성 용액이다.

천재교육, 천재교과서, 금성, 김영사, 동아, 비상, 아이스크림, 지학사

13 다음 보기 에서 붉은 양배추 지시약을 여러 가지 용액에 떨어뜨린 결과로 옳은 것을 골라 기호를 쓰시오.

보기
㉠ 식초에 떨어뜨린 붉은 양배추 지시약이 푸른색 계열의 색깔로 변합니다.
㉡ 묽은 염산에 떨어뜨린 붉은 양배추 지시약이 노란색 계열의 색깔로 변합니다.
㉢ 유리 세정제에 떨어뜨린 붉은 양배추 지시약이 푸른색 계열의 색깔로 변합니다.

( )

9종 공통

14 다음은 붉은 양배추 지시약을 여러 가지 용액에 떨어뜨린 결과를 나타낸 표입니다. 염기성 용액을 세 가지 골라 기호를 쓰시오.

용액 이름	색깔 변화	용액 이름	색깔 변화
㉠	붉은색	㉡	푸른색
㉢	붉은색	㉣	연한 붉은색
㉤	연한 푸른색	㉥	노란색

(, ,)

9종 공통

15 다음 보기 에서 붉은 양배추 지시약에 대한 설명으로 옳은 것을 두 가지 골라 기호를 쓰시오.

보기
㉠ 붉은 양배추를 뜨거운 물에 담가서 만듭니다.
㉡ 염기성 용액에 붉은 양배추 지시약을 떨어뜨리면 붉은색 계열의 색깔로 변합니다.
㉢ 용액에 붉은 양배추 지시약을 떨어뜨리면 용액의 성질에 따라 색깔이 다르게 나타납니다.
㉣ 산성 용액에 붉은 양배추 지시약을 떨어뜨리면 푸른색이나 노란색 계열의 색깔로 변합니다.

(,)

천재교육, 천재교과서, 금성, 김영사, 동아, 미래엔, 아이스크림, 지학사

16 다음은 용액을 분류할 때 이용하는 물질입니다.

붉은색 리트머스 종이와 푸른색 리트머스 종이

페놀프탈레인 용액

(1) 위와 같은 물질들을 무엇이라고 하는지 쓰시오.

( )

(2) 위 (1)번의 답과 같이 생각한 까닭을 쓰시오.

답 어떤 용액에 닿았을 때 그 용액의 ❶ ( ) 에 따라 ❷ ( ) 변화가 나타나기 때문이다.

금성, 김영사, 동아, 미래엔

17 다음은 푸른색 리트머스 종이에 석회수와 사이다를 각각 묻혔을 때의 결과입니다.

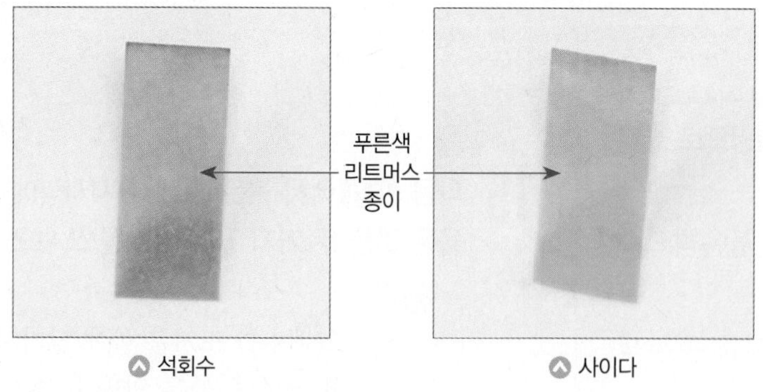

석회수 / 사이다

(1) 석회수와 사이다 중 염기성 용액은 어느 것인지 쓰시오.

( )

(2) 위 (1)번의 답과 같이 생각한 까닭을 쓰시오.

____

____

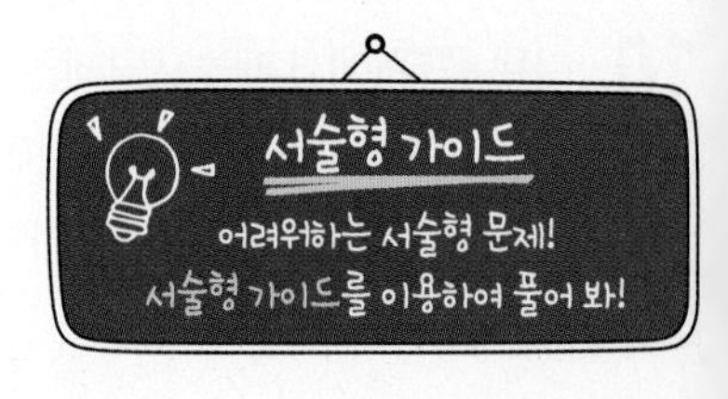

서술형 가이드
어려워하는 서술형 문제!
서술형 가이드를 이용하여 풀어 봐!

16 (1) □□□□ 종이, 페놀프탈레인 용액 등은 지시약입니다.

(2) □□□ 은 색깔의 변화로써 용액의 성질이 산성인지 염기성인지 구분할 수 있도록 해 주는 물질입니다

17 (1) 염기성 용액에서는 붉은 리트머스 종이가 (붉은 / 푸른색)으로 변합니다.

(2) 산성 용액에서는 푸른 리트머스 종이가 (붉은색 / 푸른색)으로 변합니다.

Step 3 수행평가

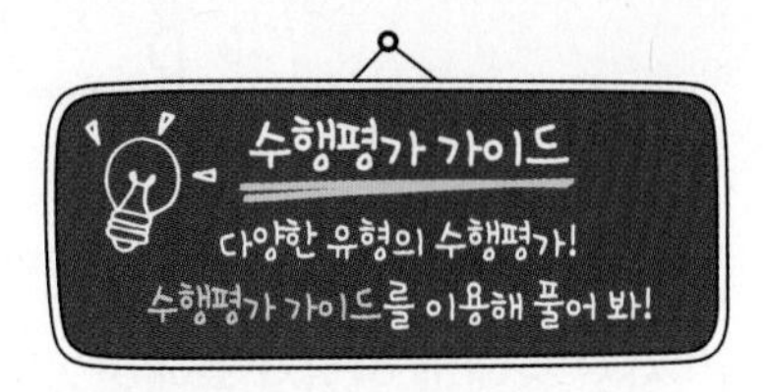

학습 주제 붉은 양배추 지시약으로 용액 분류하기

학습 목표 붉은 양배추 지시약의 색깔 변화를 이용하여 여러 가지 용액을 산성 용액과 염기성 용액으로 분류할 수 있다.

[18~20] 다음은 여러 가지 용액에 붉은 양배추 지시약을 두세 방울씩 떨어뜨렸을 때 붉은 양배추 지시약의 색깔 변화를 나타낸 것입니다.

식초	묽은 수산화 나트륨 용액	묽은 염산	유리 세정제
㉠	노란색	붉은색	㉡

천재교육, 천재교과서, 금성, 김영사, 동아

18 위의 ㉠과 ㉡에 들어갈 알맞은 색깔을 각각 쓰시오.

㉠ (　　　　　　　　　　)
㉡ (　　　　　　　　　　)

식초와 유리 세정제를 리트머스 종이에 묻혔을 때의 변화

식초는 푸른색 리트머스 종이를 붉은색으로 변하게 하고, 유리 세정제는 붉은색 리트머스 종이를 푸른색으로 변하게 합니다.

천재교육, 천재교과서, 금성, 김영사, 동아

19 위의 네 가지 용액을 산성 용액과 염기성 용액으로 분류하여 각각 쓰시오.

산성 용액	(1)
염기성 용액	(2)

붉은 양배추 지시약을 용액에 떨어뜨렸을 때 붉은 양배추 지시약의 색깔 변화

산성 용액	붉은색 계열로 변함.
염기성 용액	푸른색이나 노란색 계열로 변함.

천재교육, 천재교과서, 금성, 김영사, 동아

20 위 실험 결과를 참고하여 페놀프탈레인 용액의 색깔을 붉은색으로 변하게 하는 용액에 붉은 양배추 지시약을 떨어뜨리면 색깔이 어떻게 변하는지 쓰시오.

페놀프탈레인 용액의 색깔을 붉은색으로 변하게 하는 용액은 염기성 용액이야.

6 산성 용액과 염기성 용액의 성질과 이용 / 산성 용액과 염기성 용액을 섞을 때의 변화

개념 1 산성 용액과 염기성 용액의 성질 비교

1. 산성 용액과 염기성 용액의 성질 알아보기

① 묽은 염산(→ 산성 용액)에 넣은 물질의 변화

대리암 조각	달걀 껍데기	삶은 달걀 흰자	두부
• 기포가 발생함. • 크기가 작아짐.	• 기포가 발생함. • 크기가 작아짐.	변화 없음.	변화 없음.

② 묽은 수산화 나트륨 용액(→ 염기성 용액)에 넣은 물질의 변화

대리암 조각	달걀 껍데기	삶은 달걀 흰자	두부
변화 없음.	변화 없음.	(조금씩 투명해집니다.) • 흐물흐물해짐. • 뿌옇게 흐려짐.	• 흐물흐물해짐. • 뿌옇게 흐려짐.

- 산성 용액에서 대리암 조각, 달걀 껍데기는 기포가 생기면서 녹아 작아집니다. (→ 산성 용액에 조개 껍데기, 탄산 칼슘 가루도 녹습니다.)
- 염기성 용액에서 삶은 달걀 흰자와 두부는 시간이 지나면서 녹아 흐물흐물해지고 용액이 뿌옇게 흐려집니다. (→ 모두 단백질이 많은 물질입니다.)

2. 서울 원각사지 십층 석탑에 유리 보호 장치가 되어 있는 까닭: 석탑은 대리암으로 만들어져서 산성을 띤 빗물에 녹을 수 있기 때문입니다.

유리 보호각을 씌우기 전

→

유리 보호각 장치를 설치한 후

개념 체크

내 교과서 살펴보기 / 천재교과서

묽은 염산과 묽은 수산화 나트륨 용액에 메추리알 껍데기, 대리암 조각, 삶은 메추리알 흰자, 삶은 닭 가슴살을 넣었을 때의 변화

묽은 염산	메추리알 껍데기와 대리암 조각에서 기포가 발생하면서 녹음.
묽은 수산화 나트륨 용액	삶은 메추리알 흰자와 삶은 닭 가슴살이 흐물흐물해지며, 용액이 뿌옇게 흐려짐.

대리암으로 만들어진 문화재 유리 보호 장치가 되어 있는 까닭

❶(산성 / 염기성)을 띤 빗물이 닿으 대리암이 녹아 문화재가 훼손될 있기 때문입니다.

정답 ❶

개념 체크

개념 ② 산성 용액과 염기성 용액을 섞을 때의 변화

1. 산성 용액과 염기성 용액을 섞을 때의 변화 관찰하기

① 실험 방법

1 6홈판에 묽은 염산 3 mL를 넣고, 붉은 양배추 지시약을 두세 방울 떨어뜨리기
2 1에 묽은 수산화 나트륨 용액의 양을 다르게 하여 넣기
3 묽은 염산과 묽은 수산화 나트륨 용액을 넣는 순서를 바꾸어 위와 같이 실험하고, 붉은 양배추 지시약의 색깔 변화를 관찰하기

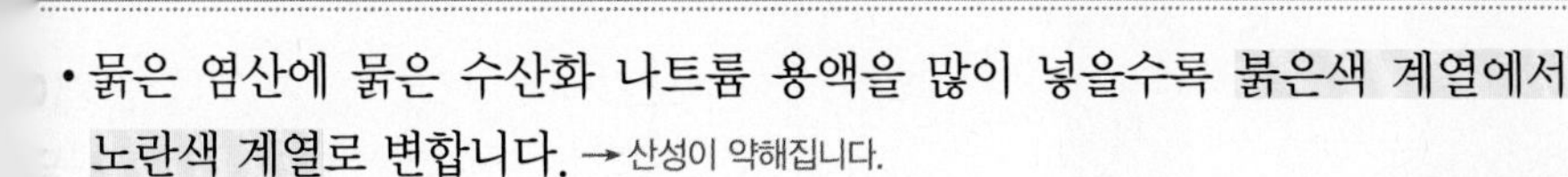

산성이 강하다. | 붉은 양배추 지시약의 색깔 변화표 | 염기성이 강하다.

② 실험 결과

붉은 양배추 지시약을 떨어뜨린 묽은 염산에 묽은 수산화 나트륨 용액을 넣었을 때						
처음(0)	1 mL	2 mL	3 mL	4 mL	5 mL	6 mL

붉은 양배추 지시약을 떨어뜨린 묽은 수산화 나트륨 용액에 묽은 염산을 넣었을 때						
처음(0)	1 mL	2 mL	3 mL	4 mL	5 mL	6 mL

- 묽은 염산에 묽은 수산화 나트륨 용액을 많이 넣을수록 붉은색 계열에서 노란색 계열로 변합니다. → 산성이 약해집니다.
- 묽은 수산화 나트륨 용액에 묽은 염산을 많이 넣을수록 노란색 계열에서 붉은색 계열로 변합니다. → 염기성이 약해집니다.

BTB 용액을 넣은 묽은 염산에 묽은 수산화 나트륨 용액을 계속 넣으면 노란색에서 파란색으로 변하고,

BTB 용액을 넣은 묽은 수산화 나트륨 용액에 묽은 염산을 계속 넣으면 파란색에서 노란색으로 변해.

내 교과서 살펴보기 / **천재교육, 천재교과서, 동아, 아이스크림, 지학사**

- 페놀프탈레인 용액을 떨어뜨린 묽은 수산화 나트륨 용액에 묽은 염산을 많이 넣을수록 페놀프탈레인 용액이 붉은색에서 무색으로 변합니다.

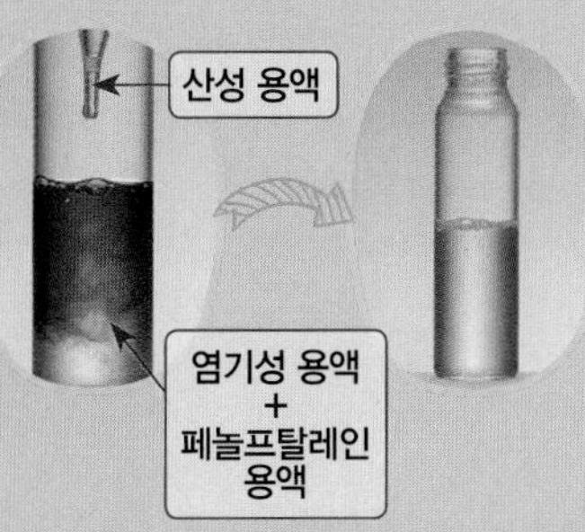

- 페놀프탈레인 용액을 떨어뜨린 묽은 염산에 묽은 수산화 나트륨 용액을 많이 넣을수록 페놀프탈레인 용액이 무색에서 붉은색으로 변합니다.

산성 용액과 염기성 용액을 섞을 때의 변화

산성 용액에 염기성 용액을 넣을수록 산성이 약해집니다. → 염기성 용액을 계속 넣으면 염기성으로 변합니다.

예 공장에서 다량의 염산이 새어나오는 사고가 발생하면 염산에 염기성을 띤 소석회를 뿌려 산성을 약하게 합니다. → 소석회가 물에 녹으면 석회수가 됩니다.

염기성 용액에 산성 용액을 넣을수록 염기성이 약해집니다. → 산성 용액을 계속 넣으면 산성으로 변합니다.

5 단원

개념 알기

개념 3 산성 용액과 염기성 용액의 이용

1. 제빵 소다와 구연산을 각각 녹인 물을 리트머스 종이에 묻혔을 때의 색깔 변화

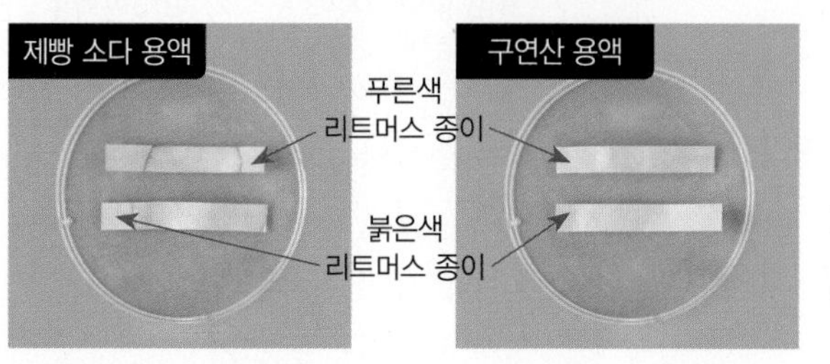

붉은색 리트머스 종이가 푸른색으로 변함.

푸른색 리트머스 종이가 붉은색으로 변함.

> 제빵 소다 용액은 염기성이고, 구연산 용액은 산성임.

2. 우리 생활에서 제빵 소다와 구연산을 이용하는 예

용어 악취: 나쁜 냄새

제빵 소다	• 악취의 주성분인 산성을 약화해 냄새를 없애는 데 이용됨. • 주방용품에 묻은 기름때나 과일이나 채소에 남아 있는 농약의 산성 부분을 제거하는 데 이용됨.
구연산	• 물에 섞어 뿌리면 세균의 번식을 막아 줌. • 그릇에 남아 있는 염기성 세제 성분을 없애는 데도 이용됨.

3. 우리 생활에서 산성 용액과 염기성 용액을 이용하는 예

① 산성 용액을 이용하는 예

식초로 도마를 닦아 염기성인 생선 비린내를 약하게 함.
→ 생선회의 비린내를 줄이기 위해 레몬즙을 뿌립니다.

변기를 청소할 때 변기용 세제를 이용함.

산성 용액인 린스를 사용하여 머리카락이 산성을 유지하게 함.
(약한 산성일 때 머리카락이 윤기가 나고 건강합니다.)

② 염기성 용액을 이용하는 예 → 단백질인 머리카락으로 막힌 하수구를 뚫기 위해서 염기성 용액인 하수구 세척액을 사용합니다.

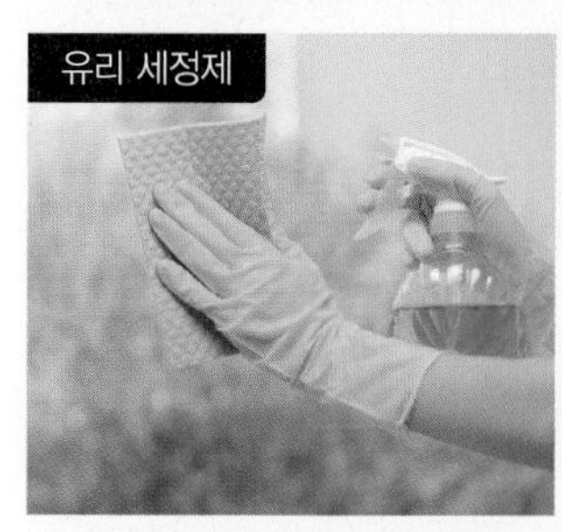

유리 세정제로 유리창을 청소함.

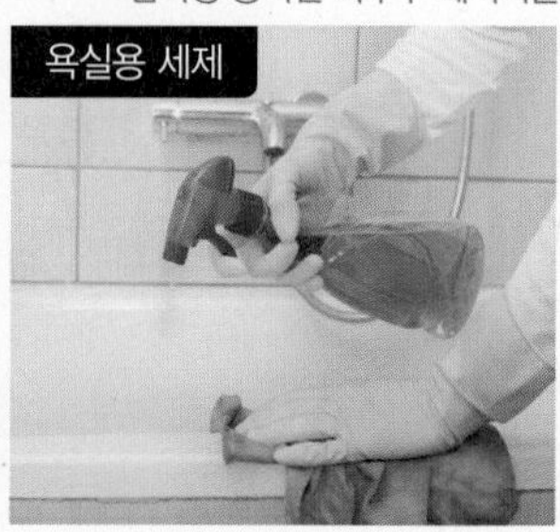

욕실용 세제로 욕실 청소를 함.
(염기성 용액인 표백제를 이용하기도 합니다.)

위에서 산성 용액인 위액이 많이 나와 속이 쓰릴 때 염기성 용액인 제산제를 먹음.

개념 체크

우리 생활에서 산성 용액과 염기성 용액의 이용

식초와 변기용 세제는 ❷ ㅅ ㅅ 용액이고, 욕실용 세제와 유리 세정제는 ❸ ㅇ ㄱ ㅅ 용액입니다.

정답 ❷ 산성 ❸ 염기성

내 교과서 살펴보기 / 지학사

염기성 용액을 이용하는 예

• 산성인 꿀벌의 벌침에 염기성인 암모니아수를 바릅니다.
• 토양이 산성으로 변했을 때 염기성인 석회 가루를 뿌립니다.

개념 다지기

천재교육, 금성, 동아, 미래엔

1 다음의 용액에 물질을 넣었을 때의 결과를 줄로 바르게 이으시오.

(1)

묽은 염산

• • ㉠ 두부가 흐물흐물해짐.

(2)

묽은 수산화 나트륨 용액

• • ㉡ 대리암 조각에서 기포가 발생함.

천재교과서

2 다음 보기 에서 염기성 용액에 녹는 물질을 두 가지 골라 기호를 쓰시오.

보기
㉠ 대리암 조각 ㉡ 삶은 닭 가슴살
㉢ 메추리알 껍데기 ㉣ 삶은 메추리알 흰자

(,)

천재교육, 천재교과서, 금성, 김영사, 동아, 미래엔, 아이스크림

3 다음은 붉은 양배추 지시약을 떨어뜨린 묽은 수산화 나트륨 용액에 묽은 염산을 점점 많이 넣었을 때의 색깔 변화를 나타낸 것입니다. ( ) 안의 알맞은 말에 각각 ○표를 하시오.

붉은 양배추 지시약이 (붉은색 / 노란색) 계열에서 (붉은색 / 노란색) 계열로 변합니다.

9종 공통

4 다음은 산성 용액과 염기성 용액을 섞을 때의 변화를 나타낸 것입니다. ㉠, ㉡에 들어갈 알맞은 말을 각각 쓰시오.

• 산성 용액에 염기성 용액을 넣을수록 산성이 [㉠]지다가 용액의 성질이 변합니다.
• 염기성 용액에 산성 용액을 넣을수록 염기성이 [㉡]지다가 용액의 성질이 변합니다.

㉠ ( )
㉡ ( )

천재교과서

5 다음은 제빵 소다와 구연산을 각각 물에 녹인 용액을 리트머스 종이에 묻혔을 때의 색깔 변화를 나타낸 것입니다. ㉠과 ㉡ 중에서 구연산 용액에 해당하는 것을 골라 기호를 쓰시오.

구분	붉은색 리트머스 종이	푸른색 리트머스 종이
㉠	변화 없음.	붉은색으로 변함.
㉡	푸른색으로 변함.	변화 없음.

( )

천재교과서, 김영사

6 다음 중 우리 생활에서 염기성 용액을 이용한 예를 골라 기호를 쓰시오.

㉠

식초

㉡
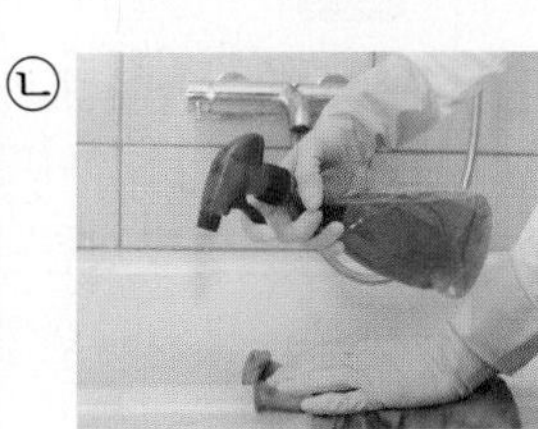
욕실용 세제

( )

5 단원

진도 완료 체크

Step 1 단원평가

9종 공통

[1~5] 다음은 개념 확인 문제입니다. 물음에 답하시오.

1 (묽은 염산 / 묽은 수산화 나트륨 용액)에 대리암 조각을 넣으면 기포가 발생하면서 크기가 작아집니다.

2 산성 용액과 염기성 용액 중 삶은 달걀 흰자를 녹이는 것은 어느 것입니까? (　　　　　　　　)

3 붉은 양배추 지시약을 넣은 묽은 염산에 묽은 수산화 나트륨 용액을 넣을수록 (붉은색 / 노란색) 계열의 색깔에서 (붉은색 / 노란색) 계열의 색깔로 변합니다.

4 염기성 용액에 산성 용액을 넣을수록 염기성이 (약 / 강)해집니다.

5 생선을 손질한 도마를 닦을 때 이용하는 식초는 (산성 / 염기성) 용액입니다.

천재교육, 금성, 동아, 미래엔, 비상

6 다음 보기에서 묽은 염산에 달걀 껍데기를 넣었을 때 달걀 껍데기의 변화로 옳은 것을 골라 기호를 쓰시오.

보기
㉠ 두꺼워집니다.
㉡ 크기가 커집니다.
㉢ 기포가 발생합니다.
㉣ 푸른색으로 변합니다.
㉤ 아무런 변화가 없습니다.

(　　　　　　　　)

천재교과서

7 다음 중 산성 용액에 녹는 물질을 두 가지 고르시오.
(　　　,　　　)

①
삶은 닭 가슴살

②

메추리알 껍데기

③

삶은 메추리알 흰자

④

대리암 조각

천재교육, 금성, 김영사, 동아, 미래엔, 지학사

8 다음 중 두부를 녹이는 용액과 같은 성질을 띠는 용액으로 옳은 것은 어느 것입니까? (　　　　)
① 식초　　② 레몬즙
③ 탄산수　　④ 묽은 염산
⑤ 유리 세정제

천재교육, 금성, 동아, 미래

9 다음 중 산성 용액과 염기성 용액의 성질에 대한 설명으로 옳은 것은 어느 것입니까? (　　　　)
① 두부는 산성 용액에 녹는다.
② 대리암 조각은 산성 용액에 녹는다.
③ 삶은 달걀 흰자는 염기성 용액에 녹지 않는다.
④ 산성 용액에 녹는 물질은 염기성 용액에서 녹는다.
⑤ 달걀 껍데기는 산성 용액과 염기성 용액에 모두 녹는다.

천재교과서, 금성, 김영사, 동아, 미래엔, 아이스크림

10 다음 중 붉은 양배추 지시약을 묽은 염산에 떨어뜨렸을 때의 색깔로 가장 적당한 것은 어느 것입니까? ( )

① ② ③ ④ ⑤

천재교육, 천재교과서, 동아, 아이스크림, 지학사

11 다음은 페놀프탈레인 용액을 두세 방울 떨어뜨린 묽은 수산화 나트륨 용액에 묽은 염산을 넣었을 때의 결과입니다. ㉠과 ㉡에 들어갈 알맞은 색깔을 각각 쓰시오.

> 페놀프탈레인 용액을 두세 방울 떨어뜨린 묽은 수산화 나트륨 용액에 묽은 염산을 많이 넣을수록 페놀프탈레인 용액이 [㉠]에서 [㉡](으)로 변합니다.

㉠ ( )
㉡ ( )

9종 공통

12 다음 중 산성 용액과 염기성 용액을 섞을 때의 변화에 대해 바르게 말한 친구의 이름을 쓰시오.

> 연진: 산성 용액에 염기성 용액을 넣을수록 산성이 강해져.
> 수정: 염기성 용액에 산성 용액을 넣을수록 염기성이 약해져.
> 규현: 산성 용액과 염기성 용액을 섞어도 성질은 변하지 않아.

( )

천재교과서

13 다음은 제빵 소다와 구연산을 각각 물에 녹인 용액을 리트머스 종이에 묻혔을 때의 색깔 변화를 나타낸 것입니다. 이를 통해 알게 된 용액의 성질을 각각 쓰시오.

구분	붉은색 리트머스 종이	푸른색 리트머스 종이
제빵 소다 용액	푸른색으로 변함.	변화 없음.
구연산 용액	변화 없음.	붉은색으로 변함.

(1) 제빵 소다 용액: ( )
(2) 구연산 용액: ( )

김영사

14 다음 보기 에서 우리 생활에서 산성 용액을 이용하는 예를 두 가지 골라 기호를 쓰시오.

> **보기**
> ㉠ 속이 쓰릴 때 제산제를 먹습니다.
> ㉡ 변기용 세제로 변기를 청소합니다.
> ㉢ 욕실용 세제로 욕실을 청소합니다.
> ㉣ 생선회를 먹기 전에 레몬즙을 뿌립니다.

(,)

9종 공통

15 다음은 생선을 손질한 도마를 식초로 닦는 까닭입니다. ( ) 안의 알맞은 말에 각각 ○표를 하시오.

> 생선을 손질한 도마를 식초로 닦으면 (산성 / 염기성) 용액인 식초가 (산성 / 염기성)인 비린내를 약하게 합니다.

대단원 평가

5. 산과 염기

점수

배점 표시가 없는 문제는 문제당 4점입니다.

천재교과서, 김영사, 동아, 미래엔

1 다음 중 여러 가지 용액을 관찰한 결과로 옳지 않은 것은 어느 것입니까? (　　　)

① 석회수: 색깔이 없고, 투명하다.
② 레몬즙: 냄새가 나고, 투명하다.
③ 식초: 색깔이 있고, 냄새가 난다.
④ 유리 세정제: 색깔이 있고, 투명하다.
⑤ 묽은 염산: 색깔이 없고, 냄새가 난다.

천재교과서

2 다음과 같이 여러 가지 용액을 분류했을 때, 분류 기준으로 가장 적당한 것은 어느 것입니까? (　　　)

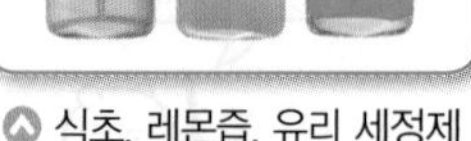
식초, 레몬즙, 유리 세정제

탄산수, 석회수, 묽은 염산, 묽은 수산화 나트륨 용액

① 맛있는가?
② 끈적이는가?
③ 냄새가 나는가?
④ 기포가 있는가?
⑤ 색깔이 있는가?

천재교과서, 김영사, 동아, 미래엔

3 다음과 같은 분류 기준으로 용액을 분류할 때, 나머지와 다른 무리에 속하는 하나는 어느 것입니까? (　　　)

분류 기준	투명한가?

① 식초　　② 석회수
③ 레몬즙　　④ 묽은 염산
⑤ 묽은 수산화 나트륨 용액

천재교과서

4 다음 중 페놀프탈레인 용액을 붉은색으로 변하게 하는 용액끼리 바르게 짝지은 것은 어느 것입니까? (　　　)

① 식초, 탄산수　　② 식초, 묽은 염산
③ 석회수, 묽은 염산　　④ 석회수, 유리 세정제
⑤ 묽은 염산, 유리 세정제

서술형·논술형 문제

김영사, 동아, 미래엔

5 다음은 레몬즙과 석회수를 각각 리트머스 종이에 묻혔을 때의 결과입니다. [총 12점]

㉠
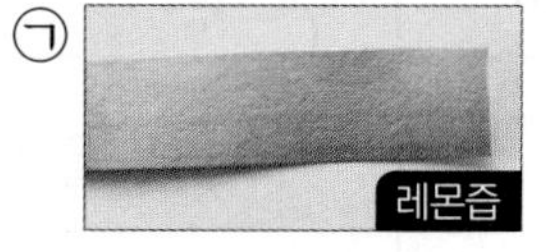

푸른색 리트머스 종이가 붉은색으로 변함.

㉡ 석회수
붉은색 리트머스 종이가 푸른색으로 변함.

(1) 레몬즙과 석회수를 산성 용액과 염기성 용액으로 각각 분류하여 쓰시오. [4점]

㉠ (　　　　　　) 용액
㉡ (　　　　　　) 용액

(2) 리트머스 종이를 이용하여 산성 용액과 염기성 용액을 분류하는 방법을 쓰시오. [8점]

천재교육, 천재교과서, 금성, 김영사, 동아, 미래엔, 아이스크림, 지학

6 다음 보기 에서 산성 용액에 대한 설명으로 옳은 것을 두 가지 골라 기호를 쓰시오.

보기
㉠ 페놀프탈레인 용액의 색깔 변화가 없습니다.
㉡ 페놀프탈레인 용액을 붉은색으로 변하게 합니다.
㉢ 푸른색 리트머스 종이를 붉은색으로 변하게 합니다.
㉣ 붉은색 리트머스 종이를 푸른색으로 변하게 합니다.

(　　　　,　　　　)

김영사, 동아, 미래엔

7 다음의 용액을 산성 용액과 염기성 용액으로 분류할 때, 묽은 수산화 나트륨 용액과 같은 무리에 속하는 용액을 두 가지 고르시오. (　　,　　)

① 식초　② 석회수
③ 레몬즙　④ 묽은 염산
⑤ 유리 세정제

천재교과서, 금성, 김영사, 동아

8 다음 **보기**에서 붉은 양배추 지시약을 푸른색이나 노란색 계열로 변하게 하는 용액을 두 가지 골라 기호를 쓰시오.

보기
㉠ 식초　㉡ 석회수
㉢ 묽은 염산　㉣ 유리 세정제

(　　,　　)

서술형·논술형 문제

9종 공통

9 다음은 여러 가지 용액에 붉은 양배추 지시약을 떨어뜨렸을 때 색깔 변화를 나타낸 것입니다. [총 12점]

㉠
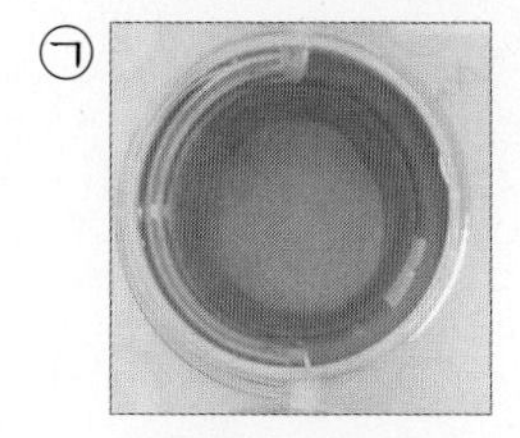
붉은색 계열의 색깔로 변함.

㉡

푸른색 계열의 색깔로 변함.

(1) 위의 ㉠과 ㉡ 중 산성 용액을 골라 기호를 쓰시오. [4점]

(　　)

(2) 위 (1)번 답의 용액이 산성 용액인 까닭을 쓰시오. [8점]

천재교육

10 오른쪽과 같이 붉은 양배추 종이에 그림을 그릴 때, 염기성 용액을 묻힌 부분을 골라 기호를 쓰시오.

(　　)

천재교과서

11 다음 중 묽은 염산에 녹는 물질을 두 가지 고르시오.

(　　,　　)

① 삶은 닭 가슴살
② 삶은 메추리알 흰자
③ 
메추리알 껍데기
④ 

대리암 조각

천재교육, 금성, 동아, 미래엔, 비상

12 오른쪽과 같이 어떤 용액에 삶은 달걀 흰자를 넣었더니 삶은 달걀 흰자가 흐물흐물해지며 용액이 뿌옇게 흐려졌습니다. 이 용액으로 옳은 것은 어느 것입니까?

(　　)

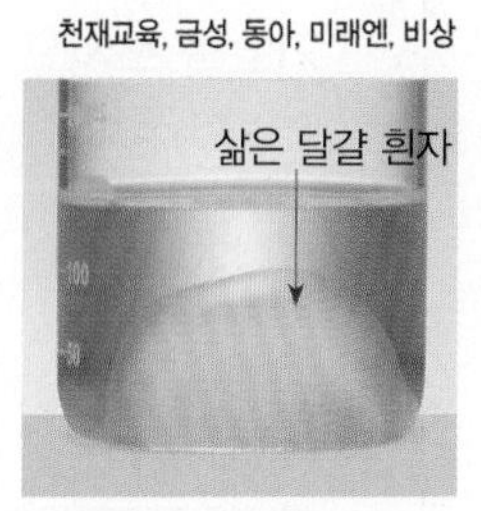

① 식초　② 레몬즙
③ 사이다　④ 묽은 염산
⑤ 묽은 수산화 나트륨 용액

천재교육, 금성, 동아, 미래엔

13 다음 중 산성 용액에 여러 가지 물질을 넣었을 때의 변화로 옳은 것을 두 가지 고르시오. (　　,　　)

① 두부를 넣으면 녹아 흐물흐물해진다.
② 대리암 조각을 넣으면 크기가 작아진다.
③ 달걀 껍데기를 넣으면 기포가 발생하며 녹는다.
④ 삶은 달걀 흰자를 넣으면 기포가 발생하며 녹는다.
⑤ 삶은 달걀 흰자를 넣으면 삶은 달걀 흰자가 검은색으로 변한다.

5 단원

천재교과서, 금성, 김영사, 비상, 아이스크림

14 다음은 대리암으로 만든 문화재에 유리 보호 장치가 되어 있는 까닭입니다. □ 안에 들어갈 알맞은 말을 쓰시오.

> 대리암으로 만들어진 문화재에 □을/를 띤 빗물이 닿으면 대리암이 녹아 훼손될 수 있기 때문입니다.

( )

[15~16] 다음은 붉은 양배추 지시약을 두세 방울 떨어뜨린 묽은 수산화 나트륨 용액에 묽은 염산을 넣으면서 붉은 양배추 지시약의 색깔 변화를 관찰한 결과입니다. 물음에 답하시오.

㉠ 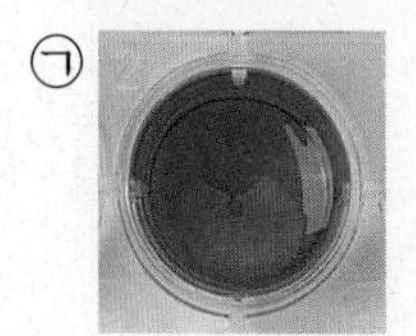 ㉡ 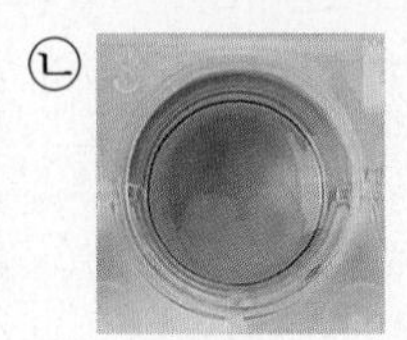 ㉢ 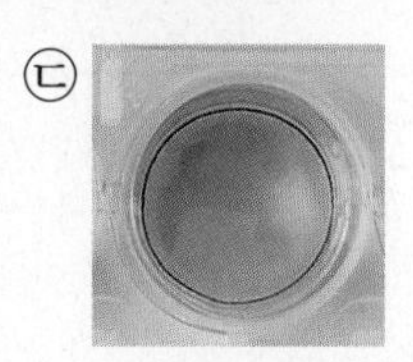

천재교육, 천재교과서, 금성, 김영사, 동아, 미래엔, 아이스크림

15 위 실험에서 묽은 염산을 가장 많이 넣은 것을 골라 기호를 쓰시오.

( )

서술형·논술형 문제 천재교육, 천재교과서, 금성, 김영사, 동아, 미래엔, 아이스크림

16 위 실험을 통해 알 수 있는 점을 쓰시오. [8점]

5 단원

진도 완료 체크

천재교육, 천재교과서, 금성, 김영사, 동아, 미래엔, 아이스크림

17 다음은 산성 용액에 염기성 용액을 섞을 때의 변화를 나타낸 것입니다. ( ) 안의 알맞은 말에 ○표를 하시오.

> 산성 용액에 염기성 용액을 계속 넣으면 용액에 있던 붉은 양배추 지시약의 색깔이 (붉은색 / 노란색) 계열로 변합니다.

천재교과서

18 다음 중 제빵 소다 용액과 구연산 용액에 대한 설명으로 옳지 <u>않은</u> 것은 어느 것입니까? ( )

① 구연산 용액은 산성이다.

② 제빵 소다 용액은 염기성이다.

③ 구연산 용액은 페놀프탈레인 용액을 붉은색으로 변하게 한다.

④ 구연산 용액은 푸른색 리트머스 종이를 붉은색으로 변하게 한다.

⑤ 제빵 소다 용액은 붉은색 리트머스 종이를 푸른색으로 변하게 한다.

천재교과서, 김영사, 동아, 비

19 다음은 우리 생활에서 산성 용액과 염기성 용액을 이용하는 예입니다. 산성 용액을 이용하면 '산성', 염기성 용액을 이용하면 '염기성'이라고 쓰시오.

(1) 변기용 세제로 변기를 청소합니다.
(

(2) 유리 세정제로 유리창 청소를 합니다.
(

(3) 생선을 손질한 도마를 식초로 닦습니다.
(

천재교육, 금성, 김영사, 동아, 비상, 아이스

20 다음은 우리 생활에서 제산제를 먹는 까닭입니다. ㉠ ㉡ 중 염기성인 것을 골라 기호를 쓰시오.

> 위에서 ㉠ <u>위액</u>이 많이 나와서 속이 쓰릴 때 ㉡ <u>제산제</u>를 먹습니다.

(

초등 문해력
독해가 힘이다
비문학편
배경지식
사회, 과학, 한국사
비문학
심화독해력 향상

초등
문해력
독해가
힘이다
비문학편
5단계 A

초등
문해력
독해가
힘이다
디지털·비문학편
5단계 B

뭘 좋아할지 몰라 다 준비했어♥
전과목 교재

전과목 시리즈 교재

●우등생 해법시리즈

– 국어/수학	1~6학년, 학기용
– 사회/과학	3~6학년, 학기용
– SET(전과목/국수, 국사과)	1~6학년, 학기용

●똑똑한 하루 시리즈

– 똑똑한 하루 독해	예비초~6학년, 총 14권
– 똑똑한 하루 글쓰기	예비초~6학년, 총 14권
– 똑똑한 하루 어휘	예비초~6학년, 총 14권
– 똑똑한 하루 한자	예비초~6학년, 총 14권
– 똑똑한 하루 수학	1~6학년, 총 12권
– 똑똑한 하루 계산	예비초~6학년, 총 14권
– 똑똑한 하루 도형	예비초~6학년, 총 8권
– 똑똑한 하루 사고력	1~6학년, 총 12권
– 똑똑한 하루 사회/과학	3~6학년, 학기용
– 똑똑한 하루 안전	1~2학년, 총 2권
– 똑똑한 하루 Voca	3~6학년, 학기용
– 똑똑한 하루 Reading	초3~초6, 학기용
– 똑똑한 하루 Grammar	초3~초6, 학기용
– 똑똑한 하루 Phonics	예비초~초등, 총 8권

●독해가 힘이다 시리즈

– 초등 수학도 독해가 힘이다	1~6학년, 학기용
– 초등 문해력 독해가 힘이다 문장제수학편	1~6학년, 총 12권
– 초등 문해력 독해가 힘이다 비문학편	3~6학년, 총 8권

영어 교재

●초등영어 교과서 시리즈

파닉스(1~4단계)	3~6학년, 학년용
영단어(1~4단계)	3~6학년, 학년용
●LOOK BOOK 영단어	3~6학년, 단행본
●원서 읽는 LOOK BOOK 영단어	3~6학년, 단행본

국가수준 시험 대비 교재

●해법 기초학력 진단평가 문제집	2~6학년·중1 신입생, 총 6

온라인 학습북

온라인 성적 피드백

개념 동영상 강의

서술형 문제 동영상 강의

초등

과학 5-2

ㅂ교육

온라인 학습북 포인트 3가지

▶ 「**개념 동영상 강의**」로 교과서 핵심만 정리!

▶ 「**서술형 문제 동영상 강의**」로 사고력도 향상!

▶ 「**온라인 성적 피드백**」으로 단원별로 내가 부족한 부분 꼼꼼하게 체크!

우등생 온라인 학습북 활용법

home.chunjae.co.kr
우등생 홈스쿨링
언제나
우등생
홈스쿨링

온라인 강의
개념 / 서술형 · 논술형 평가 / 단원평가

온라인 학습 스케줄 관리
맞춤형 홈스쿨링 스케줄표 제공

온라인 채점과 성적 피드백
정답을 입력하면 채점과 성적 분석까지

단원평가의 답을 입력하여 제출하면
틀린 문제에 대한 피드백과 동영상 강의 제공!

우등생 과학 5-2

홈스쿨링 스피드 스케줄표(10회)

스피드 스케줄표는 온라인 학습북을 10회로 나누어
빠르게 공부하는 학습 진도표입니다.

1. 과학 탐구	2. 생물과 환경	
1회 온라인 학습북 4~7쪽	2회 온라인 학습북 8~15쪽	3회 온라인 학습북 16~19쪽
월 일	월 일	월 일

3. 날씨와 우리 생활		4. 물체의 운동
4회 온라인 학습북 20~27쪽	5회 온라인 학습북 28~31쪽	6회 온라인 학습북 32~39쪽
월 일	월 일	월 일

4. 물체의 운동	5. 산과 염기	
7회 온라인 학습북 40~43쪽	8회 온라인 학습북 44~51쪽	9회 온라인 학습북 52~55쪽
월 일	월 일	월 일

전체 범위
10회 온라인 학습북 56~59쪽
월 일

스피드
스케줄표
바로가기

차례

온라인 개념 강의

1. 과학 탐구

❶ 과학 탐구의 과정

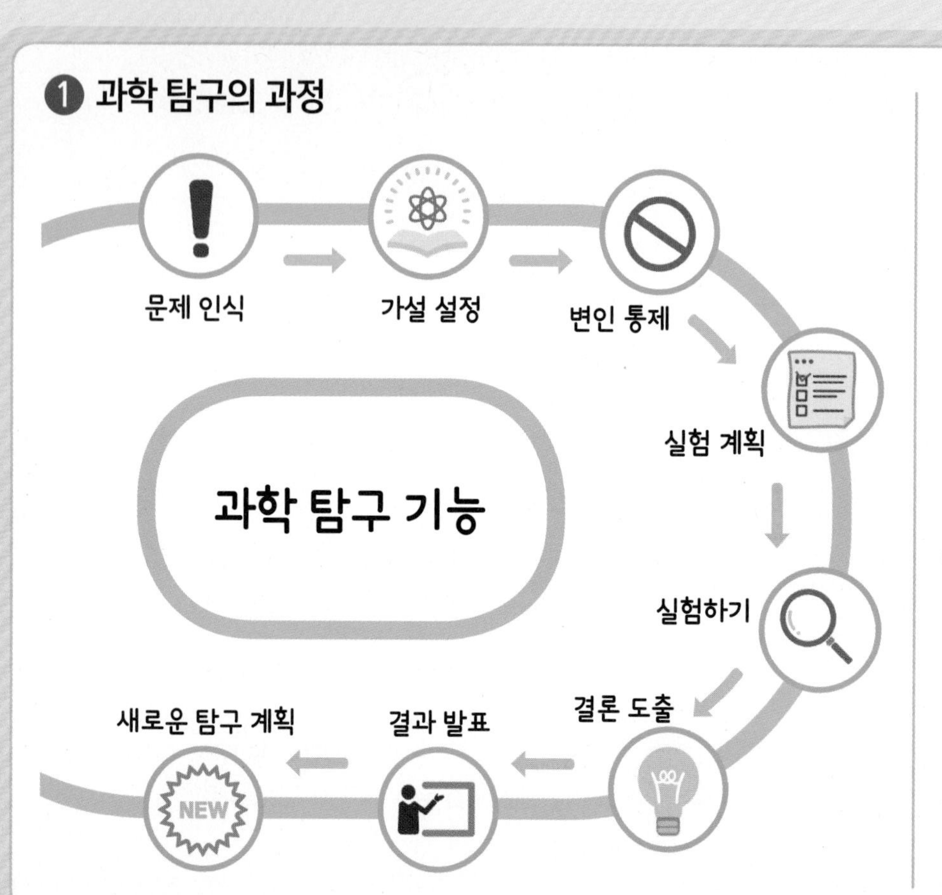

✳ 중요한 내용을 정리해 보세요!

● 과학 탐구 기능을 순서대로 나열하면?

● 가설이 맞는지 판단하고, 결론을 내리는 과정은

개념 확인하기

정답 19

다음 문제를 읽고 답을 찾아 ☐ 안에 ✔표를 하시오.

1 탐구 문제에 대해 미리 답을 생각해 보는 탐구 기능은 무엇입니까?

㉠ 문제 인식 ☐
㉡ 가설 설정 ☐
㉢ 결론 도출 ☐

2 실험을 계획할 때 생각해야 하는 것은 어느 것입니까?

㉠ 실험할 때 주의해야 할 점 ☐
㉡ 탐구 결과를 잘 전달할 수 있는 발표 방법 ☐

3 실험을 반복하여 얻을 수 있는 것은 어느 것입니까?

㉠ 정확한 결과 ☐
㉡ 실험 결과에 영향을 줄 수 있는 조건 ☐

4 자료 사이의 관계나 규칙을 찾기 쉬운 자료 변환 방식 어느 것입니까?

㉠ 노래나 춤 ☐ ㉡ 표나 그래프 ☐

5 결론을 도출할 때 근거로 해야 하는 것은 무엇입니까?

㉠ 검색으로 알게 된 결과 ☐
㉡ 실험으로 얻은 자료와 해석 ☐

천재교육, 천재교과서, 금성, 김영사, 동아, 미래엔, 아이스크림, 지학사

1 **다음은 윤아가 정한 탐구 문제입니다. 윤아의 탐구 문제가 적절하지 않은 이유를 바르게 설명한 것은 어느 것입니까? (　　　　)**

> 자석의 종류에는 어떤 것이 있을까?

① 탐구 문제가 새롭지 않다.
② 탐구 준비물을 쉽게 구할 수 없다.
③ 탐구 문제를 스스로 탐구할 수 없다.
④ 탐구 문제의 답을 간단한 조사로 쉽게 알 수 있다.
⑤ 탐구하고 싶은 내용이 탐구 문제에 분명히 드러나 있지 않다.

천재교육, 천재교과서, 금성, 김영사, 동아, 미래엔, 아이스크림, 지학사

2 **다음에서 설명하는 탐구 기능은 어느 것입니까? (　　　　)**

> 자연 현상을 관찰하며 생기는 의문을 탐구 문제로 분명하게 나타내는 것입니다.

① 가설 설정　② 변인 통제　③ 실험 계획
④ 문제 인식　⑤ 결론 도출

천재교육, 천재교과서, 금성, 김영사, 동아, 미래엔, 아이스크림, 지학사

다음 중 가설 설정에 대한 설명으로 옳은 것은 어느 것입니까? (　　　　)

① 탐구 문제에 대한 답을 예상해 본다.
② 탐구 문제를 해결할 수 있는 방법을 계획한다.
③ 우리가 알아내려는 조건은 다르게 하고, 그 이외의 조건은 모두 같게 해야 한다.
④ 실험 중 관찰한 내용과 측정 결과를 정확히 기록하고, 예상과 달라도 고치거나 빼지 않는다.
⑤ 실험 결과가 가설과 다르다면 왜 다르게 나왔는지 원인을 찾거나 다시 실험해서 확인해 보아야 한다.

천재교육, 천재교과서, 금성, 김영사, 동아, 미래엔, 아이스크림, 지학사

4 **다음은 가설을 설정할 때 생각할 점입니다. □ 안에 공통으로 들어갈 알맞은 말은 어느 것입니까? (　　　　)**

> 가설을 설정할 때는 탐구 문제에 □을/를 주는 것이 무엇인지, 어떤 □을/를 줄지 생각해 봅니다.

① 영향　② 위험　③ 재미
④ 어려움　⑤ 궁금증

천재교육

5 **다음의 탐구 문제를 해결하기 위한 실험에서 같게 해야 할 조건으로 옳지 않은 것은 어느 것입니까? (　　　　)**

> 빨래를 어떻게 널어야 더 잘 마를까?

① 기온　② 빨래의 종류
③ 바람의 세기　④ 햇빛의 세기
⑤ 빨래가 놓인 모양

천재교육

6 **다음과 같은 탐구를 수행하려고 할 때 탐구 문제에 영향을 주는 조건으로 옳지 않은 것은 어느 것입니까? (　　　　)**

탐구 문제	빨래를 어떻게 널어야 더 잘 마를까?
탐구 방법	❶ 다음과 같이 장치한 후 같은 세기의 바람을 불어 주기 ❷ 1분 간격으로 페트리 접시의 무게 변화를 측정하기

① 바람의 세기　② 헝겊의 색깔
③ 헝겊의 크기　④ 헝겊의 종류
⑤ 적신 물의 양

천재교육, 지학사

7 다음 중 변인 통제에 대한 설명으로 옳은 것은 어느 것입니까? (   )

① 실험 결과에서 탐구 문제의 결론을 내는 과정이다.
② 실험 결과에 영향을 줄 수 있는 조건을 확인하고 통제하는 것이다.
③ 자연 현상을 관찰하며 생기는 의문을 탐구 문제로 분명하게 나타내는 것이다.
④ 탐구 결과를 잘 전달할 수 있는 발표 방법을 정하고, 어떤 내용이 들어가야 할지 생각한다.
⑤ 자료를 점이나 선, 면으로 나타낼 수 있어 자료 사이의 관계나 규칙을 쉽게 알 수 있다.

천재교육, 천재교과서, 금성, 김영사, 동아, 미래엔, 아이스크림, 지학사

8 다음 보기 중 실험 계획을 세울 때 고려할 점으로 옳지 않은 것을 모두 고른 것은 어느 것입니까? (   )

보기
㉠ 실험의 기간, 장소, 순서 등을 고려합니다.
㉡ 어떤 내용으로 발표할지 생각합니다.
㉢ 같게 해야 할 조건과 다르게 해야 할 조건을 정합니다.

① ㉠ ② ㉡ ③ ㉢
④ ㉠, ㉡ ⑤ ㉠, ㉡, ㉢

천재교육, 천재교과서, 금성, 김영사, 동아, 미래엔, 아이스크림, 지학사

9 다음 중 탐구 계획서에 들어가야 하는 내용으로 옳지 않은 것은 어느 것입니까? (   )

① 준비물 ② 탐구 순서
③ 주의할 점 ④ 탐구 발표 방법
⑤ 탐구 기간과 장소

천재교육, 김영사, 동아, 지학사

10 다음 중 실험할 때 고려해야 할 점으로 옳지 않은 것은 무엇입니까? (   )

① 안전 수칙을 지키며 실험해야 한다.
② 실험 결과를 책에 나온 결과와 같게 고쳐서 기록해야 한다.
③ 여러 번 실험하면 보다 정확한 결과를 얻을 수 있다.
④ 실험 결과에 영향을 줄 수 있는 조건에 유의하며 실험해야 한다.
⑤ 관찰하거나 측정하려고 했던 것을 생각하면서 꼼꼼히 기록해야 한다.

천재교육, 김영사, 동아, 지학사

11 다음 보기에서 실험할 때 유의할 점에 대해 옳은 것을 모두 고른 것은 어느 것입니까? (   )

보기
㉠ 같게 해야 할 조건이 잘 유지되도록 합니다.
㉡ 관찰하거나 측정한 내용을 기록하지 않습니다.
㉢ 실험을 한 번만 해도 정확한 결과를 얻을 수 있습니다.

① ㉠ ② ㉡ ③ ㉢
④ ㉠, ㉡ ⑤ ㉡, ㉢

천재교육, 김영사, 동아, 지학사

12 다음 중 실험할 때의 태도로 옳지 않은 것은 어느 것입니까? (   )

① 실험을 여러 번 반복한다.
② 계획한 대로 실험을 진행한다.
③ 실험 중 관찰한 내용과 결과를 정확히 기록한다.
④ 실험 결과가 예상과 달라도 고치거나 빼지 않는다.
⑤ 같게 해야 할 조건이 잘 유지되는지 신경쓰지 않는다.

천재교육, 김영사, 동아, 미래엔, 아이스크림, 지학사

13 다음과 같이 자료를 그래프로 변환하여 나타내는 것에 대해 바르게 말한 친구는 누구입니까? (   )

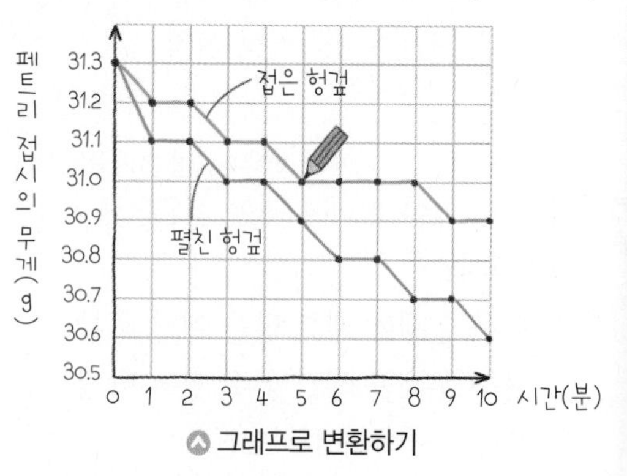

그래프로 변환하기

① 아린: 실험 방법의 특징이 잘 나타나.
② 시현: 결론을 도출하기가 더 어려워졌어.
③ 수정: 자료를 점이나 선, 면으로 나타낼 수 있어.
④ 성빈: 자료 사이의 관계나 규칙을 찾기 어려워.
⑤ 진아: 가로와 세로 칸에 자료를 정리해서 써야겠어.

천재교육, 김영사, 동아, 미래엔, 아이스크림, 지학사

14 다음 중 자료 변환의 형태로 가장 옳은 것은 어느 것입니까? (　　　)

① 표　② 노래　③ 연극
④ 동영상　⑤ 시연 · 시범

천재교육, 동아, 지학사

15 다음은 자료 해석에 대한 설명입니다. □ 안에 들어갈 탐구 기능에 대한 설명으로 옳은 것은 어느 것입니까? (　　　)

표나 그래프로 □하여 나타낸 실험 결과에서 자료 사이의 관계나 규칙을 찾습니다.

① 실험 방법의 특징을 쉽게 이해할 수 있다.
② 탐구 문제에 대해 미리 생각해 본 답을 의미한다.
③ 자료의 특징을 한눈에 비교하기 쉬워지며, 실험 결과를 정리하기에 좋다.
④ 실험 과정이나 수집한 자료가 정확한지 검토해야 더 정확한 결론을 낼 수 있다.
⑤ 탐구한 내용 중 궁금한 점이나 더 탐구하고 싶은 내용을 새로운 탐구 주제로 정한다.

천재교육, 천재교과서, 금성, 김영사, 동아, 미래엔, 아이스크림, 지학사

6 다음에서 설명하는 탐구 기능은 어느 것입니까? (　　　)

실험 과정이나 수집한 자료가 정확한지 검토하여 탐구 문제의 결론을 냅니다.

① 결론 도출　② 자료 변환　③ 결과 발표
④ 자료 해석　⑤ 가설 설정

천재교과서, 금성, 김영사, 미래엔, 아이스크림, 지학사

7 다음 중 탐구 발표 시간에 바르게 행동한 친구를 모두 고른 것은 어느 것입니까? (　　　)

해찬: 발표자를 바라보며 발표를 들었어.
하율: 다른 친구들이 발표하는 동안 다음 시간에 있을 내 발표를 준비했어.
수환: 발표를 들으면서 궁금한 점은 기록하지 않고, 발표 중에 질문했어.

① 해찬　② 하율　③ 수환
④ 해찬, 하율　⑤ 해찬, 수환

천재교과서, 금성, 김영사, 미래엔, 아이스크림, 지학사

18 다음은 각 모둠의 탐구 발표에 대한 의견입니다. 가장 발표를 잘한 모둠은 어느 모둠입니까? (　　　)

① ㉠모둠: 결과 작품을 직접 들고 시연했다.
② ㉡모둠: 발표하는 사람이 너무 빠르게 말했다.
③ ㉢모둠: 발표하는 사람의 목소리가 너무 작았다.
④ ㉣모둠: 그림이나 영상이 없어서 이해하기 어려웠다.
⑤ ㉤모둠: 발표 방법이 탐구 결과를 설명하기에 적절하지 않았다.

1 단원

진도 완료 체크

천재교과서, 금성, 김영사, 미래엔, 아이스크림, 지학사

19 다음 보기 에서 탐구 결과를 발표하는 사람의 태도로 옳은 것을 모두 고른 것은 어느 것입니까? (　　　)

보기

㉠ 최대한 빠른 속도로 많은 내용을 발표합니다.
㉡ 포스터나 시연 등의 방법을 활용합니다.
㉢ 탐구 결과를 잘 전달할 수 있는 발표 방법을 정합니다.

① ㉠　② ㉠, ㉡　③ ㉠, ㉢
④ ㉡, ㉢　⑤ ㉠, ㉡, ㉢

천재교과서, 김영사, 미래엔, 아이스크림, 지학사

20 다음 중 새로운 탐구를 시작할 때에 대한 설명으로 옳지 않은 것은 어느 것입니까? (　　　)

① 새로운 탐구를 위한 가설은 세우지 않아도 된다.
② 새로운 탐구 문제를 해결하기 위한 계획을 세운다.
③ 탐구한 내용 중 궁금한 점을 새로운 주제로 정한다.
④ 더 탐구하고 싶은 내용을 새로운 탐구 문제로 정한다.
⑤ 생활하면서 궁금했던 것을 새로운 탐구 문제로 정한다.

· 답안 입력하기　· 온라인 피드백 받기

온라인 개념 강의

2. 생물과 환경 (1)

❶ 생태계

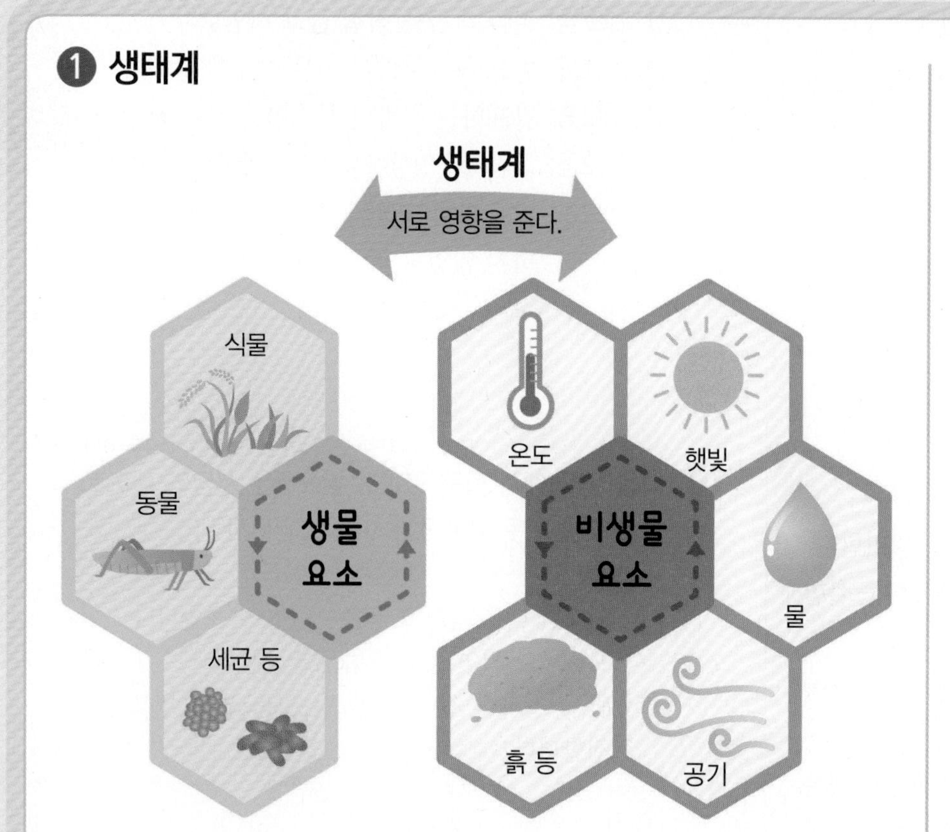

✻ 중요한 내용을 정리해 보세요!

● 생태계란?

● 생태계를 구성하는 생물 요소와 비생물 요소는

개념 확인하기

정답 20

다음 문제를 읽고 답을 찾아 □ 안에 ✔표를 하시오.

1 어떤 장소에서 살아가는 생물과 생물을 둘러싸고 있는 환경이 서로 영향을 주고받는 것을 무엇이라고 합니까?

㉠ 적응 □	㉡ 생태계 □
㉢ 먹이 사슬 □	㉣ 먹이 그물 □

2 생물 구성 요소 중 살아 있는 것은 어느 것입니까?

㉠ 생물 요소 □	㉡ 비생물 요소 □

3 생물 구성 요소 중 살아 있지 않은 것은 어느 것입니까

㉠ 생물 요소 □	㉡ 비생물 요소 □

4 생태계 구성 요소 중 생물 요소는 어느 것입니까?

㉠ 물 □	㉡ 흙 □
㉢ 햇빛 □	㉣ 세균 □

5 생태계 구성 요소 중 비생물 요소는 어느 것입니까?

㉠ 매 □	㉡ 토끼 □
㉢ 공기 □	㉣ 버섯 □

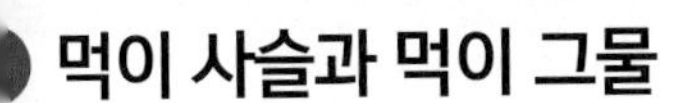

먹이 사슬과 먹이 그물

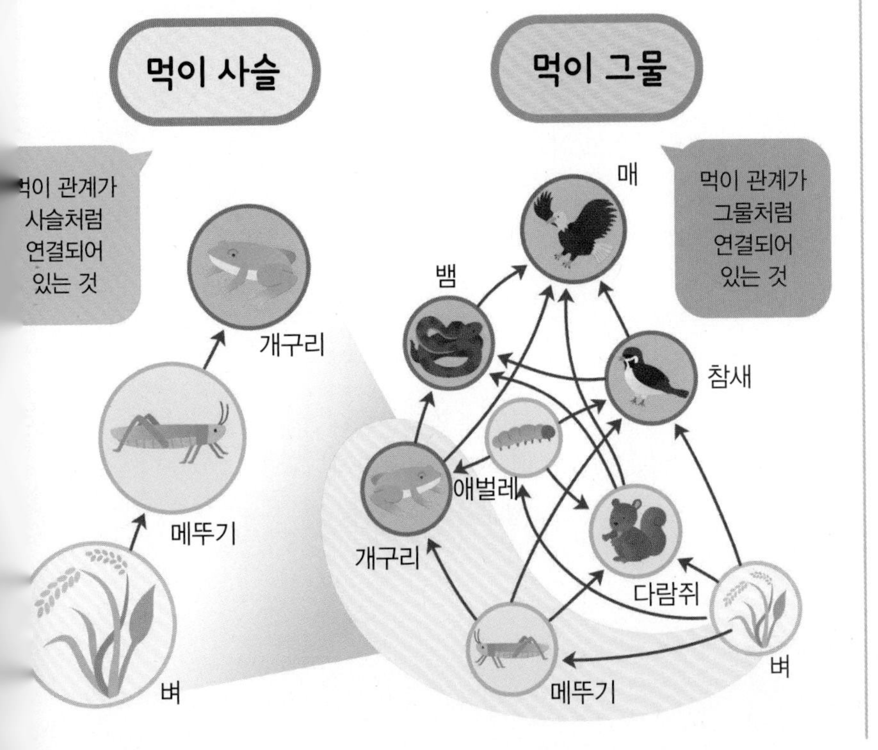

*중요한 내용을 정리해 보세요!

● 먹이 사슬이란?

● 먹이 그물이란?

2 단원

개념 확인하기

정답 20쪽

다음 문제를 읽고 답을 찾아 ☐ 안에 ✔표를 하시오.

생물들의 먹고 먹히는 관계가 사슬처럼 연결되어 있는 것은 어느 것입니까?

㉠ 먹이 사슬 ☐	㉡ 먹이 그물 ☐

먹이 사슬에서 벼를 먹고 개구리에게 먹히는 동물은 어느 것입니까?

㉠ 매 ☐	㉡ 뱀 ☐
㉢ 참새 ☐	㉣ 메뚜기 ☐

3 여러 개의 먹이 사슬이 얽혀 그물처럼 연결되어 있는 것은 어느 것입니까?

㉠ 먹이 사슬 ☐	㉡ 먹이 그물 ☐

4 먹이 관계가 여러 방향으로 연결되어 있는 것은 어느 것입니까?

㉠ 먹이 사슬 ☐	㉡ 먹이 그물 ☐

5 생태계에서 여러 생물들이 함께 살아가기에 유리한 먹이 관계는 어느 것입니까?

㉠ 먹이 사슬 ☐	㉡ 먹이 그물 ☐

1 다음 중 생태계에 대한 설명으로 옳지 않은 것은 어느 것입니까? (　　　　)

① 햇빛은 생태계의 구성 요소이다.
② 세균은 생태계의 구성 요소가 아니다.
③ 생태계는 생물 요소와 비생물 요소로 구성되어 있다.
④ 숲 생태계, 사막 생태계, 연못 생태계 등 다양한 생태계가 있다.
⑤ 어떤 장소에서 살아가는 생물과 생물을 둘러싼 환경이 서로 영향을 주고받는 것을 말한다.

2 다음 중 하천 주변의 생태계에서 비생물 요소로 분류할 수 있는 것은 어느 것입니까? (　　　　)

① 물　　② 세균
③ 검정말　　④ 곰팡이
⑤ 잠자리

천재교육

3 다음 중 식물이 양분을 만드는 데 영향을 주는 비생물 요소는 어느 것입니까? (　　　　)

①

버섯

②

햇빛

③

배추흰나비 애벌레

④
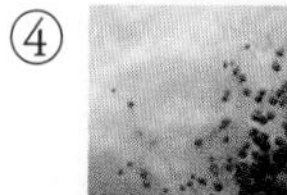
곰팡이

4 다음과 같이 양분을 얻는 생물과 관계있는 것을 줄로 바르게 이으시오.

(1) 다른 생물을 먹이로 하여 살아가는 생물 •　　• ㉠ 생산자

(2) 햇빛 등을 이용하여 스스로 양분을 만드는 생물 •　　• ㉡ 소비자

(3) 주로 죽은 생물이나 배출물을 분해하여 양분을 얻는 생물 •　　• ㉢ 분해자

5 다음 중 양분을 얻는 방법이 나머지와 다른 하나는 어느 것입니까? (　　　　)

①

배추

②

벼

③

검정말

④
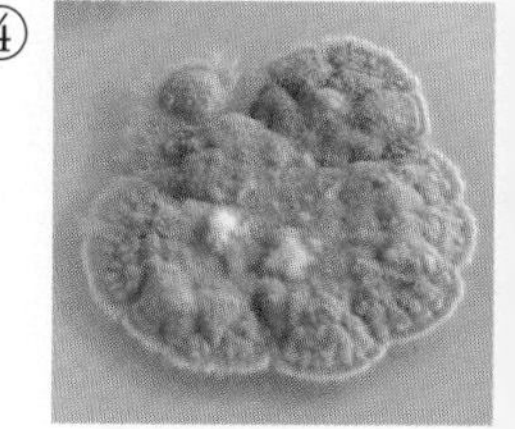
곰팡이

⑤

옥수수

[6~7] 다음은 생물의 먹고 먹히는 관계를 나타낸 것입니다. 물음에 답하시오.

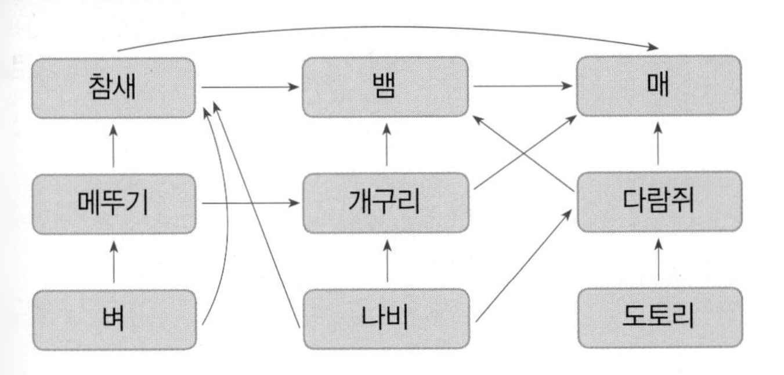

6 다음 중 위의 생물 요소 사이의 관계에 대한 설명으로 옳지 않은 것은 어느 것입니까? (　　　)

① 벼는 메뚜기에 먹힌다.
② 개구리는 벼를 먹는다.
③ 나비는 개구리에 먹힌다.
④ 메뚜기는 개구리에 먹힌다.
⑤ 매는 참새, 뱀, 개구리, 다람쥐를 먹는다.

7 다음 보기에서 위의 그림에 대한 설명으로 옳은 것을 골라 기호를 쓰시오.

보기
㉠ 먹이 그물을 나타낸 것입니다.
㉡ 개구리는 한 가지 생물만 먹이로 먹습니다.
㉢ 먹이 관계가 한 방향으로 연결되어 있습니다.

(　　　　　　　　　　)

8 다음 중 생태계에서 생물의 먹이 관계에 대한 설명으로 옳은 것은 어느 것입니까? (　　　)

① 먹이 사슬은 복잡해서 생물이 살기 어렵다.
② 먹이 그물은 매우 복잡하기 때문에 생물이 점차 사라지게 된다.
③ 먹이 사슬은 여러 생물들이 함께 살아가기에 유리한 먹이 관계이다.
④ 먹이 그물은 여러 생물들이 함께 살아가기에 불리한 먹이 관계이다.
⑤ 먹이 그물에서는 한 가지 먹이가 부족해지더라도 다른 먹이를 먹고 살 수 있다.

천재교과서

9 다음은 어느 국립 공원의 생물 이야기입니다. 이 국립 공원의 깨어진 생태계 평형을 회복하는 방법으로 옳지 않은 것은 어느 것입니까? (　　　)

사람들의 무분별한 사냥으로 국립 공원에 살던 늑대가 모두 사라졌습니다. 늑대가 사라지자 사슴의 수가 빠르게 늘어났습니다.

사슴은 풀과 나무 등을 닥치는 대로 먹었고, 그 결과 풀과 나무가 잘 자라지 못하였습니다. 그리고 나무로 집을 짓고 살던 비버도 국립 공원에서 거의 사라졌습니다.

① 사슴의 수를 조절한다.
② 사슴을 모두 다른 곳으로 옮긴다.
③ 늑대를 다시 데려와 국립 공원에 살게 한다.
④ 국립 공원에서 주로 자라는 풀이나 나무를 다시 심고 보호한다.
⑤ 국립 공원에 남아 있는 풀과 나무가 훼손되지 않도록 울타리를 쳐서 보호한다.

10 다음의 생태계 평형이 깨어지는 원인과 관계있는 것을 줄로 바르게 이으시오.

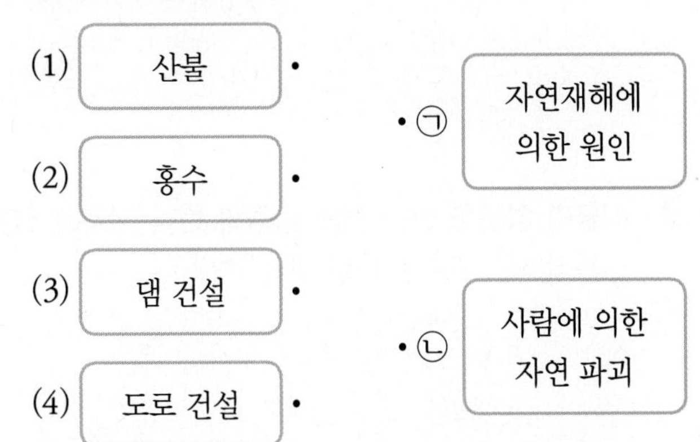

온라인 개념 강의

2. 생물과 환경(2)

❶ 비생물 요소

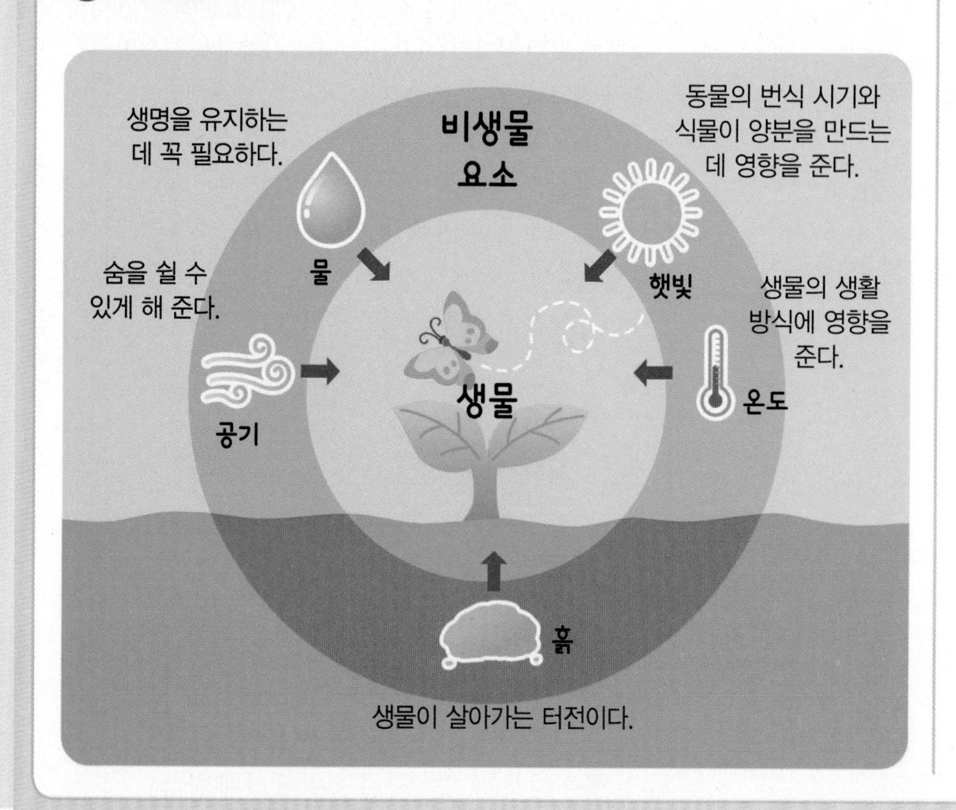

생명을 유지하는 데 꼭 필요하다.
비생물 요소
동물의 번식 시기와 식물이 양분을 만드는 데 영향을 준다.
물
햇빛
숨을 쉴 수 있게 해 준다.
생물의 생활 방식에 영향을 준다.
공기
생물
온도
흙
생물이 살아가는 터전이다.

✳ 중요한 내용을 정리해 보세요!

● 생물에 영향을 미치는 비생물 요소는?

● 비생물 요소가 생물에 미치는 영향은?

개념 확인하기

정답 20

다음 문제를 읽고 답을 찾아 □ 안에 ✔표를 하시오.

1 생물에 영향을 미치는 비생물 요소를 모두 고르시오.

㉠ 물 □	㉡ 햇빛 □
㉢ 공기 □	㉣ 온도 □

2 식물이 양분을 만들 때와 동물의 번식 시기에 영향을 주는 비생물 요소는 어느 것입니까?

㉠ 흙 □	㉡ 물 □
㉢ 햇빛 □	㉣ 공기 □

3 온도가 생물에 미치는 영향은 어느 것입니까?

㉠ 생물이 숨을 쉴 수 있게 해 준다. □

㉡ 생물의 생활 방식에 영향을 준다. □

4 생물이 생명을 유지하는 데 꼭 필요한 것은 어느 것입니

㉠ 물 □	㉡ 흙 □

5 생물이 살아가는 장소를 제공해 주는 비생물 요소는 어 것입니까?

㉠ 흙 □	㉡ 공기 □
㉢ 온도 □	㉣ 햇빛 □

개념 강의

환경 오염

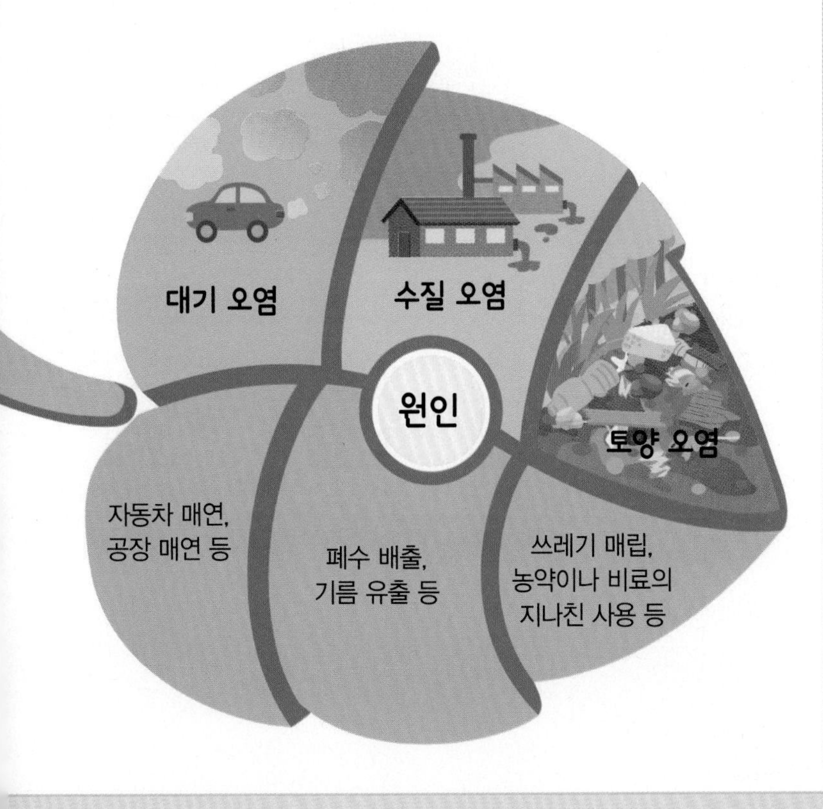

*중요한 내용을 정리해 보세요!

● 환경 오염의 종류는?

● 환경 오염의 원인은?

2 단원

개념 확인하기

정답 20쪽

다음 문제를 읽고 답을 찾아 ☐ 안에 ✔표를 하시오.

사람의 활동으로 자연환경이나 생활 환경이 더럽혀지거나 훼손되는 것을 무엇이라고 합니까?

㉠ 환경 오염 ☐	㉡ 생태계 파괴 ☐

공기가 오염되는 환경 오염은 어느 것입니까?

㉠ 대기 오염 ☐	㉡ 수질 오염 ☐

수질 오염의 원인은 어느 것입니까?

㉠ 공장 폐수 ☐	㉡ 손수건 사용 ☐

4 대기 오염의 원인은 어느 것입니까?

㉠ 자동차 매연 ☐

㉡ 쓰레기 분리수거 ☐

㉢ 친환경 버스 이용 ☐

5 토양 오염의 원인은 어느 것입니까?

㉠ 자원 재활용 ☐

㉡ 지나친 농약 사용 ☐

㉢ 멸종 위기 동물 복원 활동 ☐

[1~2] 다음과 같이 조건을 다르게 하여 일주일 동안 콩나물의 자람을 관찰하였습니다. 물음에 답하시오.

㉠ 

햇빛 ○, 물 ○

㉡ 

햇빛 ○, 물 ×

㉢ 

햇빛 ×, 물 ○

㉣ 

햇빛 ×, 물 ×

천재교육, 천재교과서, 김영사, 미래엔

1 다음 중 위 실험에서 ㉠과 ㉡을 비교하여 알 수 있는 콩나물의 자람에 영향을 주는 비생물 요소는 어느 것입니까? (　　　)

① 흙　　② 물
③ 햇빛　　④ 공기
⑤ 온도

천재교육, 천재교과서, 김영사, 미래엔

2 위 실험에서 일주일 후 콩나물의 자란 모습이 다음과 같았습니다. ㉠~㉣ 중 콩나물이 자란 조건을 골라 기호를 쓰시오.

- 떡잎 색이 그대로 노란색이고, 떡잎 아래 몸통이 길게 자랐습니다.
- 노란색 본잎이 자랐습니다.

(　　　　　　　)

천재교육, 천재교과서, 김영사, 미래엔

3 다음 중 온도가 콩나물의 자람에 미치는 영향을 알아보기 위한 실험 설계를 할 때 다르게 해야 할 조건으로 옳은 것은 어느 것입니까? (　　　)

① 콩나물의 양
② 콩나물에 주는 물의 양
③ 콩나물이 받는 햇빛의 양
④ 콩나물이 있는 곳의 온도
⑤ 콩나물을 기르는 컵의 크기

4 다음 중 흙이 생물에 미치는 영향으로 옳은 것은 어느 것입니까? (　　　)

①

생물이 사는 장소 제공

②

철새의 이동

③

단풍과 낙엽

④

동물의 털갈이

천재교

5 다음의 환경과 환경에 적응하여 살아가는 생물의 예를 줄로 바르게 이으시오.

(1)
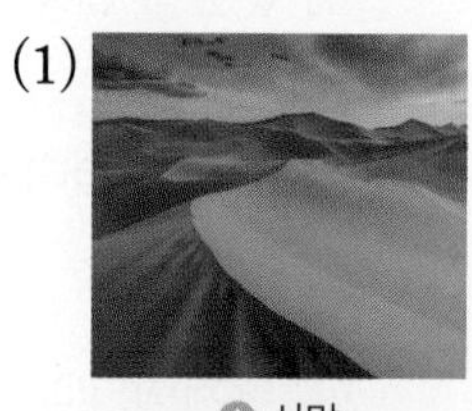
사막

• ㉠
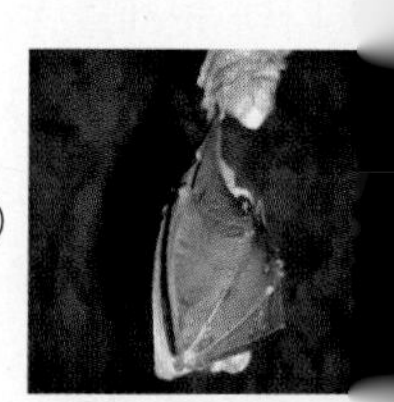
박쥐

(2)
동굴

• ㉡
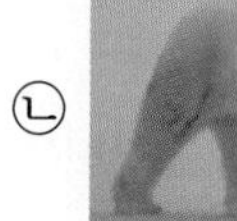
북극곰

(3)

극지방

• ㉢
선인장

천재교과서, 김영사, 미래엔, 지학사

6 다음은 다른 종류의 여우입니다. 온통 흰 눈으로 뒤덮여 있고, 추운 서식지에서 잘 살아남을 수 있는 여우를 찾아 기호를 쓰시오.

㉠  ㉡ 

( )

천재교과서, 김영사, 아이스크림

다음 보기 에서 개구리가 환경에 적응한 점으로 옳은 것을 골라 기호를 쓰시오.

보기
㉠ 추운 겨울에 겨울잠을 잡니다.
㉡ 겨울에는 다른 지역으로 이동합니다.
㉢ 눈이 많이 오는 환경에서 몸을 숨기기 유리합니다.

( )

다음 중 흙을 오염시키는 원인은 어느 것입니까? ( )

① 

손수건 사용

② 
쓰레기 분리수거

③ 
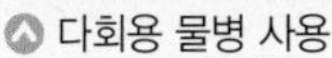
다회용 물병 사용

④ 
지나친 농약 사용

9 다음의 환경 오염이 생물에 미치는 영향을 줄로 바르게 이으시오.

(1) 토양 오염 •		• ㉠	동물의 호흡 기관에 이상이 생기거나 병에 걸림.
(2) 수질 오염 •		• ㉡	흙이 오염되어 식물에 오염 물질이 점점 쌓임.
(3) 대기 오염 •		• ㉢	물고기가 죽거나 모습이 이상해 지기도 함.

천재교육

10 다음 중 생태계 보전을 위한 노력으로 옳지 않은 것은 어느 것입니까? ( )

① 
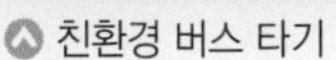
친환경 버스 타기

② 
쓰레기 줍기

③ 
숲에 도로 건설하기

④ 
멸종 위기 동물 복원하기

⑤ 
알뜰 장터 열기

2 단원

진도 완료 체크

연습 도움말을 참고하여 내 생각을 차근차근 써 보세요.

1 다음은 연못과 숲 생태계의 구성 요소의 모습입니다. [총 8점]

여우

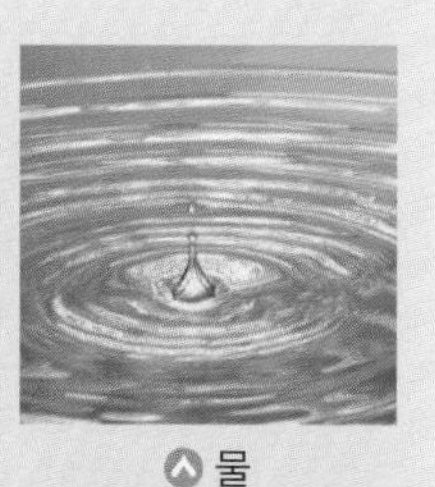
쑥부쟁이

물

햇빛

뱀

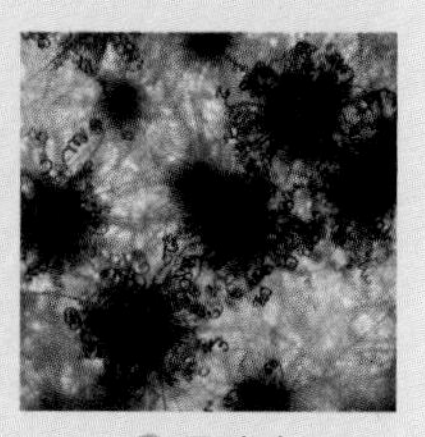
곰팡이

(1) 위의 구성 요소를 생물 요소와 비생물 요소로 분류하여 쓰시오. [2점]

생물 요소	비생물 요소

(2) 위의 구성 요소를 모두 포함하고 있는 생태계란 무엇인지 쓰시오. [6점]

우리 주변에서 살아 있는 것은 생물 요소라고 하고, 살아 있지 않은 것은 비생물 요소라고 해요.
꼭 들어가야 할 말 **생물 요소 / 비생물 요소**

2 다음은 생태계에서 생물이 먹고 먹히는 관계를 나타낸 것입니다. [총 12점]

(1) 생태계를 구성하는 생물의 먹이 관계를 위와 같은 형태로 나타낸 것을 무엇이라고 하는지 쓰시오. [4점]

(　　　　　　　　)

(2) 생태계에서 먹이 관계가 위와 같이 여러 방향으로 연결되어 있으면 유리한 점을 쓰시오. [8점]

천재교육, 천재교과서, 김영사, 미

3 다음은 햇빛과 물의 조건을 다르게 하여 일주일 동안 콩나물이 자란 모습을 관찰한 것입니다. [총 12점]

(1) 위 ㉢ 콩나물의 떡잎이 노란색 그대로인 까닭과 관계있는 비생물 요소를 쓰시오. [4점]

(　　　　　　　　)

(2) 위 ㉠~㉢ 중 콩나물이 가장 잘 자란 것은 햇빛과 물의 조건을 어떻게 한 것인지 쓰시오. [8점]

온라인 학습

단원 평가

2. 생물과 환경

풀이 강의

9종 공통

1 다음 □ 안에 들어갈 알맞은 말과 그 예를 바르게 짝지은 것은 어느 것입니까? (　　　)

> 생태계의 구성 요소는 생물 요소와 □(으)로 분류할 수 있습니다.

① 생산자 – 벼
② 분해자 – 버섯
③ 소비자 – 참새
④ 비생물 요소 – 햇빛
⑤ 무생물 요소 – 곰팡이

9종 공통

다음 중 생태계의 구성 요소들을 분류할 때 나머지 넷과 다른 하나는 어느 것입니까? (　　　)

① 물　② 온도　③ 공기
④ 햇빛　⑤ 곰팡이

9종 공통

다음 중 생물 요소가 양분을 얻는 방법에 대한 설명으로 옳은 것은 어느 것입니까? (　　　)

① 세균은 양분이 필요 없다.
② 뱀은 토끼풀을 먹으면서 양분을 얻는다.
③ 배추는 다른 생물을 먹이로 하여 양분을 얻는다.
④ 버섯은 햇빛을 이용하여 스스로 양분을 만든다.
⑤ 곰팡이는 죽은 메뚜기를 분해해서 양분을 얻는다.

9종 공통

다음은 생태계 구성 요소 중 생물 요소에 대한 설명입니다. □ 안에 들어갈 알맞은 말은 어느 것입니까? (　　　)

> 생물 요소는 □을/를 얻는 방법에 따라 생산자, 소비자, 분해자로 분류될 수 있습니다.

① 물　② 햇빛　③ 공기
④ 양분　⑤ 자손

9종 공통

5 다음 생물 요소 중 소비자에 해당하는 것은 어느 것입니까? (　　　)

① 배추
② 배추흰나비 애벌레
③ 벼
④ 세균

9종 공통

6 다음 설명에서 □ 안에 들어갈 알맞은 말은 어느 것입니까? (　　　)

> 생태계에서 생물의 먹이 관계가 사슬처럼 연결되어 있는 것을 □(이)라고 합니다.

① 소비자　② 먹이 사슬
③ 생태계 평형　④ 생태 피라미드
⑤ 비생물 요소

9종 공통

7 다음 생물의 먹이 관계에서 □ 안에 들어갈 알맞은 생물은 어느 것입니까? (　　　)

> 옥수수 → 메뚜기 → □ → 뱀

① 벼　② 배추　③ 개구리
④ 곰팡이　⑤ 토끼풀

2 단원

9종 공통

8 다음 먹이 그물을 보고 알 수 있는 내용으로 옳은 것은 어느 것입니까? (　　　)

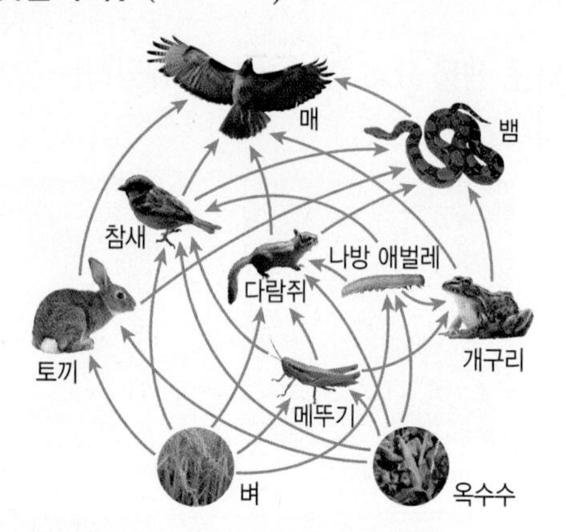

① 생물의 먹이 관계가 단순하다.
② 각 생물은 한 가지 먹이만 먹는다.
③ 각 생물은 한 가지 생물에게만 잡아먹힌다.
④ 생물의 먹이 관계가 한 방향으로 연결되어 있다.
⑤ 어느 한 종류의 먹이가 부족해지더라도 다른 먹이를 먹고 살 수 있다.

9종 공통

9 다음에서 설명하는 것은 무엇입니까? (　　　)

> 어떤 지역에 살고 있는 생물의 종류와 수 또는 양이 균형을 이루며 안정된 상태를 유지하는 것

① 생물 요소　② 먹이 그물
③ 생태계 평형　④ 생태 피라미드
⑤ 생태계 국립 공원

9종 공통

10 다음 중 생태계 평형이 깨어지는 원인으로 옳은 것은 어느 것입니까? (　　　)

① 가뭄　② 나무 심기
③ 동물의 번식　④ 철새의 이동
⑤ 동물의 겨울잠

천재교육, 천재교과서, 김영사, 미래엔

11 다음 중 물이 콩나물의 자람에 미치는 영향을 알아보는 실험에서 다르게 해야 할 조건은 어느 것입니까?
(　　　)

① 콩나물의 양
② 콩나물의 굵기
③ 콩나물의 길이
④ 콩나물에 주는 물의 양
⑤ 콩나물이 받는 햇빛의 양

천재교육, 천재교과서, 김영사, 미래엔

12 다음은 햇빛과 물의 조건을 다르게 하여 콩나물의 자람을 일주일 이상 관찰한 모습입니다. 햇빛이 드는 곳에서 물을 주지 않은 콩나물은 어느 것입니까? (　　　)

①

②

③
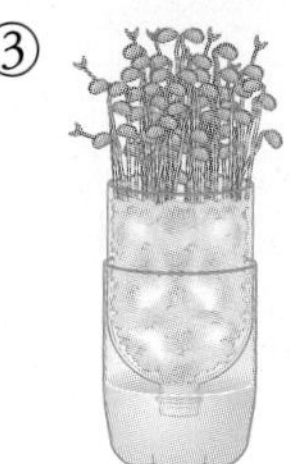

④

9종

13 다음은 어떤 비생물 요소가 생물에 미치는 영향입니다. ☐ 안에 공통으로 들어갈 비생물 요소는 어느 것입니까? (　　　)

> 생물이 생명을 유지하는 데 반드시 필요한 것으로 ☐ 이/가 부족한 사막에 사는 생물은 ☐ 의 손실을 최소화하여 살아갑니다.

① 물　② 흙　③ 햇빛
④ 공기　⑤ 온도

천재교과서

14 다음 중 오른쪽 박쥐가 적응하여 살아가는 환경으로 옳은 것은 어느 것입니까? (　　　)

① 연못　② 사막
③ 동굴　④ 극지방
⑤ 깊은 바닷속

9종 공통

15 다음 □ 안에 들어갈 가장 알맞은 말은 어느 것입니까? (　　　)

> 사막여우와 북극여우의 털색은 서식지 환경에 □한 생김새로, 서식지 환경과 털색이 비슷하면 적으로부터 몸을 숨기거나 먹잇감에 접근하기 유리합니다.

① 적응　② 구분　③ 경쟁
④ 불리　⑤ 방어

천재교육, 김영사, 미래엔, 지학사

16 다음 중 생물이 환경에 적응한 점으로 옳지 <u>않은</u> 것은 어느 것입니까? (　　　)

① 곰은 겨울잠을 자는 행동으로 추운 겨울을 지내기에 유리하다.
② 개구리는 초음파를 듣는 귀가 있어 몸을 보호하기 유리하다.
③ 오리는 발에 물갈퀴가 있어서 헤엄을 치거나 물에 뜨는 데 유리하다.
④ 밤송이는 가시가 있어 밤을 먹으려고 하는 동물로부터 방어하기 유리하다.
⑤ 부엉이는 눈이 크고 어두운 곳에서도 잘 볼 수 있어 밤에 활동하는 데 유리하다.

9종 공통

17 다음 중 환경 오염의 원인으로 옳지 <u>않은</u> 것은 어느 것입니까? (　　　)

① 공장의 매연　② 폐수의 배출
③ 쓰레기 매립　④ 농약 사용 금지
⑤ 유조선의 기름 유출

9종 공통

18 오른쪽과 같이 유조선의 기름 유출 사고가 생물에 미치는 영향으로 옳은 것은 어느 것입니까? (　　　)

① 먹이 그물이 복잡해진다.
② 생물의 종류가 늘어난다.
③ 생물의 서식지가 파괴된다.
④ 지구의 평균 온도가 낮아진다.
⑤ 일시적으로 모든 생물이 멸종된다.

2 단원

진도 완료 체크

9종 공통

19 다음 중 환경 오염이 생물에 미치는 영향으로 옳지 <u>않은</u> 것은 어느 것입니까? (　　　)

① 식물이 잘 자란다.
② 황사나 미세 먼지로 동물이 병에 걸린다.
③ 물이 오염되면, 그곳에 사는 물고기가 죽는다.
④ 쓰레기 매립으로 토양이 오염되면, 주변에 악취가 난다.
⑤ 지구의 평균 온도가 높아져 동식물의 서식지가 파괴된다.

천재교육, 금성, 동아, 미래엔, 비상, 아이스크림

20 다음 중 생태계를 보전하는 방법으로 옳지 <u>않은</u> 것은 어느 것입니까? (　　　)

① 물을 절약한다.
② 나무를 심는다.
③ 일회용품을 사용한다.
④ 쓰레기 배출을 줄인다.
⑤ 냉장고를 자주 열고 닫지 않는다.

· 답안 입력하기　· 온라인 피드백 받기

온라인 개념 강의

3. 날씨와 우리 생활(1)

❶ 습도

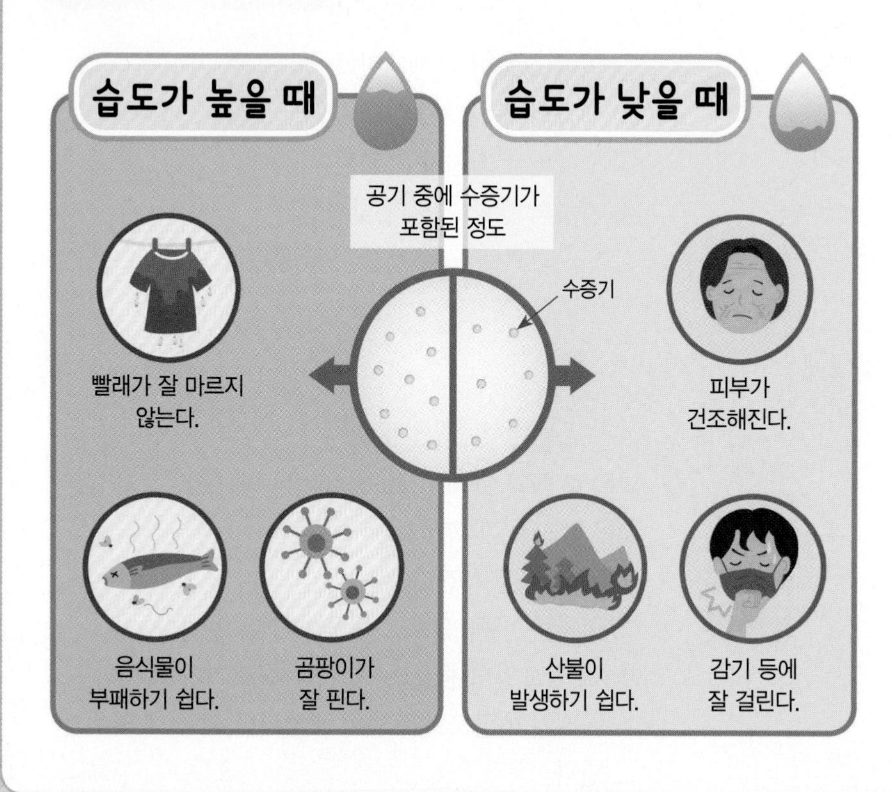

습도가 높을 때
습도가 낮을 때
공기 중에 수증기가 포함된 정도
수증기
빨래가 잘 마르지 않는다.
피부가 건조해진다.
음식물이 부패하기 쉽다.
곰팡이가 잘 핀다.
산불이 발생하기 쉽다.
감기 등에 잘 걸린다.

✳ 중요한 내용을 정리해 보세요!

● 습도란?

● 습도표에서 습도를 구하는 방법은?

개념 확인하기

정답 23

다음 문제를 읽고 답을 찾아 ☐ 안에 ✔표를 하시오.

1 공기 중에 수증기가 포함된 정도를 무엇이라고 합니까?

㉠ 고도 ☐	㉡ 속도 ☐
㉢ 습도 ☐	㉣ 온도 ☐

2 건구 온도계와 습구 온도계의 온도 차이를 이용하여 습도를 측정하는 도구는 어느 것입니까?

㉠ 귀 체온계 ☐	㉡ 알코올 온도계 ☐
㉢ 건습구 습도계 ☐	㉣ 적외선 온도계 ☐

3 건습구 습도계에서 젖은 헝겊으로 감싼 온도계는 어느 것입니까?

㉠ 건구 온도계 ☐	㉡ 습구 온도계 ☐

4 습도가 높을 때 나타나는 현상은 어느 것입니까?

㉠ 빨래가 잘 마르고 산불이 나기 쉽다. ☐
㉡ 곰팡이가 잘 피고 음식물이 쉽게 부패한다. ☐

5 습도가 낮을 때 습도를 조절하는 방법은 어느 것입니까?

㉠ 물 끓이기 ☐	㉡ 제습기 사용하기 ☐

개념 강의

응결

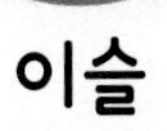

차가워진 물체 표면 등에 수증기가 응결해 물방울로 맺힌다.

이슬

수증기가 응결해 작은 물방울로 지표면 근처에 떠 있다.

안개

✳ 중요한 내용을 정리해 보세요!

● 응결이란?

● 이슬과 안개의 공통점은?

3 단원

개념 확인하기

정답 23쪽

다음 문제를 읽고 답을 찾아 □ 안에 ✔표를 하시오.

공기 중의 수증기가 물로 변하는 현상을 무엇이라고 합니까?

㉠ 끓음 □	㉡ 가열 □
㉢ 응결 □	㉣ 증발 □

밤이 되어 기온이 낮아지면 공기 중의 수증기가 물체에 닿아 물방울로 맺히는 것을 무엇이라고 합니까?

㉠ 비 □	㉡ 가뭄 □
㉢ 구름 □	㉣ 이슬 □

3 공기 중의 수증기가 지표면 가까이에서 응결하여 작은 물방울로 떠 있는 것은 어느 것입니까?

㉠ 안개 □	㉡ 비, 눈 □

4 이슬과 안개를 주로 볼 수 있는 때는 언제입니까?

㉠ 햇빛이 강한 한낮에 볼 수 있다. □

㉡ 주로 새벽이나 이른 아침에 볼 수 있다. □

5 이슬과 안개의 공통점은 어느 것입니까?

㉠ 응결에 의해 나타나는 현상이다. □

㉡ 높은 하늘에서 나타나는 현상이다. □

[1~2] 다음은 건습구 습도계를 만드는 방법입니다. 물음에 답하시오.

1 알코올 온도계 하나만 액체샘 부분을 헝겊으로 감싸고 고무줄로 묶기
2 스탠드와 뷰렛 집게로 알코올 온도계 두 개를 설치하기
3 헝겊으로 감싼 온도계 아래에 물이 담긴 비커를 놓고 헝겊 끝부분을 물에 잠기게 하기

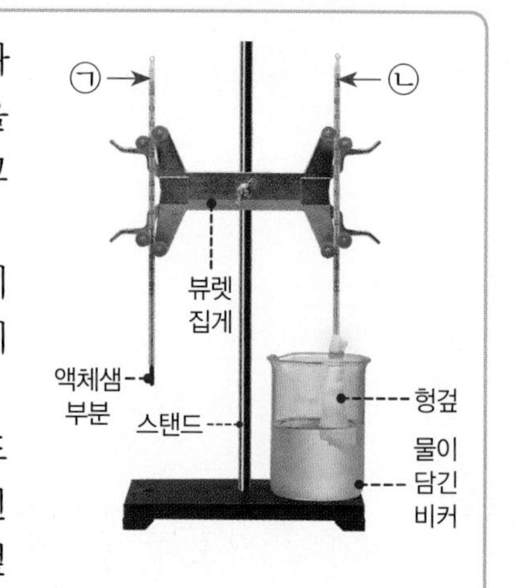

천재교과서, 김영사, 동아, 비상, 지학사

1 다음 중 위 ㉠, ㉡에 들어갈 알맞은 말을 옳게 짝지은 것은 어느 것입니까? (　　　)

	㉠	㉡
①	온도계	습도계
②	습도계	온도계
③	가습기	습도계
④	건구 온도계	습구 온도계
⑤	습구 온도계	건구 온도계

2 위 장치에서 ㉠의 온도가 16 ℃이고, ㉡의 온도가 14 ℃였을 때, 다음의 습도표를 이용하여 현재 습도를 구하시오.

(단위 : %)

건구 온도(℃)	건구 온도와 습구 온도의 차(℃)			
	0	1	2	3
15	100	90	80	71
16	100	90	81	71
17	100	90	81	72

(　　　　　　　　) %

3 다음 중 습도가 우리 생활에 미치는 영향을 설명한 것으로 옳은 것은 어느 것입니까? (　　　)

① 습도가 높으면 빨래가 잘 마른다.
② 습도가 높으면 감기에 걸리기 쉽다.
③ 습도가 낮으면 산불이 발생하기 쉽다.
④ 습도가 낮으면 음식물이 부패하기 쉽다.
⑤ 습도가 높으면 곰팡이가 잘 피지 않는다.

4 다음과 같은 현상이 잘 일어날 때 습도를 조절할 수 있는 방법으로 옳지 않은 것을 두 가지 고르시오.
(　　　,

- 피부가 건조해집니다.
- 감기에 걸리기 쉽습니다.

① 가습기를 사용한다.
② 실내에 빨래를 넌다.
③ 젖은 수건을 걸어 둔다.
④ 실내에 마른 숯을 놓는다.
⑤ 옷장이나 신발장 속에 제습제를 넣는다.

[5~7] 오른쪽은 이슬과 안개 발생 실험의 모습입니다. 물음에 답하시오.

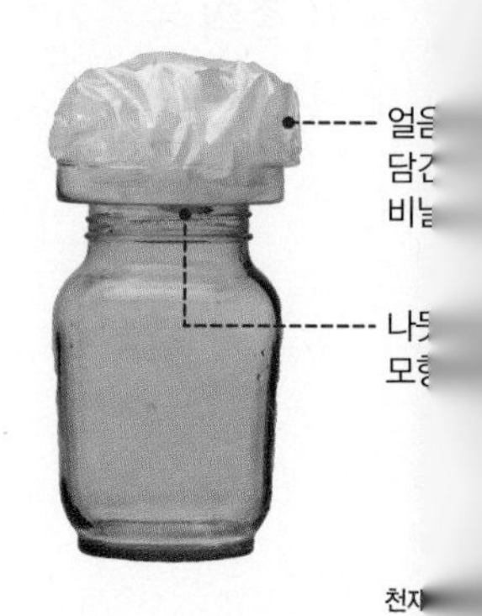

5 위 실험에서 유리병 안에 넣어 주는 것으로 옳은 것은 다음 중 어느 것입니까? (　　　)

① 촛불　② 온도계
③ 향 연기　④ 전자저울
⑤ 리트머스 종이

천재교육

6 다음은 앞의 실험 결과 유리병 안의 변화 모습입니다. 이에 대한 설명으로 옳은 것을 보기에서 골라 기호를 쓰시오.

▲ 변화 전

▲ 변화 후

보기
㉠ 유리병의 색깔이 검게 변했습니다.
㉡ 유리병 안이 뿌옇게 흐려졌습니다.
㉢ 유리병 안이 검은색 연기로 가득 찼습니다.
㉣ 유리병 안의 온도가 매우 높이 올라갔습니다.

( )

천재교육

다음은 앞의 실험 결과 페트리 접시를 꺼내 나뭇잎 모형의 표면에 나타난 변화를 관찰한 것입니다. 다음 중 이 실험 결과와 관련있는 자연 현상을 골라 기호를 쓰시오.

▲ 나뭇잎 모형 표면에 물방울이 맺혔음.

㉠ 

▲ 안개

㉡ 

▲ 이슬

( )

8 다음 중 수증기가 응결하여 생긴 물방울이나 얼음 알갱이가 하늘 높이 떠 있는 것을 무엇이라고 합니까?

( )

① 눈
② 구름
③ 우박
④ 이슬
⑤ 소나기

천재교육

9 다음 중 오른쪽 실험의 결과로 둥근바닥 플라스크 아래에 나타나는 현상으로 옳지 않은 것은 어느 것입니까? ( )

얼음 + 찬물
뜨거운 물

▲ 비의 생성 과정 모형실험

① 작은 물방울이 맺힌다.
② 물방울이 점점 커진다.
③ 작은 물방울이 합쳐진다.
④ 물방울이 아래로 떨어진다.
⑤ 큰 물방울이 작은 물방울 여러 개로 나뉜다.

10 다음은 자연 현상에 대한 설명입니다. ㉠, ㉡에 들어갈 알맞은 말을 각각 쓰시오.

수증기가 응결해 물방울이 되거나 얼음 알갱이 상태로 변해 높은 하늘에 떠 있는 것을 [㉠] (이)라고 합니다. [㉡]은/는 [㉠] 속 얼음 알갱이의 크기가 커지면서 무거워져 떨어질 때 녹지 않은 채로 떨어지는 것입니다.

㉠ ( )
㉡ ( )

3 단원

온라인 개념 강의

3. 날씨와 우리 생활(2)

❶ 고기압과 저기압

공기의 이동(바람)

고기압 → 저기압

무겁다.	무게	가볍다.
많다.	공기 덩어리	적다.
높다.	기압	낮다.

고 저

*중요한 내용을 정리해 보세요!

● 기압이란?

● 고기압과 저기압에서 공기가 이동하는 방향은

개념 확인하기

정답 23

다음 문제를 읽고 답을 찾아 ☐ 안에 ✔표를 하시오.

1 공기의 무게 때문에 생기는 힘을 무엇이라고 합니까?

㉠ 기압 ☐	㉡ 수압 ☐

2 같은 부피일 때, 차가운 공기와 따뜻한 공기에 대한 설명으로 옳은 것은 어느 것입니까?

㉠ 차가운 공기가 따뜻한 공기보다 무겁다. ☐

㉡ 따뜻한 공기가 차가운 공기보다 무겁다. ☐

3 주위보다 상대적으로 기압이 높은 곳을 무엇이라고 합니까

㉠ 고기압 ☐	㉡ 저기압 ☐

4 고기압에서 저기압으로 공기가 이동하는 것을 무이라고 합니까?

㉠ 바람 ☐	㉡ 우박 ☐

5 맑은 날 낮에 바닷가에서 부는 바람의 방향으로 옳 것은 어느 것입니까?

㉠ 바다에서 육지 쪽으로 분다. ☐

㉡ 육지에서 바다 쪽으로 분다. ☐

개념 강의

공기 덩어리와 계절별 날씨

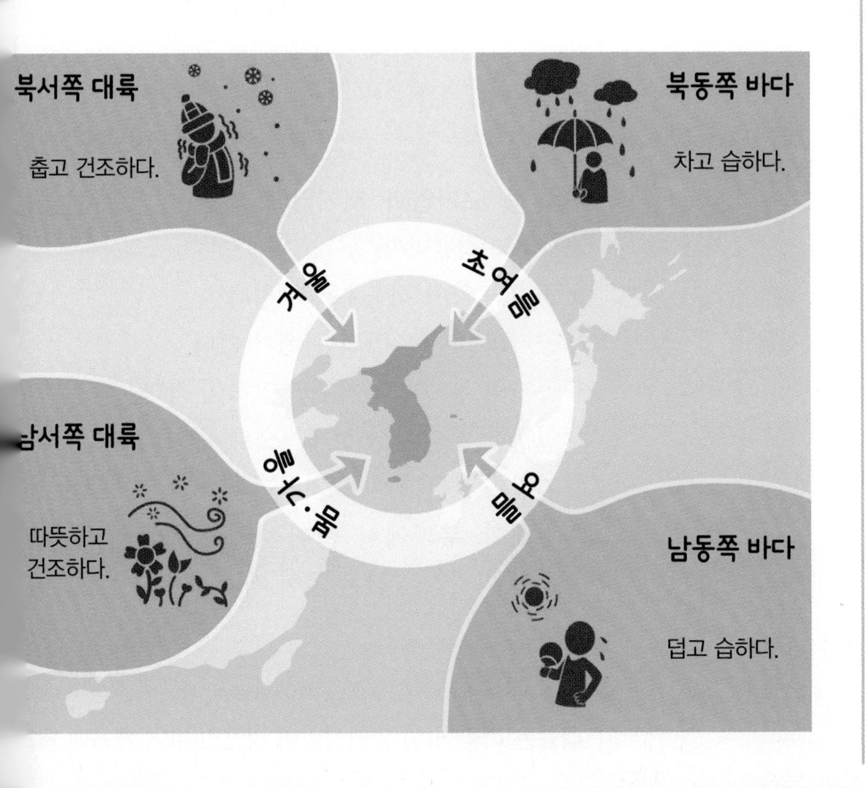

*중요한 내용을 정리해 보세요!

● 우리나라에 영향을 주는 공기 덩어리는?

● 우리나라 계절별 날씨의 특징은?

3 단원

개념 확인하기

정답 23쪽

다음 문제를 읽고 답을 찾아 □ 안에 ✓표를 하시오.

공기 덩어리가 한 지역에 오랫동안 머물게 되면 어떻게 됩니까?

㉠ 그 지역의 온도, 습도와 비슷해진다. □
㉡ 그 지역의 온도, 습도와 반대 성질을 가진다. □

우리나라의 겨울 날씨에 영향을 주는 공기 덩어리는 어느 지역에서 이동해 오는 공기 덩어리입니까?

㉠ 남동쪽 바다 □ ㉡ 남서쪽 대륙 □
㉢ 북동쪽 바다 □ ㉣ 북서쪽 대륙 □

3 우리나라의 남동쪽 바다에 있는 공기 덩어리의 성질로 옳은 것은 어느 것입니까?

㉠ 덥고 습하다. □ ㉡ 춥고 건조하다. □

4 우리나라 겨울 날씨의 특징으로 옳은 것은 어느 것입니까?

㉠ 덥고 습하다. □ ㉡ 춥고 건조하다. □

5 우리나라의 날씨에 영향을 주는 공기 덩어리는 어떠합니까?

㉠ 계절별로 서로 다르다. □
㉡ 계절에 관계없이 모두 같다. □

[1~2] 다음은 기온에 따른 공기의 무게 비교하기 실험의 과정입니다. 물음에 답하시오.

1 뚜껑을 닫은 플라스틱 통 두 개의 무게를 각각 측정하기
2 수조에 따뜻한 물, 얼음물을 각각 넣고, 플라스틱 통의 뚜껑을 연 뒤 수조에 각각 통을 넣고 누르기
3 5분 뒤 플라스틱 통의 뚜껑을 동시에 닫고 꺼낸 뒤 물기를 모두 닦기
4 두 플라스틱 통의 무게를 각각 측정하기

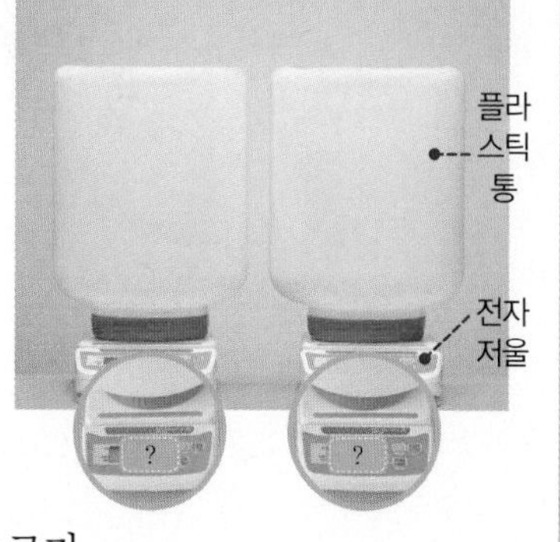

천재교과서

1 다음 보기 중 위 실험의 결과로 옳은 것을 골라 기호를 쓰시오.

보기
㉠ 따뜻한 물에 넣은 플라스틱 통이 얼음물에 넣은 플라스틱 통보다 무겁습니다.
㉡ 얼음물에 넣은 플라스틱 통이 따뜻한 물에 넣은 플라스틱 통보다 무겁습니다.
㉢ 따뜻한 물에 넣은 플라스틱 통과 얼음물에 넣은 플라스틱 통의 무게는 같습니다.

(　　　　　　　　)

천재교과서

2 다음 중 위 실험의 결과를 통해 알게 된 점으로 옳은 것은 어느 것입니까? (　　　　)

① 따뜻한 공기는 무게를 잴 수 없다.
② 따뜻한 공기와 차가운 공기의 무게는 비교할 수 없다.
③ 같은 부피일 때 따뜻한 공기보다 차가운 공기가 더 무겁다.
④ 같은 부피일 때 차가운 공기보다 따뜻한 공기가 더 무겁다.
⑤ 같은 부피일 때 따뜻한 공기와 차가운 공기의 무게는 같다.

3 공기의 무게로 생기는 누르는 힘을 무엇이라고 하는지 쓰시오.

(　　　　　　　　)

4 다음 중 고기압과 저기압에 대한 설명으로 옳은 것은 어느 것입니까? (　　　　)

① 공기의 양이 적을수록 무겁다.
② 공기의 양은 기압과 관계가 없다.
③ 공기의 무게가 무거우면 압력이 작다.
④ 일정한 부피에서 상대적으로 공기의 양이 많아 기압이 높은 곳이 고기압이다.
⑤ 일정한 부피에서 상대적으로 공기의 무게가 무거워 기압이 낮은 곳이 저기압이다.

[5~6] 다음은 바람 발생 모형실험의 과정입니다. 물음에 답하시오.

1 지퍼 백에 따뜻한 물과 얼음물을 각각 담고 입구를 잘 닫기
2 수조 가운데에 향을 세운 뒤 칸막이를 설치하기
3 수조의 양쪽 칸에 두 지퍼 백을 각각 넣고, 5분 뒤에 칸막이를 들어올리기
4 향에 불을 붙이고, 향 연기의 움직임 관찰하기

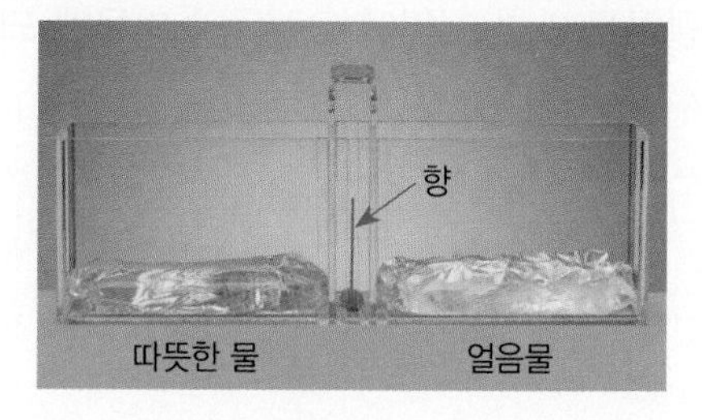

천재교과서

5 위 실험의 결과 향 연기의 이동 방향을 →, ← 중 골라 빈칸에 그리시오.

따뜻한 물이 든 지퍼 백	[　　]	얼음물이 든 지퍼 백

천재교육

6 다음 중 앞의 실험 결과 고기압과 저기압이 나타나는 위치로 옳은 것을 골라 기호를 쓰시오.

㉠
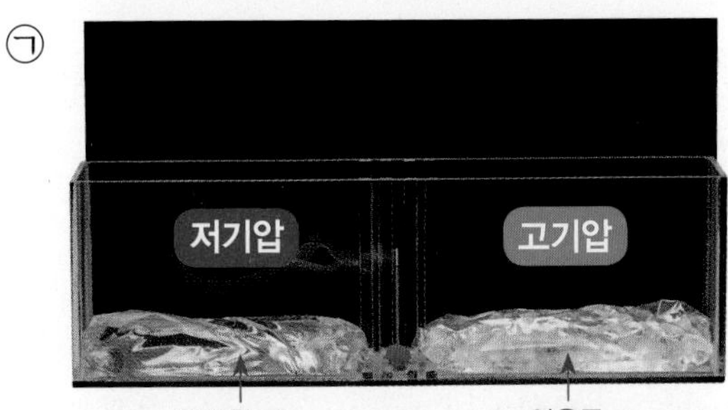

㉡
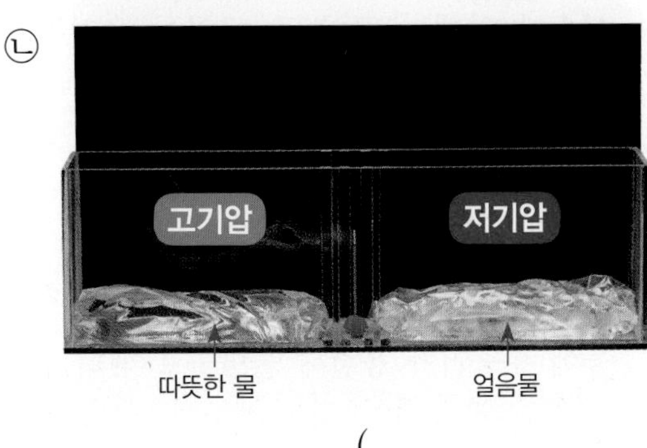

(　　　　　　　　)

천재교육, 천재교과서, 금성, 김영사, 동아, 미래엔, 아이스크림

다음 중 맑은 날 낮 바닷가에서 부는 바람에 대한 설명으로 옳은 것을 두 가지 고르시오. (　　,　　)

① 육풍이 분다.
② 육지가 바다보다 온도가 낮다.
③ 바다에서 육지로 바람이 분다.
④ 육지 위는 고기압, 바다 위는 저기압이다.
⑤ 바닷가에서 바람이 불기 위해서는 육지와 바다에서 기압 차이가 생겨야 한다.

8 다음 보기에서 ㉠ 지역에서 이동해 오는 공기 덩어리에 대한 설명으로 옳은 것을 골라 기호를 쓰시오.

㉠

보기
㉠ 덥고 습합니다.
㉡ 춥고 건조합니다.
㉢ 차고 습합니다.
㉣ 따뜻하고 건조합니다.

(　　　　　　　　)

3 단원

9 다음은 우리나라가 여름은 덥고 습하며, 겨울은 춥고 건조한 까닭을 공기 덩어리의 성질과 관련지어 설명한 것입니다. ㉠, ㉡에 들어갈 알맞은 말을 각각 쓰시오.

여름에는 남동쪽 [㉠]에서 오는 덥고 습한 공기 덩어리의 영향을 받고, 겨울에는 북서쪽 [㉡]에서 오는 춥고 건조한 공기 덩어리의 영향을 받기 때문입니다.

㉠ (　　　　　　) ㉡ (　　　　　　)

금성, 김영사

10 다음 보기에서 날씨에 따라 사람들의 건강이 어떤 영향을 받는지에 대한 설명으로 옳지 않은 것을 골라 기호를 쓰시오.

보기
㉠ 춥고 건조한 날이 계속되면 감기에 걸리기 쉽습니다.
㉡ 꽃가루나 황사가 많은 봄에는 열사병에 걸리기 쉽습니다.
㉢ 덥고 습한 날에 장시간 야외 활동을 할 경우 탈진이 올 수 있습니다.

(　　　　　　　　)

연습 도움말을 참고하여 내 생각을 차근차근 써 보세요.

1 **다음은 습도가 우리 생활에 미치는 영향과 관련된 모습입니다.** [총 8점]

㉠ 

산불 발생

㉡ 

음식물의 부패

(1) 위의 습도가 생활에 미치는 영향 중 습도가 높을 때와 습도가 낮을 때 나타날 수 있는 현상의 기호를 각각 쓰시오. [2점]

(가) 습도가 높을 때: (　　　　　　　　　　)

(나) 습도가 낮을 때: (　　　　　　　　　　)

(2) 습도가 위 ㉠, ㉡과 같을 때 습도를 조절할 수 있는 방법을 각각 한 가지씩 쓰시오. [6점]

습도는 공기 중에 수증기가 포함된 정도라는 것을 생각해 보세요.

꼭 들어가야 할 말 (가) 빨래 / 가습기 (나) 제습제 / 마른 숯

(가) ㉠의 경우: ______________________

____

(나) ㉡의 경우: ______________________

____

2 **다음은 이슬과 안개의 모습입니다.** [총 12점]

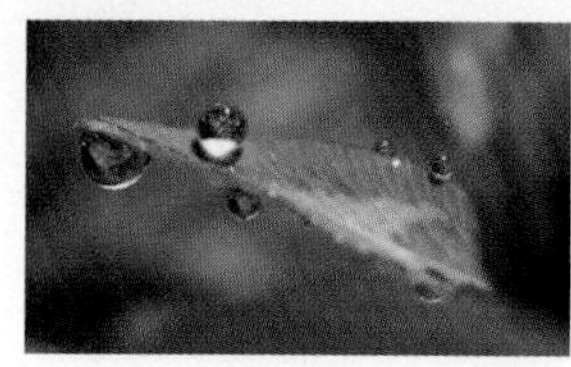

이슬

안개

(1) 이슬과 안개는 공기 중 무엇이 응결해 생기는 것인지 쓰시오. [4점]

(　　　　　　　　　　)

(2) 이슬과 안개의 차이점을 쓰시오. [8점]

답 이슬은 밤에 차가워진 나뭇가지나 풀잎 표면 등에 수증기가 응결해 물방울로 맺히는 것이고

안개는 ______________________

____

천재교육, 금성, 김영사, 아이스크

3 **다음은 공기의 온도에 따른 공기의 무게를 비교하는 실험입니다.** [총 12점]

㉠ 

㉡ 

(1) 위 실험 ㉠과 ㉡에서 차가운 공기를 넣은 플라스틱 통은 어느 것인지 기호를 쓰시오. [2점]

(　　　　　　　　　　)

(2) 위 실험 ㉠과 ㉡의 무게를 부등호로 나타내시오. [4

실험 ㉠ [　　　] 실험 ㉡

(3) 위 (2)번의 답과 같이 생각한 까닭을 쓰시오. [6

____

____

9종 공통

1 다음 중 공기 중에 수증기가 포함된 정도를 뜻하는 것은 어느 것입니까? (　　　)

① 온도　② 압력　③ 부피
④ 습도　⑤ 속도

천재교과서, 김영사, 동아, 비상, 지학사

2 다음과 같은 건습구 습도계에 대한 설명으로 옳지 않은 것은 어느 것입니까? (　　　)

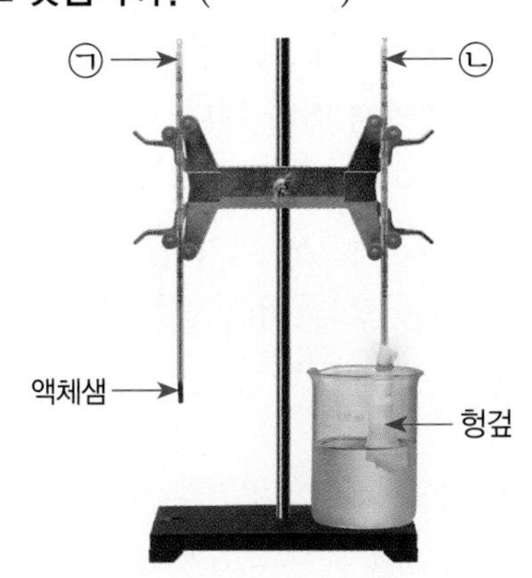

① ㉠은 건구 온도계이다.
② ㉡은 습구 온도계이다.
③ 습도를 측정하는 장치이다.
④ ㉡에서 헝겊으로 감싼 온도계의 액체샘이 물에 잠기도록 한다.
⑤ 스탠드를 설치한 뒤 뷰렛 집게를 사용해 ㉠과 ㉡ 온도계 두 개를 설치한다.

9종 공통

3 다음 중 습도를 측정하기 위해 필요한 것은 어느 것입니까? (　　　)

① 압력　② 현재 시각
③ 건구 온도　④ 해가 지는 시각
⑤ 바람이 불어오는 방향

9종 공통

4 다음 중 건구 온도가 26 ℃이고, 습구 온도가 23 ℃일 때, 습도로 옳은 것은 어느 것입니까? (　　　)

(단위 : %)

건구 온도 (℃)	건구 온도와 습구 온도의 차(℃)						
	0	1	2	3	4	5	6
25	100	92	84	77	70	63	57
26	100	92	85	78	71	64	58

① 70 %　② 71 %
③ 77 %　④ 78 %
⑤ 85 %

9종 공통

5 다음 중 습도를 낮추는 데 이용되는 것은 어느 것입니까? (　　　)

①
가습기

②

마른 숯

③
식물

④

어항

9종 공통

6 다음 중 공기 중의 수증기가 물로 변하는 현상을 뜻하는 것은 어느 것입니까? (　　　)

① 용해　② 운동
③ 응결　④ 적응
⑤ 증발

7 다음 중 오른쪽과 같이 따뜻한 물이 담겨 있던 집기병에 향을 넣었다 뺀 뒤, 얼음 조각이 든 페트리 접시를 집기병 위에 올려놓았을 때 나타나는 현상으로 옳은 것은 어느 것입니까? (　　　)

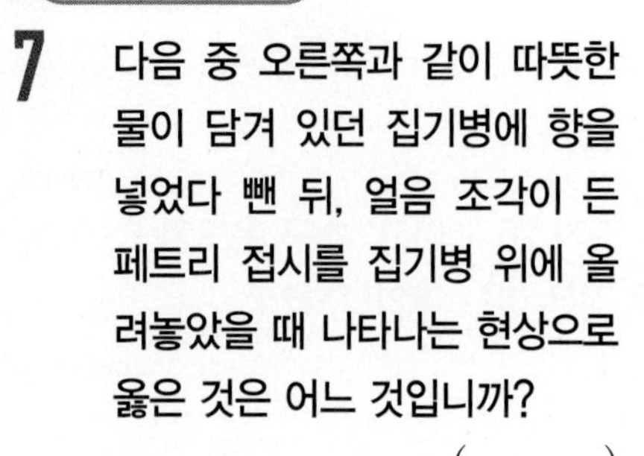

① 집기병이 깨진다.
② 집기병 안이 맑아진다.
③ 집기병의 색깔이 변한다.
④ 집기병 안이 뿌옇게 흐려진다.
⑤ 집기병 안이 검은색 연기로 가득찬다.

김영사, 비상, 아이스크림

8 다음 중 집기병 표면에서 나타나는 현상과 비슷한 자연 현상은 어느 것입니까? (　　　)

집기병 표면에 작은 물방울이 맺힘.

① 비　② 바람　③ 안개
④ 이슬　⑤ 구름

9종 공통

9 다음 중 이슬과 안개를 볼 수 있는 때는 언제입니까? (　　　)

① 맑은 날 오후　② 비 오는 날 밤
③ 비 오는 날 오후　④ 눈 오는 날 저녁
⑤ 맑은 날 이른 아침

9종 공통

10 다음 중 이슬, 안개, 구름의 공통점과 관계있는 것은 어느 것입니까? (　　　)

① 끓음　② 소화　③ 응결
④ 용해　⑤ 증발

9종 공통

11 다음 중 구름 속 작은 물방울이나 얼음 알갱이가 커지고 무거워져서 지표면에 떨어지는 것은 어느 것입니까? (　　　)

① 천둥　② 번개　③ 유성
④ 비, 눈　⑤ 무지개

9종 공통

12 다음 중 구름과 비와 눈이 내리는 과정에 대한 설명으로 옳지 않은 것은 어느 것입니까? (　　　)

① 구름 속에는 작은 물방울, 작은 얼음 알갱이 등이 있다.
② 구름을 이루는 작은 물방울이 무거워져 떨어지면서 얼면 비가 된다.
③ 구름을 이루는 작은 물방울들이 합쳐져 무거워지면 떨어져 비가 된다.
④ 구름을 이루는 얼음 알갱이가 무거워져 아래로 떨어지다 녹으면 비가 된다.
⑤ 구름을 이루는 얼음 알갱이가 무거워져 아래로 떨어지면서 녹지 않으면 눈이 된다.

천재교과서

13 다음 중 기온에 따른 공기의 무게 비교하기 실험을 통해 알게 된 점으로 옳지 않은 것은 어느 것입니까? (　　　)

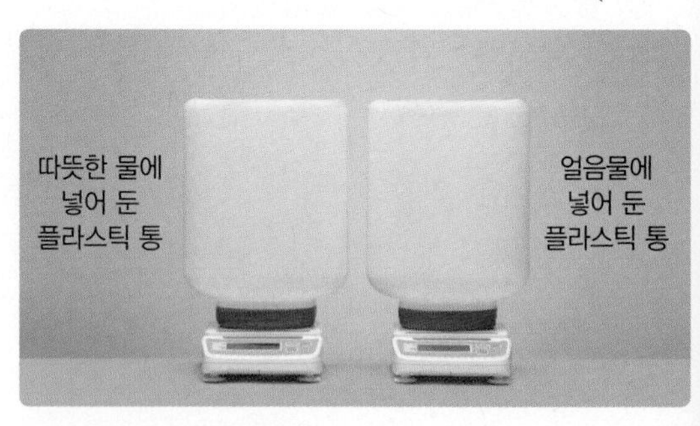

① 공기는 무게가 없다.
② 공기는 눈에 보이지 않지만 무게가 있다.
③ 같은 부피일 때 따뜻한 공기와 차가운 공기는 무게가 다르다.
④ 같은 부피에서 차가운 공기가 따뜻한 공기보다 무겁다.
⑤ 같은 부피에서 차가운 공기가 따뜻한 공기보다 기압이 더 높다.

9종 공통

14 다음 중 공기의 무게로 생기는 힘을 뜻하는 것은 어느 것입니까? (　　　)

① 기온　② 기압　③ 습도
④ 날씨　⑤ 풍향

9종 공통

15 다음 보기에서 기압에 대한 설명으로 옳은 것을 바르게 짝지은 것은 어느 것입니까? (　　　)

보기
㉠ 차가운 공기는 따뜻한 공기보다 기압이 낮습니다.
㉡ 따뜻한 공기는 차가운 공기보다 기압이 높습니다.
㉢ 고기압은 주위보다 상대적으로 기압이 높은 곳입니다.
㉣ 저기압은 주위보다 상대적으로 기압이 낮은 곳입니다.

① ㉠, ㉡　② ㉠, ㉢
③ ㉠, ㉣　④ ㉡, ㉣
⑤ ㉢, ㉣

9종 공통

16 다음에서 설명하는 것은 어느 것입니까? (　　　)

기압 차로 공기가 이동하는 것으로, 두 지점이 기압 차가 생기면 공기는 고기압에서 저기압으로 이동합니다.

① 눈　② 비　③ 천둥
④ 우박　⑤ 바람

천재교육

17 다음 중 바닷가에서 밤에 육지에서 바다로 부는 바람을 뜻하는 것은 어느 것입니까? (　　　)

① 육풍　② 태풍
③ 해풍　④ 남동풍
⑤ 북서풍

천재교육

18 다음 중 바닷가에서 낮에 일어나는 현상으로 옳지 않은 것은 어느 것입니까? (　　　)

① 해풍이 분다.
② 바다에서 육지로 바람이 분다.
③ 밤에 부는 바람의 방향과 반대 방향이다.
④ 육지 위는 저기압, 바다 위는 고기압이다.
⑤ 바다 위의 공기가 육지 위의 공기보다 온도가 높다.

9종 공통

19 다음 중 북서쪽 대륙에서 이동해 오는 공기 덩어리의 성질로 옳은 것은 어느 것입니까? (　　　)

① 덥고 습하다.
② 춥고 건조하다.
③ 따뜻하고 습하다.
④ 선선하고 습하다.
⑤ 따뜻하고 건조하다.

3 단원

9종 공통

20 다음 중 ㉠ 공기 덩어리의 성질로 옳은 것은 어느 것입니까? (　　　)

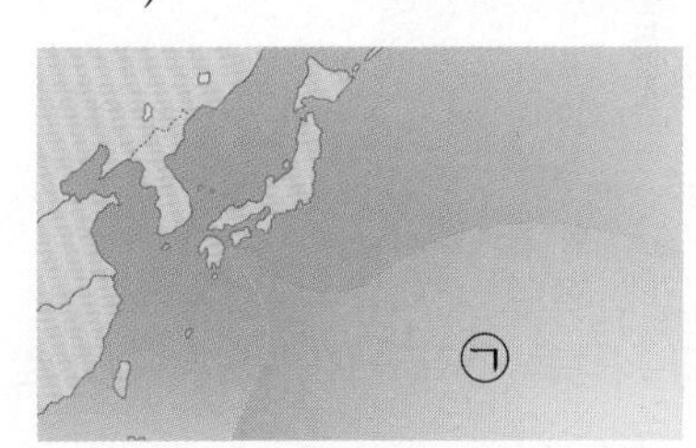

① 차다.
② 차고 습하다.
③ 덥고 습하다.
④ 춥고 건조하다.
⑤ 따뜻하고 건조하다.

· 답안 입력하기　· 온라인 피드백 받기

온라인 개념 강의

4. 물체의 운동(1)

❶ 운동하는 물체

물체가 이동하는 데 걸린 시간과 이동 거리로 나타낸다.

빠르기가 변하는 운동을 하는 물체

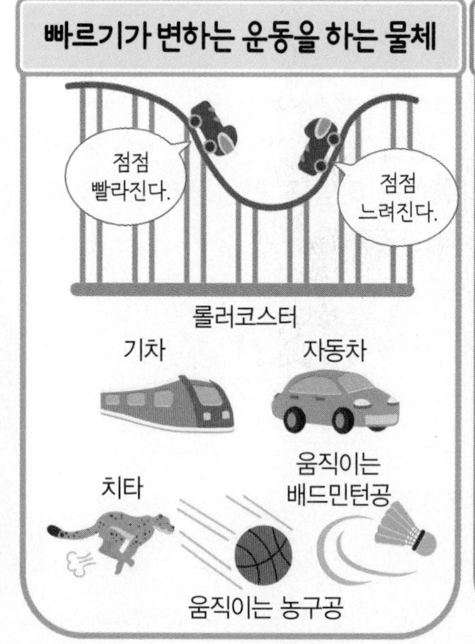

빠르기가 일정한 운동을 하는 물체

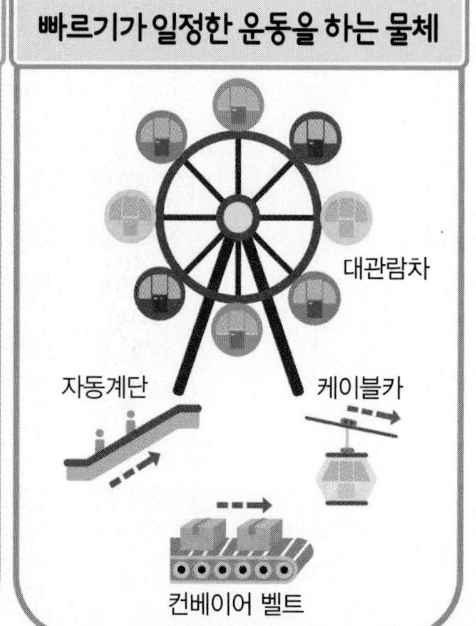

✱ 중요한 내용을 정리해 보세요!

● 물체의 운동을 나타내기 위해 필요한 것 두 가지는?

● 빠르기가 일정한 운동을 하는 물체의 예는?

개념 확인하기

정답 26

다음 문제를 읽고 답을 찾아 □ 안에 ✓표를 하시오.

1 물체의 운동을 나타낼 때 필요한 것으로 옳은 것은 어느 것입니까?

㉠ 물체의 길이와 무게 □

㉡ 물체가 이동하는 데 걸린 시간과 이동 거리 □

2 물체의 운동을 바르게 나타낸 것은 어느 것입니까?

㉠ 축구공이 골대 안으로 이동했다. □

㉡ 배구공이 10초 동안 10 m를 이동했다. □

3 물체의 운동을 바르게 나타낸 것은 어느 것입니까?

㉠ 10초 동안 철봉에 매달린 민지 □

㉡ 10초 동안 2 m를 걸어간 고양이 □

4 빠르기가 변하는 운동을 하는 물체끼리 짝지은 것은 어느 것입니까?

㉠ 기차, 롤러코스터 □

㉡ 컨베이어 벨트, 대관람차 □

5 빠르기가 일정한 운동을 하는 물체끼리 짝지은 것은 어느 것입니까?

㉠ 자동차, 움직이는 농구공 □

㉡ 자동계단, 케이블카 □

개념 강의

물체의 빠르기 비교하기

일정한 거리를 이동할 때

물체가 이동하는 데 걸린 시간으로 비교한다.

일정한 시간 동안 이동할 때

물체가 이동한 거리로 비교한다.

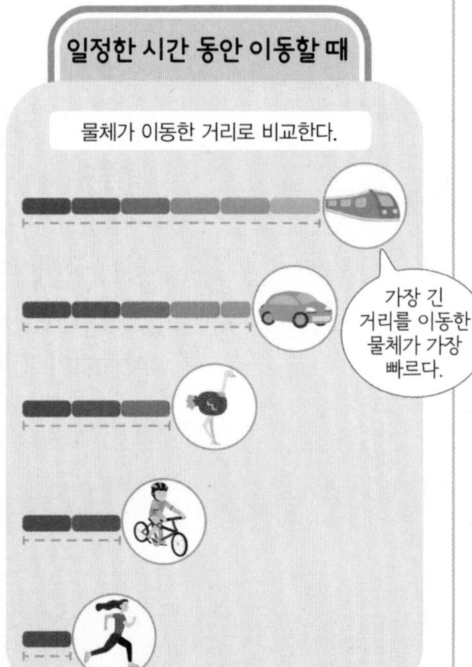

가장 긴 거리를 이동한 물체가 가장 빠르다.

✳중요한 내용을 정리해 보세요!

● 같은 거리를 이동한 물체의 빠르기를 비교하는 방법은?

● 같은 시간 동안 긴 거리를 이동한 물체와 짧은 거리를 이동한 물체 중 더 빠른 물체는?

4 단원

개념 확인하기

정답 26쪽

다음 문제를 읽고 답을 찾아 □ 안에 ✓표를 하시오.

같은 거리를 이동한 물체의 빠르기는 무엇으로 비교합니까?

㉠ 물체가 도착한 위치 □
㉡ 물체가 이동하는 데 걸린 시간 □

다음은 같은 거리를 이동한 두 물체가 각각 이동하는 데 걸린 시간입니다. 더 빠른 물체는 어느 것입니까?

㉠ 5초 □	㉡ 10초 □

3 같은 거리를 이동한 물체의 빠르기를 비교하는 운동 경기는 어느 것입니까?

㉠ 피겨 스케이팅 □
㉡ 스피드 스케이팅 □

4 같은 시간 동안 이동한 물체의 빠르기는 무엇으로 비교합니까?

㉠ 물체가 도착한 위치 □
㉡ 물체가 이동한 거리 □

5 다음은 같은 시간 동안 이동한 물체가 각각 이동한 거리입니다. 더 빠른 물체는 어느 것입니까?

㉠ 10 m □	㉡ 100 m □

1 다음 보기에서 물체의 운동에 대한 설명으로 옳지 않은 것을 골라 기호를 쓰시오.

> 보기
> ㉠ 모든 물체는 운동을 합니다.
> ㉡ 물체가 운동하면 시간이 지남에 따라 물체의 위치가 변합니다.
> ㉢ 물체의 운동을 나타낼 때에는 물체가 이동하는 데 걸린 시간과 이동 거리로 나타냅니다.

( )

2 다음의 학교에서 볼 수 있는 물체 중 운동하는 것은 어느 것입니까? ( )

① 철봉 ② 소나무
③ 고정된 칠판 ④ 축구하는 승윤
⑤ 빈 교실 안의 책상

3 다음 중 혜민이가 집에서 학교까지 운동한 것을 바르게 나타낸 것은 어느 것입니까? ( )

① 혜민이는 500 m를 이동했다.
② 혜민이는 10분 동안 500 m를 이동했다.
③ 혜민이는 5분 동안 걷고, 5분 동안 뛰었다.
④ 혜민이는 횡단보도를 두 개 건너서 학교로 갔다.
⑤ 혜민이는 10분 동안 집에서 학교 쪽으로 이동했다.

4 다음 중 여러 가지 물체의 운동에 대한 설명으로 옳지 않은 것은 어느 것입니까? ( )

① 운동하지 않는 물체도 있다.
② 여러 가지 물체의 빠르기는 서로 비교할 수 있다.
③ 리프트와 움직이는 농구공이 하는 운동은 서로 다르다.
④ 자동길, 케이블카, 기차는 빠르기가 일정한 운동을 하는 물체이다.
⑤ 물체의 움직임이 빠르고 느린 정도를 물체의 빠르기라고 한다.

천재교

5 다음의 놀이 기구를 빠르기가 일정한 운동을 하는 것 빠르기가 변하는 운동을 하는 것으로 바르게 분류 것은 어느 것입니까? ( )

① 회전목마, 대관람차 / 급류 타기, 롤러코스 바이킹, 자이로 드롭
② 대관람차, 바이킹 / 회전목마, 급류 타기, 롤러코스터, 자이로 드롭
③ 바이킹, 회전목마 / 급류 타기, 대관람차, 롤러코스터, 자이로 드롭
④ 대관람차, 자이로 드롭 / 급류 타기, 롤러코스 바이킹, 회전목마
⑤ 급류 타기, 롤러코스터, 회전목마 / 대관람 바이킹, 자이로 드롭

천재교육

6 다음은 종이 자동차 전개도를 이용하여 같은 거리를 이동한 물체의 빠르기를 비교하는 탐구 활동입니다. □ 안에 들어갈 알맞은 말을 쓰시오.

실험 방법	❶ 출발선과 도착선을 표시한 경주로에 종이 자동차를 놓고 자동차 뒤에서 부채로 바람을 일으켜 자동차를 움직이기 ❷ 자동차가 출발선을 출발해 도착선에 들어올 때까지 걸린 시간을 측정해 기록하기
비교 방법	도착선까지 걸린 시간이 가장 짧은 종이 자동차를 찾음.
까닭	도착선에 먼저 도착한 종이 자동차는 나중에 도착한 종이 자동차보다 일정한 거리를 이동하는 데 걸린 시간이 더 □ 때문임.

( )

다음 보기에서 같은 거리를 이동한 물체의 빠르기를 비교할 때에 대한 설명으로 옳은 것을 골라 기호를 쓰시오.

보기
㉠ 물체가 이동하는 데 걸린 시간으로 비교합니다.
㉡ 같은 거리를 이동한 물체의 빠르기는 항상 같습니다.
㉢ 같은 거리를 이동하는 데 긴 시간이 걸린 물체가 짧은 시간이 걸린 물체보다 빠릅니다.

( )

다음 중 일정한 거리를 이동한 물체의 빠르기를 비교하는 방법으로 옳은 것은 어느 것입니까? ( )

① 먼저 출발한 물체가 더 빠르다.
② 긴 거리를 이동한 물체가 더 빠르다.
③ 짧은 거리를 이동한 물체가 더 빠르다.
④ 이동하는 데 긴 시간이 걸린 물체가 더 빠르다.
⑤ 이동하는 데 짧은 시간이 걸린 물체가 더 빠르다.

천재교육, 천재교과서, 금성, 김영사, 동아, 미래엔, 비상, 지학사

9 다음 운동 경기의 공통점으로 옳은 것은 어느 것입니까? ( )

▲ 육상 경기

▲ 수영

▲ 봅슬레이

① 출발 순서를 비교하는 운동 경기이다.
② 이동한 거리를 비교하는 운동 경기이다.
③ 이동하는 데 걸린 시간이 길수록 유리한 운동 경기이다.
④ 일정한 시간 동안 이동한 거리를 비교해 승부를 겨루는 운동 경기이다.
⑤ 일정한 거리를 이동하는 데 걸린 시간을 측정해 빠르기를 비교하는 운동 경기이다.

천재교육, 천재교과서, 김영사

10 다음은 무궁화 꽃이 피었습니다 놀이에서 술래가 구호를 한 번 외치는 동안 친구들이 출발선으로부터 이동한 거리를 나타낸 것입니다. 빠르기가 가장 빠른 친구의 이름을 쓰시오.

이름	이동 거리
경미	88 cm
우리	52 cm
재민	132 cm
현진	150 cm
태하	107 cm
성빈	129 cm

( )

온라인 개념 강의

4. 물체의 운동(2)

❶ 속력과 빠르기

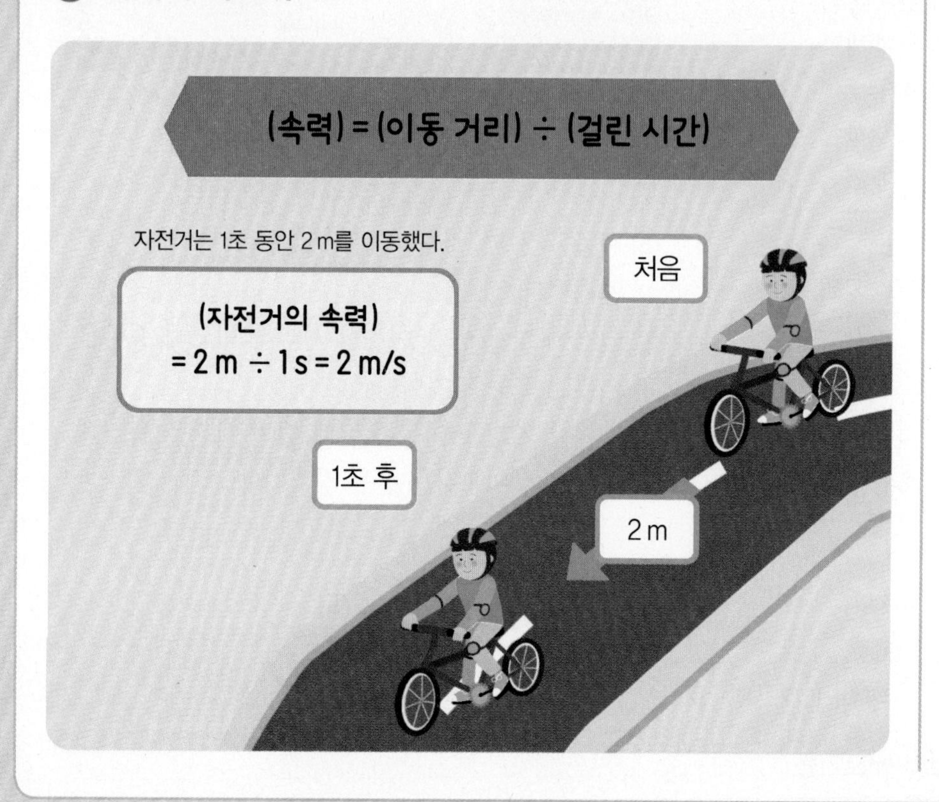
(속력) = (이동 거리) ÷ (걸린 시간)
자전거는 1초 동안 2 m를 이동했다.
(자전거의 속력)
= 2 m ÷ 1 s = 2 m/s
처음
1초 후
2 m

✳ 중요한 내용을 정리해 보세요!

● 속력을 구하는 방법은?

● 속력과 빠르기의 관계는?

개념 확인하기

정답 26

다음 문제를 읽고 답을 찾아 ☐ 안에 ✓표를 하시오.

1 속력의 뜻으로 옳은 것은 무엇입니까?

㉠ 물체가 이동하는 데 걸린 시간 ☐

㉡ 물체가 단위 시간 동안 이동한 거리 ☐

2 속력을 구하는 방법으로 옳은 것은 어느 것입니까?

㉠ 걸린 시간을 이동 거리로 나누기 ☐

㉡ 이동 거리를 걸린 시간으로 나누기 ☐

3 빠르기가 더 빠른 물체는 어느 것입니까?

㉠ 속력이 큰 물체 ☐ ㉡ 속력이 작은 물체 ☐

4 속력을 이용하여 비교할 수 있는 것은 무엇입니까?

㉠ 물체의 크기 ☐ ㉡ 물체의 빠르기 ☐

5 속력이 더 큰 운동을 하는 물체는 어느 것입니까?

㉠ 같은 시간 동안 더 조금 이동한 축구공 ☐

㉡ 같은 시간 동안 더 많이 이동한 야구공 ☐

개념 강의

속력과 교통안전

속력과 안전장치

- 자동차의 속력이 클수록 충돌 시 큰 충격이 가해져 위험하다.
- 자동차와 도로에 교통안전 사고를 막기 위한 안전장치를 설치한다.

교통안전 수칙

- 횡단보도에서 좌우 살피기
- 차가 멈췄는지 확인한 후 손을 들고 횡단보도를 건너기
- 인도에서 버스 기다리기
- 공을 공 주머니에 넣기 등

*중요한 내용을 정리해 보세요!

- 속력이 큰 자동차가 위험한 이유는?
- 도로에서 지켜야 하는 교통안전 수칙은?

4 단원

개념 확인하기

정답 26쪽

다음 문제를 읽고 답을 찾아 ☐ 안에 ✔표를 하시오.

충돌 시 더 큰 충격이 가해져 위험한 자동차는 어느 것입니까?

㉠ 속력이 큰 자동차 ☐
㉡ 속력이 작은 자동차 ☐

달리는 자동차가 다른 물체와 충돌하였을 때 탑승자의 안전을 위해 자동차에 설치된 안전장치는 무엇입니까?

㉠ 안전띠 ☐
㉡ 어린이 보호 구역 표지판 ☐

3 속력과 관련된 안전장치로 옳은 것은 무엇입니까?

㉠ 육교 ☐	㉡ 과속 방지 턱 ☐

4 횡단보도에서 안전하게 행동한 경우는 어느 것입니까?

㉠ 차를 확인하지 않고 친구와 달려서 건너기 ☐
㉡ 초록색 불이 켜진 후 좌우를 살피고 건너기 ☐

5 도로 주변에서 지켜야 하는 수칙으로 옳은 것은 어느 것입니까?

㉠ 생활 수칙 ☐	㉡ 교통안전 수칙 ☐

1 다음 중 속력에 대한 설명으로 옳은 것은 어느 것입니까? (   )

① 5 m/s의 속력보다 4 m/s의 속력이 빠르다.
② 40 km/h는 '초속 사십 킬로미터'라고 읽는다.
③ 10 m/s는 1시간 동안 10 m를 이동한다는 뜻이다.
④ 이동하는 데 걸린 시간을 이동 거리로 나누어 구한다.
⑤ 이동하는 데 걸린 시간과 이동 거리가 모두 달라도 물체의 빠르기를 비교할 수 있다.

2 다음 중 3시간 동안 240 km를 이동한 자동차의 속력에 대한 설명으로 옳은 것을 두 가지 고르시오. (,   )

① 이 자동차의 속력은 80 km/h이다.
② 이 자동차는 1시간 동안 80 km를 이동할 수 있다.
③ 이 자동차의 속력 단위는 '미터 매 시'라고 읽는다.
④ 이 자동차의 속력은 속력이 70 km/h인 지하철보다 작다.
⑤ 이 자동차가 80 km 이동하는 데 걸리는 시간은 알 수 없다.

3 다음은 어느 육상 선수의 경기 기록입니다. 100 m 달리기 경기와 200 m 달리기 경기 중 선수의 속력이 더 큰 경기를 쓰시오.

구분	걸린 시간
100 m 달리기 경기	10초
200 m 달리기 경기	25초

(   )

[4~5] 다음은 기차와 비행기의 속력을 비교하여 나타낸 것입니다. 물음에 답하시오.

기차

비행기

구분	이동 거리(km)	걸린 시간(h)	속력(km/h)
기차	300	2	㉠
비행기	㉡	3	300

4 위의 ㉠, ㉡에 들어갈 알맞은 숫자를 각각 쓰시오.

㉠ (   )
㉡ (   )

5 위에서 기차와 비행기 중 더 빠른 교통수단은 어느 것인지 쓰시오.

(   )

6 현도는 오전 8시에 집을 출발하여 5 km 거리의 학교에 오전 9시에 도착했습니다. 현도의 속력으로 옳은 것은 어느 것입니까? (   )

① 3 m/s
② 3 km/h
③ 5 m/s
④ 5 km/h
⑤ 9 km/h

7 **다음 중 속력이 큰 물체가 위험한 이유로 옳은 것은 무엇입니까? (   )**

① 속력이 클수록 더 무거워서 부딪히면 위험하다.
② 자동차의 속력이 작을수록 충돌 시 더 큰 충격이 가해져 위험하다.
③ 속력이 큰 자동차는 제동 장치를 밟으면 바로 멈출 수 있어 속력이 작은 자동차보다 안전하다.
④ 속력이 작은 자동차는 속력이 큰 자동차보다 충돌 시 보행자나 운전자를 다치게 할 위험이 크다.
⑤ 속력이 큰 자동차가 속력이 작은 자동차보다 다른 물체와 충돌했을 때 더 많이 부서지고 찌그러진다.

천재교육, 천재교과서, 금성, 김영사, 동아, 미래엔, 비상

다음은 도로에 설치된 안전장치와 그 기능에 대한 설명입니다. 다음이 설명하는 안전장치는 무엇인지 쓰시오.

학교 주변 도로에서 자동차의 속력을 제한해 어린이들의 교통 안전사고를 예방하는 기능을 합니다.

(   )

9 **다음은 우리 주변에서 볼 수 있는 속력과 관련된 안전장치의 모습입니다. 각 안전장치와 그 기능을 바르게 짝지은 것은 어느 것입니까? (   )**

㉠ 
과속 방지 턱

㉡ 과속 단속 카메라

㉢ 
에어백

㉣ 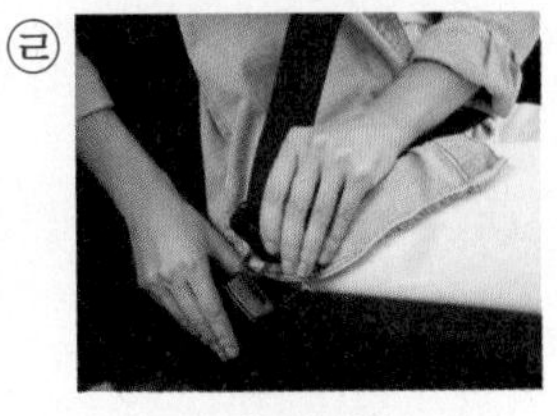
안전띠

① ㉠: 긴급 상황에서 탑승자의 몸을 고정한다.
② ㉡: 원래 주행중이던 차로로 복귀하게 하는 제어 장치이다.
③ ㉢: 충돌 사고에서 탑승자의 몸에 가해지는 충격을 줄여 준다.
④ ㉢: 자동차가 일정한 속력 이상으로 달리지 못하도록 제한하여 사고를 예방한다.
⑤ ㉣: 학교 주변 도로에서 자동차의 속력을 제한해 어린이들의 교통 안전사고를 예방한다.

4 단원

진도 완료 체크

10 **다음 중 도로 주변에서 어린이가 지켜야 할 교통안전 수칙으로 옳지 않은 것은 어느 것입니까? (   )**

① 횡단보도를 건널 때 좌우를 잘 살핀다.
② 도로 주변에서 공은 공 주머니에 넣고 다닌다.
③ 길을 건너기 전에 자동차가 멈췄는지 확인한다.
④ 버스가 버스 정류장에 도착할 때까지 인도에서 기다린다.
⑤ 횡단보도에서 자전거를 탈 때는 차가 없을 때 빠르게 타고 지나간다.

서술형·논술형 평가

정답 27쪽

첨삭 강의

연습 도움말을 참고하여 내 생각을 차근차근 써 보세요.

1 다음은 1초 간격으로 거리의 모습을 나타낸 그림입니다. [총 15점]

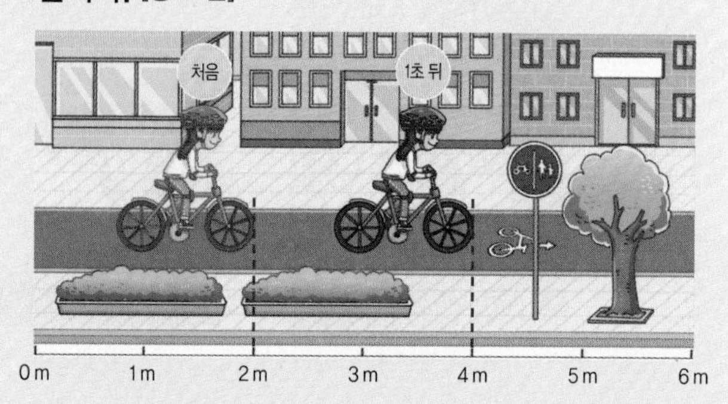

(1) 위의 모습에서 볼 수 있는 것 중 운동한 물체를 찾아 ○표를 하시오. [3점]

화단 / 나무 / 건물 / 자전거 / 도로 표지판

(2) 물체가 운동한다는 것이 무슨 뜻인지 설명하시오. [6점]

운동하는 물체는 어떤 특징이 있는지 생각해 보세요.

꼭 들어가야 할 말 시간 / 위치

(3) 위 (1)번 답의 물체의 운동을 나타내시오. [6점]

2 다음은 수영 경기의 순위와 기록을 나타낸 전광판입니다. [총 12점]

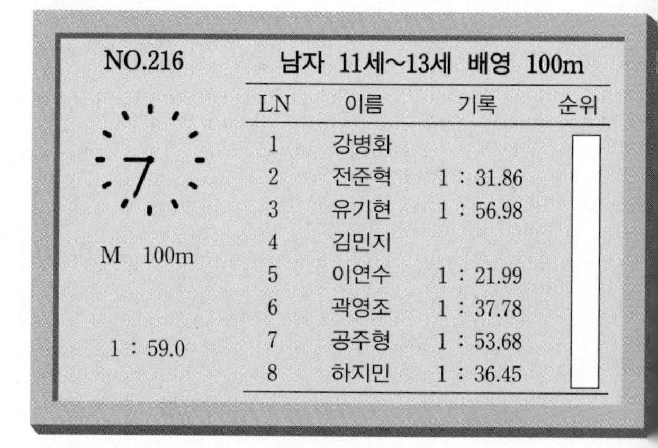

NO.216

7

M 100m

1 : 59.0

남자 11세~13세 배영 100m			
LN	이름	기록	순위
1	강병화		
2	전준혁	1 : 31.86	
3	유기현	1 : 56.98	
4	김민지		
5	이연수	1 : 21.99	
6	곽영조	1 : 37.78	
7	공주형	1 : 53.68	
8	하지민	1 : 36.45	

(1) 위 경기 결과 가장 빠른 선수는 누구인지 쓰시오 [4점

(

(2) 위 (1)번의 답과 같이 생각한 까닭을 쓰시오. [8점

3 다음은 출발선에서 동시에 출발한 토끼와 거북의 1분 후 위치를 나타낸 그림입니다. [총 12점]

(1) 위에서 토끼와 거북 중 더 빠른 것은 무엇인지 쓰시오. [4점]

(

(2) 위의 토끼와 거북의 빠르기 비교 방법과 위 2 문제에서의 빠르기 비교 방법의 차이점을 쓰시오 [8

9종 공통

1 다음 중 시간이 지남에 따라 물체의 위치가 변할 때 무엇이라고 하는지 바르게 나타낸 것은 어느 것입니까? (　　　)

① 물체가 빠르다고 한다.
② 물체가 느리다고 한다.
③ 물체가 변한다고 한다.
④ 물체가 운동한다고 한다.
⑤ 물체는 변하지 않는다고 한다.

9종 공통

2 다음 중 물체의 운동을 나타내는 방법으로 옳은 것은 어느 것입니까? (　　　)

① 위치로 나타낸다.
② 이동 거리로 나타낸다.
③ 이동하는 데 걸린 시간으로 나타낸다.
④ 위치와 이동하는 데 걸린 시간으로 나타낸다.
⑤ 이동하는 데 걸린 시간과 이동 거리로 나타낸다.

9종 공통

3 다음의 횡단보도 근처에서 볼 수 있는 물체 중 운동하고 있는 것은 어느 것입니까? (　　　)

① 신호등　② 가로수
③ 도로 표지판　④ 주차된 자동차
⑤ 뛰어가는 사람

9종 공통

4 다음 중 물체의 빠르기에 대한 설명으로 옳은 것은 어느 것입니까? (　　　)

① 물체의 개수가 많고 적음을 말한다.
② 물체의 크기가 크고 작은 정도를 말한다.
③ 물체의 색깔이 밝고 어두운 정도를 말한다.
④ 물체의 무게가 무겁고 가벼운 정도를 말한다.
⑤ 물체의 움직임이 빠르고 느린 정도를 말한다.

9종 공통

5 다음 중 물체의 운동이 나머지와 다른 하나는 어느 것입니까? (　　　)

①

출발하는 기차

②

달리는 치타

③

움직이는 리프트

④

떠오르는 비행기

⑤

달리는 자동차

9종 공통

6 다음 중 물체의 운동을 바르게 나타낸 것은 어느 것입니까? (　　　)

① 신호등의 초록색 불이 깜빡였다.
② 자전거는 2초 동안 2 m를 이동했다.
③ 자동차는 2초 동안 동쪽으로 움직였다.
④ 아영이는 병원에서 약국까지 걸어갔다.
⑤ 나무는 강한 바람에 어젯밤 내내 흔들렸다.

9종 공통

7 다음 중 보기 에서 같은 거리를 이동한 물체의 빠르기를 비교하는 방법으로 옳은 것끼리 바르게 짝지은 것은 어느 것입니까? (　　　)

> **보기**
> ㉠ 물체가 이동한 거리로 비교합니다.
> ㉡ 물체가 이동하는 데 걸린 시간으로 비교합니다.
> ㉢ 물체가 출발선에서 동시에 출발했다면 도착선에 먼저 도착한 물체가 더 빠릅니다.

① ㉠　② ㉠, ㉡　③ ㉠, ㉢
④ ㉡, ㉢　⑤ ㉠, ㉡, ㉢

4 단원

천재교육, 천재교과서, 금성, 김영사, 비상, 지학사

8 다음 보기 중 100 m 달리기 경기에서 빠른 선수를 정하는 방법으로 옳은 것을 모두 고른 것은 어느 것입니까? (　　　)

보기
㉠ 결승선에 가장 늦게 도착하는 선수가 가장 빠릅니다.
㉡ 결승선까지 이동하는 데 걸린 시간을 측정하여 비교합니다.
㉢ 결승선까지 이동하는 데 가장 긴 시간이 걸린 선수가 가장 빠릅니다.

① ㉠　② ㉡　③ ㉢
④ ㉠, ㉡　⑤ ㉡, ㉢

천재교육, 천재교과서, 금성, 김영사, 비상, 지학사

9 다음 중 50 m 달리기를 할 때 가장 빠르게 달린 친구를 찾는 방법으로 옳은 것은 어느 것입니까? (　　　)

① 이동 거리가 가장 긴 친구를 찾는다.
② 이동 거리가 가장 짧은 친구를 찾는다.
③ 출발선에서 가장 먼저 출발한 친구를 찾는다.
④ 달리는 데 걸린 시간이 가장 긴 친구를 찾는다.
⑤ 달리는 데 걸린 시간이 가장 짧은 친구를 찾는다.

천재교육, 천재교과서, 금성, 김영사, 비상, 지학사

10 다음은 50 m 달리기를 해 각 모둠에서 결승선에 가장 먼저 도착한 친구가 달리는 데 걸린 시간을 기록한 것입니다. 이에 대한 설명으로 옳지 않은 것은 어느 것입니까? (　　　)

모둠	이름	걸린 시간
1	정원	8초 55
2	연희	9초 34
3	경희	8초 43
4	정현	9초 54
5	성은	8초 77
6	정민	9초 12

① 가장 빠르게 달린 친구는 경희이다.
② 가장 느리게 달린 친구는 정현이다.
③ 정원이는 연희보다 더 느리게 달렸다.
④ 성은이는 정민이보다 더 빠르게 달렸다.
⑤ 달리는 데 걸린 시간이 짧은 친구가 긴 친구보다 빠르다.

9종 공통

11 다음 중 같은 시간 동안 이동한 물체의 빠르기를 비교하는 방법을 옳게 말한 친구를 모두 고른 것은 어느 것입니까? (　　　)

준현: 크기가 큰 물체가 가장 빨라.
가희: 같은 시간 동안 이동한 물체의 빠르기는 물체의 길이로 비교해.
현우: 같은 시간 동안 긴 거리를 이동한 물체가 짧은 거리를 이동한 물체보다 빨라.

① 준현　② 가희　③ 현우
④ 준현, 가희　⑤ 준현, 현우

9종 공통

12 다음은 3시간 동안 여러 교통수단이 이동한 거리를 나타낸 그래프입니다. 가장 빠른 교통수단은 어느 것입니까? (　　　)

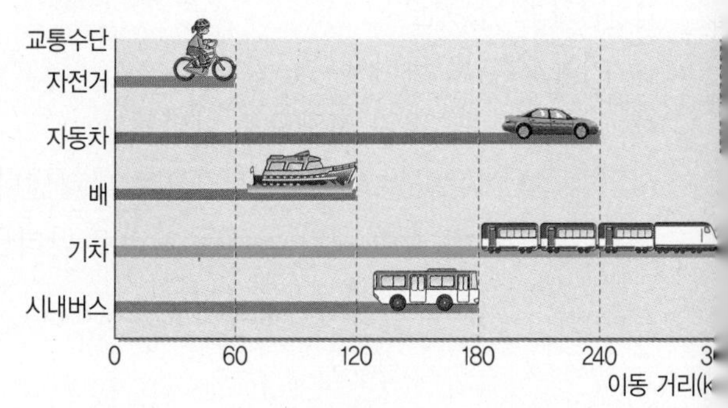

① 자전거　② 자동차　③ 배
④ 기차　⑤ 시내버스

9종 공통

13 다음 보기 에서 같은 시간 동안 이동한 물체의 빠르기를 비교하는 방법으로 옳은 것을 모두 고른 것은 어느 것입니까? (　　　)

보기
㉠ 물체가 이동한 거리로 물체의 빠르기를 비교합니다.
㉡ 물체가 이동한 시간으로 물체의 빠르기를 비교합니다.
㉢ 같은 시간 동안 긴 거리를 이동한 물체가 짧은 거리를 이동한 물체보다 더 느립니다.

① ㉠　② ㉡　③ ㉢
④ ㉠, ㉡　⑤ ㉡, ㉢

9종 공통

14 다음 중 보기 에서 속력을 구하기 위해 반드시 필요한 것을 옳게 짝지은 것은 어느 것입니까? (　　　)

보기
㉠ 이동 거리　　㉡ 걸린 시간
㉢ 도착 위치　　㉣ 현재 위치

① ㉠, ㉡　② ㉠, ㉢　③ ㉠, ㉣
④ ㉡, ㉢　⑤ ㉢, ㉣

천재교과서

15 다음은 10초 동안 이동한 거북, 말, 타조, 치타의 이동 거리입니다. 네 동물의 속력에 대해 옳게 설명한 것은 어느 것입니까? (　　　)

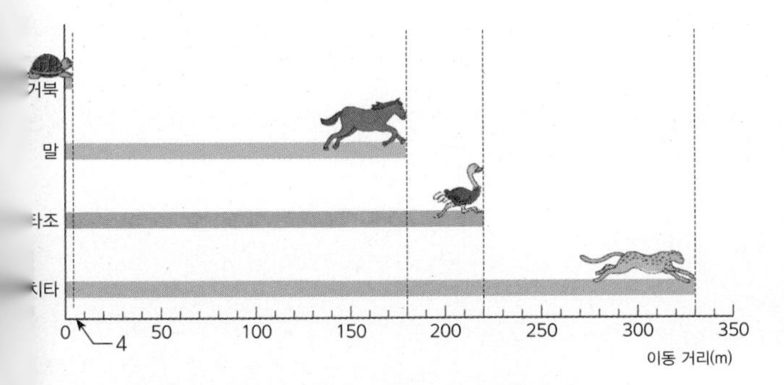

① 거북은 1초 동안 4 m를 이동한다.
② 말의 속력은 십오 미터 매 초이다.
③ 타조의 속력은 시속 이십이 미터이다.
④ 치타의 속력은 삼십삼 미터 매 초이다.
⑤ 치타의 속력이 가장 작고 거북의 속력이 가장 크다.

9종 공통

16 다음 중 3시간 동안 150 km를 이동한 배의 속력으로 옳은 것은 어느 것입니까? (　　　)

① 40 km/h　② 50 km/h　③ 60 km/h
④ 70 km/h　⑤ 150 km/h

9종 공통

17 오후 1시에 집에서 출발한 윤진이는 오후 2시에 집에서 3 km 떨어진 공원에 도착했습니다. 윤진이의 속력으로 옳은 것은 어느 것입니까? (　　　)

① 1 km/h　② 2 km/h　③ 3 km/h
④ 4 km/h　⑤ 5 km/h

9종 공통

18 다음 중 속력과 관련된 안전장치로 옳지 않은 것은 어느 것입니까? (　　　)

① 에어백
② 자동계단
③ 과속 방지 턱
④ 과속 단속 카메라
⑤ 어린이 보호 구역 표지판

9종 공통

19 다음 중 오른쪽과 같이 자동차에 설치된 속력과 관련된 안전 장치의 이름은 어느 것입니까? (　　　)

① 자동길　② 에어백
③ 안전띠　④ 횡단보도
⑤ 과속 방지 턱

천재교과서

20 다음에서 교통안전 수칙에 맞게 행동하지 않는 친구를 옳게 짝지은 것은 어느 것입니까? (　　　)

① 아린, 아름　② 아름, 채영
③ 채영, 민수　④ 민수, 종호
⑤ 종호, 아린

4 단원
진도 완료 체크

· 답안 입력하기　· 온라인 피드백 받기

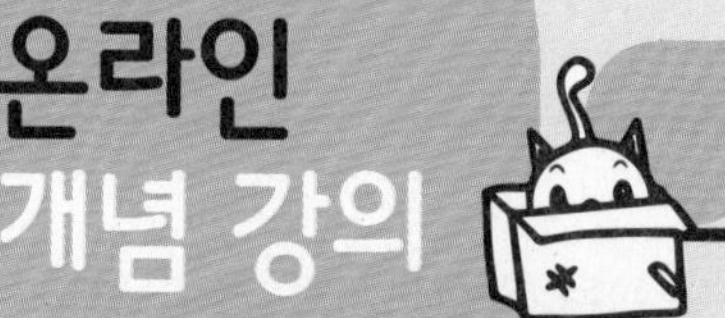

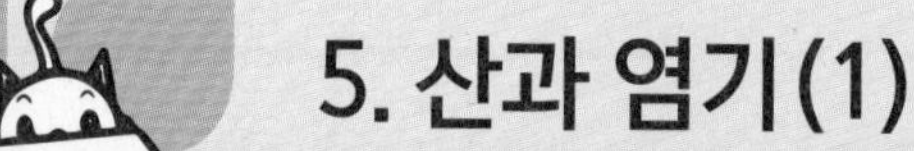

❶ 용액의 분류

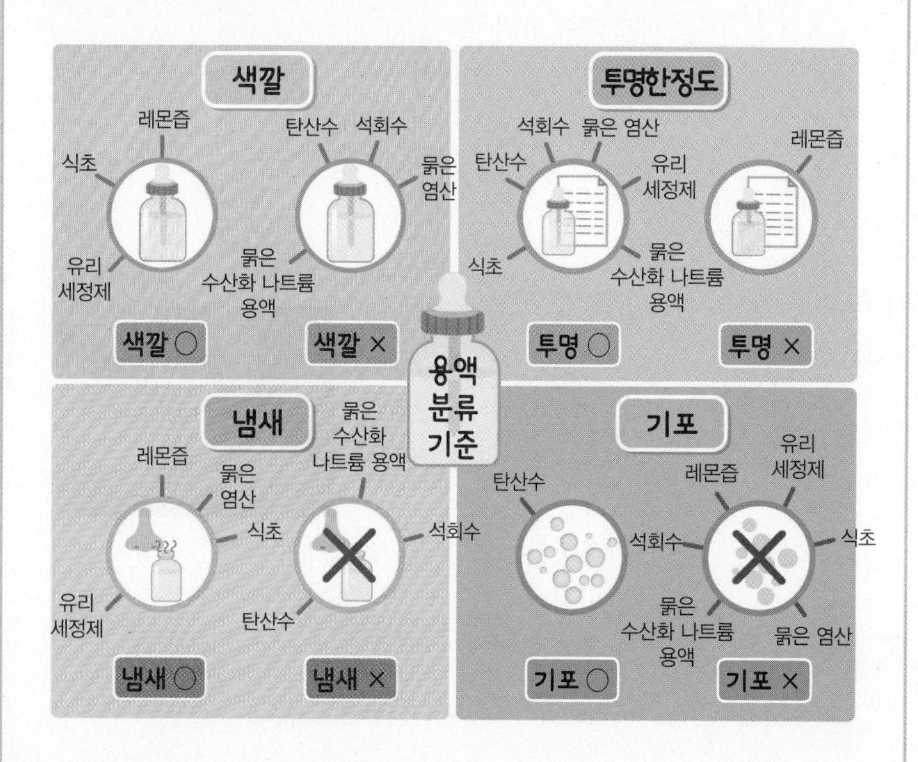

✳ 중요한 내용을 정리해 보세요!

● 석회수와 탄산수의 공통점은?

● 용액을 분류할 수 있는 기준은?

개념 확인하기

정답 2

다음 문제를 읽고 답을 찾아 ☐ 안에 ✔표를 하시오.

1 색깔이 없고 냄새가 나는 용액은 어느 것입니까?

㉠ 식초 ☐	㉡ 묽은 염산 ☐

2 투명하고 기포가 있는 용액은 어느 것입니까?

㉠ 석회수 ☐	㉡ 탄산수 ☐

3 용액의 분류 기준으로 적당한 것은 어느 것입니까?

㉠ 맛있는가? ☐

㉡ 냄새가 나는가? ☐

4 용액을 '색깔이 있는가?'로 분류할 때, 속하는 무리가 나머지와 다른 하나는 어느 것입니까?

㉠ 식초 ☐	㉡ 레몬즙 ☐
㉢ 탄산수 ☐	㉣ 유리 세정제 ☐

5 용액을 '투명한가?'로 분류할 때, 속하는 무리가 나머지와 다른 하나는 어느 것입니까?

㉠ 식초 ☐	㉡ 레몬즙 ☐
㉢ 석회수 ☐	㉣ 유리 세정제 ☐

산성 용액과 염기성 용액

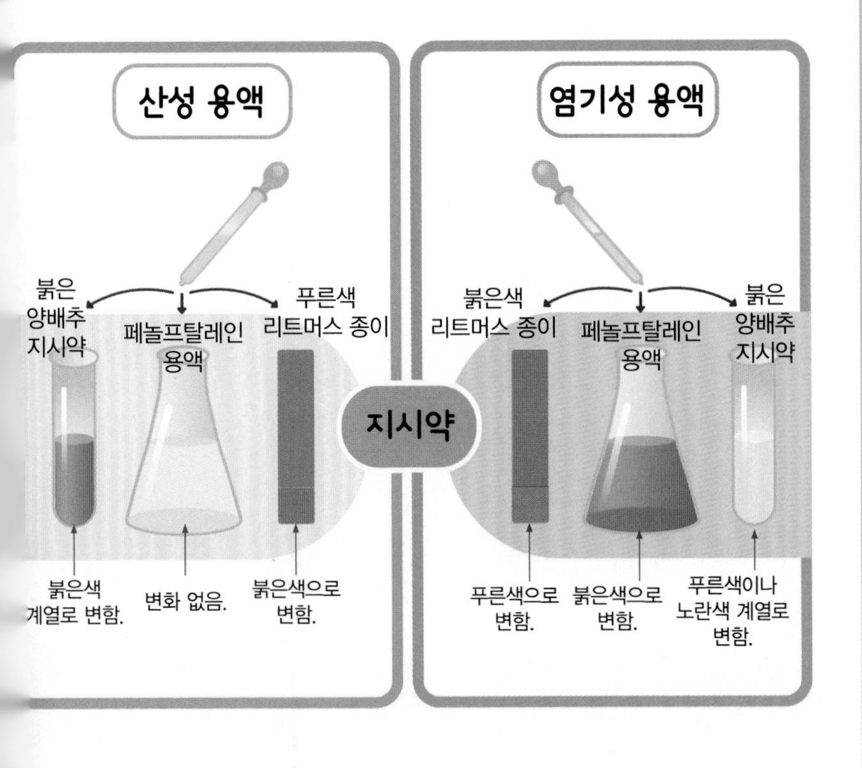

*중요한 내용을 정리해 보세요!

- 산성 용액과 염기성 용액에서 리트머스 종이의 색깔 변화는?
- 산성 용액과 염기성 용액에서 페놀프탈레인 용액의 색깔 변화는?
- 산성 용액과 염기성 용액에서 붉은 양배추 지시약의 색깔 변화는?

개념 확인하기

정답 29쪽

다음 문제를 읽고 답을 찾아 □ 안에 ✔표를 하시오.

어떤 용액에 닿았을 때 그 용액의 성질에 따라 색깔의 변화가 나타나는 물질을 무엇이라고 합니까?

㉠ 지시약 □	㉡ 제산제 □
㉢ 구연산 □	㉣ 제빵 소다 □

붉은색 리트머스 종이를 푸른색으로 변하게 하는 용액은 어느 것입니까?

㉠ 산성 용액 □	㉡ 염기성 용액 □

3 푸른색 리트머스 종이를 붉은색으로 변하게 하는 용액은 어느 것입니까?

㉠ 산성 용액 □	㉡ 염기성 용액 □

4 페놀프탈레인 용액을 붉은색으로 변하게 하는 용액은 어느 것입니까?

㉠ 산성 용액 □	㉡ 염기성 용액 □

5 산성 용액에서 붉은 양배추 지시약은 어떻게 됩니까?

㉠ 붉은색 계열로 변한다. □

㉡ 푸른색이나 노란색 계열로 변한다. □

5 단원

천재교과서, 금성, 김영사, 동아, 미래엔

1 다음 용액들의 공통점으로 옳은 것은 어느 것입니까? ( )

묽은 염산, 묽은 수산화 나트륨 용액, 석회수

① 기포가 있다.
② 색깔이 없다.
③ 냄새가 난다.
④ 투명하지 않다.
⑤ 흔들었을 때 생긴 거품이 유지된다.

2 다음은 여러 가지 용액을 분류하는 방법입니다. □ 안에 들어갈 알맞은 말을 쓰시오.

용액의 성질을 관찰한 뒤 분류 □을/를 세워 용액을 분류합니다.

( )

미래엔

3 다음은 여러 가지 용액을 '흔들었을 때 5초 이상 거품이 유지되는가?'라는 분류 기준으로 분류한 결과입니다. ㉠, ㉡에 들어갈 알맞은 용액을 각각 쓰시오.

식초, 레몬즙, 유리 세정제, 사이다, 빨랫비누 물, 석회수

그렇다.	그렇지 않다.
유리 세정제, ㉠	식초, 레몬즙, 사이다, ㉡

㉠ ( )
㉡ ( )

김영사, 동아, 미래엔

4 여러 가지 용액을 다음과 같이 분류하였을 때 분류 기준으로 가장 적당한 것은 어느 것입니까? ( )

식초, 레몬즙, 사이다, 유리 세정제, 빨랫비누 물	석회수, 묽은 수산화 나트륨 용액

① 투명한가?
② 짠맛이 나는가?
③ 색깔이 있는가?
④ 냄새가 나는가?
⑤ 신맛이 나는가?

천재교

5 다음 용액 중 푸른색 리트머스 종이에 떨어뜨렸을 때 나머지와 다른 결과가 나오는 것은 어느 것입니까? ( )

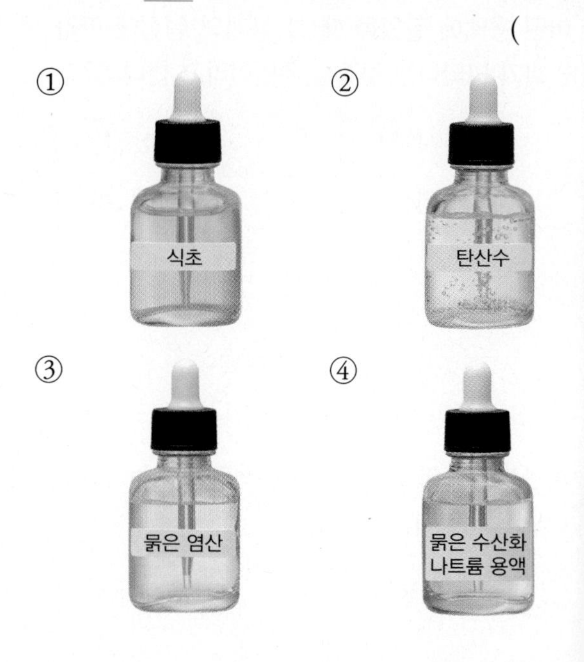

비상

6 다음은 BTB 용액을 여러 가지 용액에 떨어뜨렸을 때, BTB 용액의 색깔 변화에 따라 용액을 분류한 것입니다. 이 중 BTB 용액을 노란색으로 변하게 하는 것을 골라 기호를 쓰시오.

㉠	㉡
식초, 레몬즙, 묽은 염산	유리 세정제, 묽은 수산화 나트륨 용액

( )

~8] 다음의 여러 가지 용액에 페놀프탈레인 용액을 떨어
려 보았습니다. 물음에 답하시오.

㉠ 묽은 염산
㉡ 석회수
㉢ 레몬즙
㉣ 유리 세정제

김영사, 동아, 미래엔

위 용액 중 페놀프탈레인 용액을 붉은색으로 변하게 하는 용액끼리 바르게 짝지은 것은 어느 것입니까?

( )

① ㉠, ㉡ ② ㉠, ㉢
③ ㉡, ㉢ ④ ㉡, ㉣
⑤ ㉢, ㉣

김영사, 동아, 미래엔

8 앞의 7번 답에 해당하는 용액에 붉은 양배추 지시약을 떨어뜨렸을 때의 결과로 옳은 것에 ○표를 하시오.

(1) 아무런 변화가 없습니다. ( )
(2) 붉은색 계열로 변합니다. ( )
(3) 푸른색이나 노란색 계열로 변합니다. ( )

김영사, 동아

9 다음과 같은 성질을 가지고 있는 용액을 두 가지 고르시오.

(,)

- 푸른색 리트머스 종이를 붉은색으로 변하게 합니다.
- 붉은 양배추 지시약을 붉은색 계열로 변하게 합니다.
- 붉은색 리트머스 종이와 페놀프탈레인 용액은 색깔이 변하지 않습니다.

① 식초 ② 레몬즙
③ 빨랫비누 물 ④ 유리 세정제
⑤ 묽은 수산화 나트륨 용액

5 단원

천재교육, 천재교과서, 금성, 김영사, 동아, 미래엔, 아이스크림, 지학사

10 다음 설명이 산성 용액에 대한 것이면 '산성', 염기성 용액에 대한 것이면 '염기성'이라고 쓰시오.

(1) 푸른색 리트머스 종이를 붉은색으로 변하게 합니다.
( )

(2) 페놀프탈레인 용액을 붉은색으로 변하게 합니다.
( )

(3) 붉은 양배추 지시약을 푸른색이나 노란색 계열의 색깔로 변하게 합니다. ( )

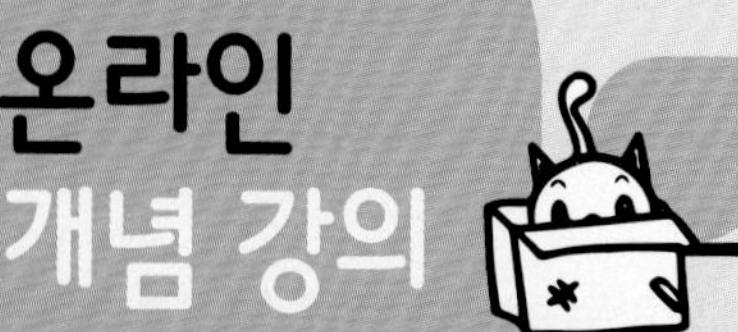

5. 산과 염기(2)

❶ 산성 용액과 염기성 용액에 의한 물질의 변화

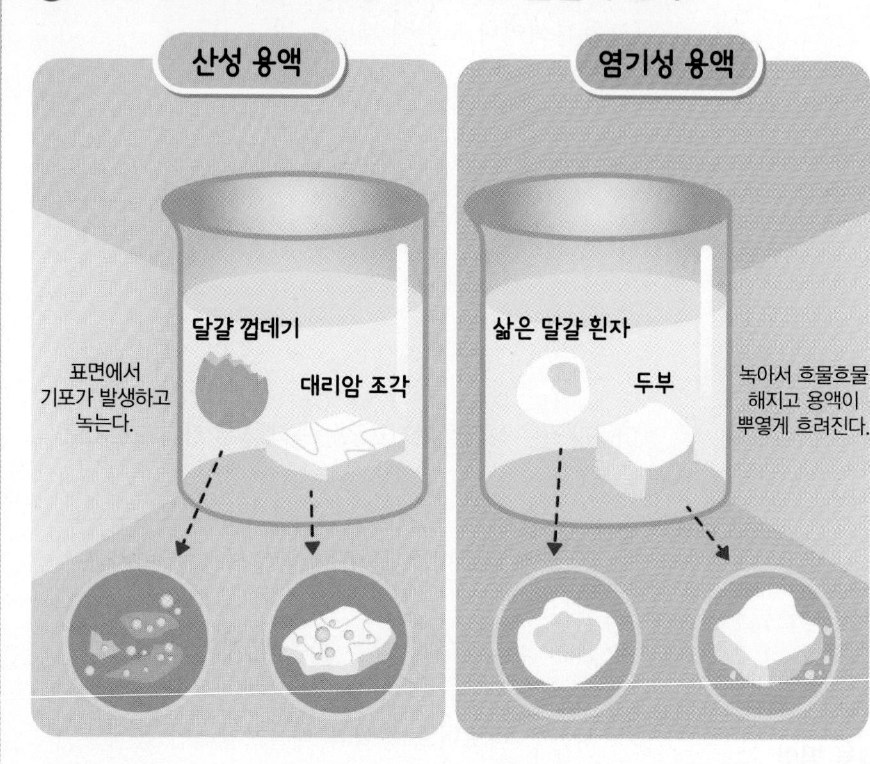

✳ 중요한 내용을 정리해 보세요!

● 산성 용액에 녹는 물질은?

● 염기성 용액에 녹는 물질은?

개념 확인하기

정답 29

다음 문제를 읽고 답을 찾아 ☐ 안에 ✔표를 하시오.

1 묽은 염산에 달걀 껍데기를 넣으면 달걀 껍데기는 어떻게 됩니까?

㉠ 커진다. ☐
㉡ 기포가 발생한다. ☐
㉢ 아무런 변화가 없다. ☐

2 묽은 염산에 녹는 물질은 어느 것입니까?

㉠ 두부 ☐ ㉡ 대리암 조각 ☐

3 묽은 수산화 나트륨 용액에 두부를 넣으면 두부는 어떻게 됩니까?

㉠ 흐물흐물해진다. ☐
㉡ 검은색으로 변한다. ☐
㉢ 아무런 변화가 없다. ☐

4 산성 용액에 녹는 물질은 어느 것입니까?

㉠ 달걀 껍데기 ☐ ㉡ 삶은 달걀 흰자 ☐

5 염기성 용액에 녹는 물질은 어느 것입니까?

㉠ 두부 ☐ ㉡ 대리암 조각 ☐

개념 강의

산성 용액과 염기성 용액을 섞을 때의 변화

염기성 용액

산성 용액

산성이 약해진다.

염기성이 약해진다.

산성 용액 + 붉은 양배추 지시약

염기성 용액 + 붉은 양배추 지시약

*중요한 내용을 정리해 보세요!

- 산성 용액에 염기성 용액을 넣을 때 산성 용액의 성질의 변화는?
- 염기성 용액에 산성 용액을 넣을 때 염기성 용액의 성질의 변화는?

개념 확인하기

정답 29쪽

다음 문제를 읽고 답을 찾아 □ 안에 ✔표를 하시오.

붉은 양배추 지시약을 떨어뜨린 묽은 염산에 묽은 수산화 나트륨 용액을 넣을수록 붉은 양배추 지시약의 색깔은 어떤 색깔로 변합니까?

㉠ 붉은색 계열 □	㉡ 노란색 계열 □

붉은 양배추 지시약을 떨어뜨린 묽은 수산화 나트륨 용액에 묽은 염산을 넣을수록 붉은 양배추 지시약의 색깔은 어떤 색깔로 변합니까?

㉠ 붉은색 계열 □	㉡ 노란색 계열 □

3 붉은 양배추 지시약을 떨어뜨린 산성 용액에 염기성 용액을 넣을수록 붉은 양배추 지시약의 색깔은 어떤 색깔로 변합니까?

㉠ 붉은색 계열 □	㉡ 노란색 계열 □

4 산성 용액에 염기성 용액을 넣을수록 산성은 어떻게 됩니까?

㉠ 강해진다. □	㉡ 약해진다. □

5 염기성 용액에 산성 용액을 넣을수록 염기성은 어떻게 됩니까?

㉠ 강해진다. □	㉡ 약해진다. □

5 단원

천재교육, 금성, 동아, 미래엔

1 다음 중 묽은 염산에 물질을 넣은 경우를 두 가지 고르시오. (　　　,　　　)

①

기포가 발생하고 크기가 작아짐.

②

흐물흐물해짐.

③
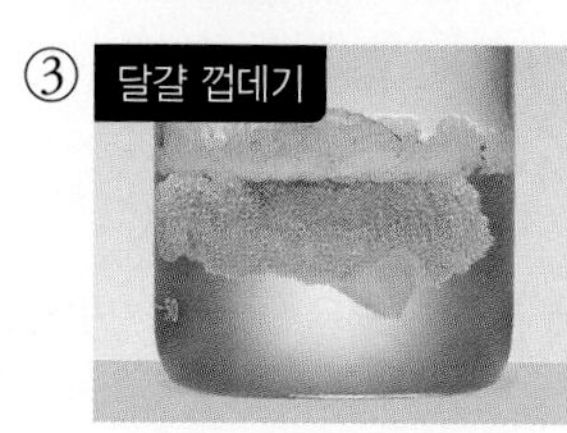

기포가 발생하고 크기가 작아짐.

④
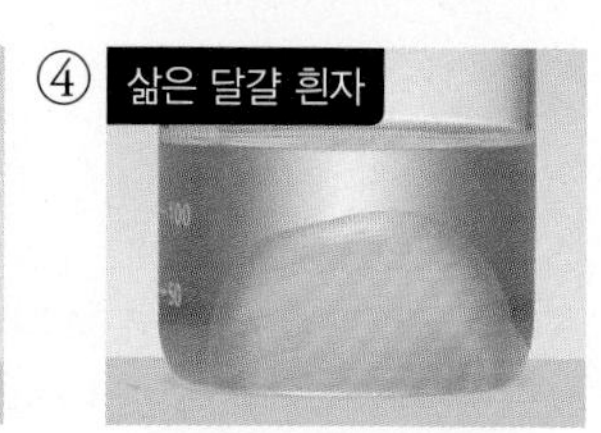

흐물흐물해짐.

천재교과서

2 다음의 두 물질을 묽은 수산화 나트륨 용액에 넣었을 때의 결과로 옳은 것은 어느 것입니까? (　　　)

㉠

삶은 닭 가슴살

㉡

메추리알 껍데기

① 모두 흐물흐물해진다.
② ㉡만 흐물흐물해진다.
③ ㉡만 기포가 발생한다.
④ 모두 아무런 변화가 없다.
⑤ ㉠만 용액이 뿌옇게 흐려진다.

김영사

3 다음 보기 의 물질을 산성 용액과 염기성 용액에 각각 넣었을 때, 녹는 물질을 각각 골라 기호를 쓰시오.

보기
㉠ 두부　　㉡ 조개껍데기
㉢ 메추리알 껍데기　　㉣ 삶은 메추리알 흰자

(1) 산성 용액: (　　　　　)
(2) 염기성 용액: (　　　　　)

4 다음은 대리암으로 만들어진 문화재가 오랜 세월 동안 비를 맞으면 훼손되는 까닭입니다. (　　) 안의 알맞은 말에 ○표를 하시오.

빗물이 (산성 / 염기성)이어서 대리암을 녹이기 때문입니다.

천재교육, 천재교과서, 동아, 아이스크림, 지

5 다음 중 페놀프탈레인 용액을 떨어뜨린 묽은 수산화 나트륨 용액에 묽은 염산을 계속 넣을 때, 페놀프탈레인 용액의 색깔 변화로 옳은 것은 어느 것입니까?
(　　　)

① 무색에서 푸른색으로 변한다.
② 무색에서 붉은색으로 변한다.
③ 붉은색에서 무색으로 변한다.
④ 붉은색에서 노란색으로 변한다.
⑤ 붉은색에서 푸른색으로 변한다.

[6~7] 다음은 삼각 플라스크에 묽은 염산과 붉은 양배추 지시약을 넣은 다음, 묽은 수산화 나트륨 용액의 양을 각각 다르게 하여 넣은 모습입니다. 물음에 답하시오.

㉠ 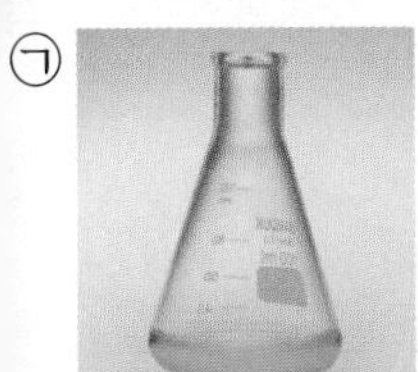

붉은색으로 변함.

㉡  

보라색으로 변함.

㉢ 

청록색으로 변함.

금성, 김영사, 동아, 아이스크림

6 위 실험에서 묽은 수산화 나트륨 용액을 가장 많이 넣은 것과 가장 적게 넣은 것을 각각 골라 기호를 쓰시오.

가장 많이 넣은 것	(1)
가장 적게 넣은 것	(2)

금성, 김영사, 동아, 아이스크림

7 다음은 위 실험을 통해 알 수 있는 점입니다. ㉠과 ㉡에 들어갈 알맞은 말을 각각 쓰시오.

> 산성 용액에 염기성 용액을 넣을수록 산성이 점점 [㉠]지다가 [㉡](으)로 변합니다.

㉠ (   )

㉡ (   )

천재교과서

8 다음은 제빵 소다와 구연산을 각각 물에 녹인 용액을 리트머스에 묻혔을 때의 결과입니다. 제빵 소다 용액에 해당하는 것을 골라 기호를 쓰시오.

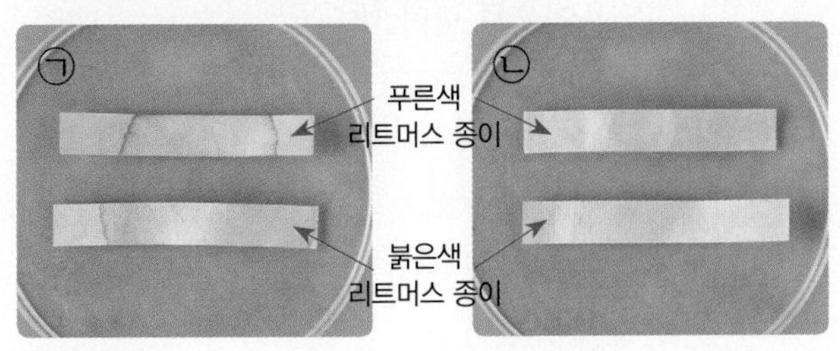

㉠ 붉은색 리트머스 종이가 푸른색으로 변함.

㉡ 푸른색 리트머스 종이가 붉은색으로 변함.

(   )

9 다음과 같이 생선을 손질한 도마를 닦을 때 사용하는 용액은 어느 것입니까? (   )

① 식초
② 치약
③ 제산제
④ 표백제
⑤ 제빵 소다

천재교과서

10 다음은 우리 생활에서 산성 용액과 염기성 용액을 이용하는 예입니다. 각 용액의 성질을 줄로 바르게 이으시오.

(1) 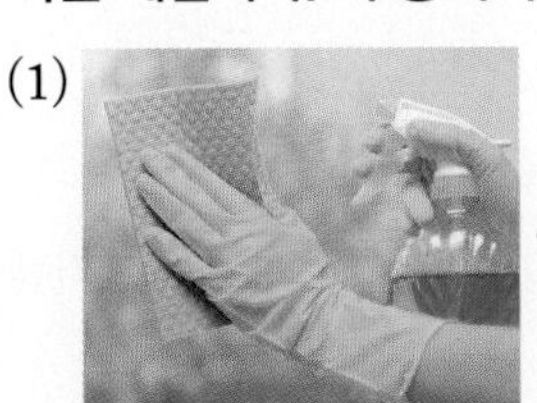 

유리 세정제

(2)

변기용 세제

(3) 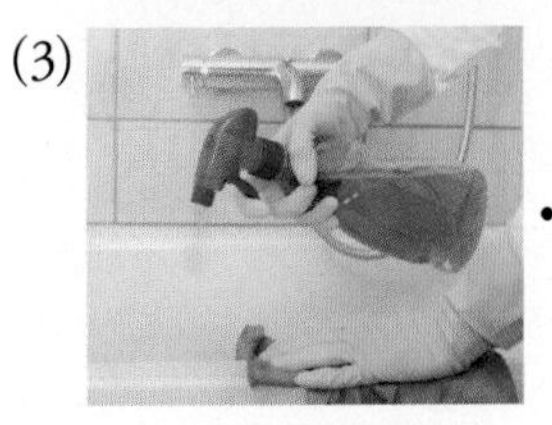

욕실용 세제

• ㉠ 산성 용액

• ㉡ 염기성 용액

5 단원

진도 완료 체크

연습 도움말을 참고하여 내 생각을 차근차근 써 보세요.

김영사, 동아, 미래엔

1 **다음의 여러 가지 용액을 관찰하고 분류하였습니다.** [총 10점]

(1) 위의 용액 중 다음과 같은 특징을 나타내는 용액을 쓰시오. [2점]

하얀색이고 불투명하며, 냄새가 납니다.

( )

(2) 위의 용액에서 색깔이 없고 투명한 용액을 모두 쓰시오. [2점]

( )

(3) 위 용액을 다음과 같이 분류할 때 분류 기준을 한 가지 쓰시오. [6점]

식초, 레몬즙, 사이다, 석회수, 묽은 염산, 묽은 수산화 나트륨 용액	유리 세정제, 빨랫비누 물

분류된 용액끼리의 공통점과 차이점을 생각해 보세요.

꼭 들어가야 할 말 흔들다 / 거품 / 3초 이상 유지

천재교육, 천재교과서, 금성, 김영사, 동아, 미래엔, 아이스크림, 지학사

2 **오른쪽은 어떤 용액에 리트머스 종이를 적신 결과입니다.** [총 10점]

붉은색 리트머스 종이가 푸른색으로 변함.

(1) 위 실험에서 리트머스 종이를 적신 용액이 산성인지, 염기성인지 쓰시오. [4점]

( )

(2) 위 실험에서 리트머스 종이를 적신 용액에 페놀프탈레인 용액을 떨어뜨렸을 때의 결과를 쓰시오. [6점]

김영사, 동아, 비

3 **다음은 우리 생활에서 산성 용액과 염기성 용액을 이용하는 예에 대해 친구들이 나눈 대화입니다. 옳지 않은 내용을 말한 친구의 이름을 쓰고, 바르게 고쳐 쓰시오.** [총 12점]

소예: 속이 쓰릴 때 제산제를 먹어요.
정민: 변기를 청소할 때에는 변기용 세제를 사용해요.
주호: 생선을 손질한 후 도마를 묽은 수산화 나트륨 용액으로 닦아 내요.

(1) 옳지 않은 내용을 말한 친구 [4점]

( )

(2) 바르게 고치기 [8점]

천재교육, 김영사, 동아, 미래엔

1 다음에서 설명하는 용액으로 가장 적당한 것은 어느 것입니까? (   )

- 냄새가 납니다.
- 연한 푸른색이며 투명합니다.
- 흔들었을 때 거품이 유지됩니다.

① 식초 ② 레몬즙
③ 사이다 ④ 유리 세정제
⑤ 묽은 수산화 나트륨 용액

천재교육, 김영사, 동아, 미래엔

2 다음 중 투명하지 않고 냄새가 나는 용액끼리 바르게 짝지은 것은 어느 것입니까? (   )

① 식초, 석회수
② 레몬즙, 유리 세정제
③ 레몬즙, 빨랫비누 물
④ 사이다, 빨랫비누 물
⑤ 묽은 염산, 묽은 수산화 나트륨 용액

김영사, 동아, 미래엔

3 다음 중 용액을 아래와 같이 분류할 때 ㉠에 들어갈 용액은 어느 것입니까? (   )

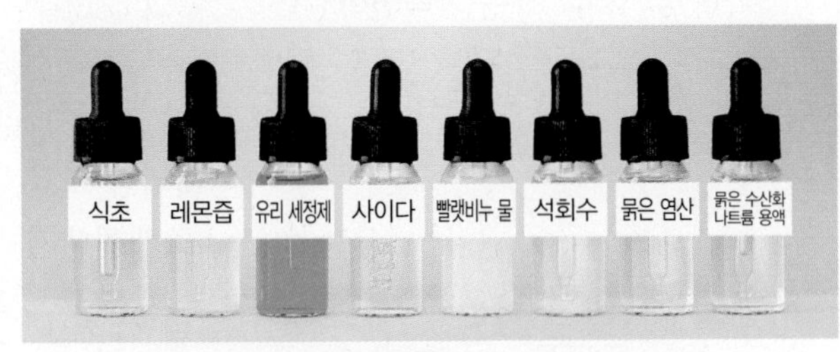

분류 기준: 색깔이 있는가?
그렇다. → ( )
그렇지 않다. → ㉠

① 식초 ② 레몬즙
③ 유리 세정제 ④ 사이다
⑤ 빨랫비누 물

천재교육, 김영사, 동아, 미래엔

4 다음 중 푸른색 리트머스 종이를 용액에 적셨을 때 나타나는 색깔 변화가 나머지와 다른 하나는 어느 것입니까? (   )

① 식초 ② 레몬즙
③ 사이다 ④ 묽은 염산
⑤ 유리 세정제

김영사, 동아, 미래엔

5 다음 중 페놀프탈레인 용액을 넣었을 때 색깔이 변하지 않은 용액은 어느 것입니까? (   )

① 석회수 ② 사이다
③ 유리 세정제 ④ 빨랫비누 물
⑤ 묽은 수산화 나트륨 용액

비상

6 다음 보기에서 BTB 용액을 파란색으로 변하게 하는 용액끼리 바르게 짝지은 것은 어느 것입니까? (   )

보기
㉠ 식초 ㉡ 레몬즙
㉢ 빨랫비누 물 ㉣ 묽은 수산화 나트륨 용액

① ㉠, ㉡ ② ㉠, ㉢ ③ ㉠, ㉣
④ ㉡, ㉣ ⑤ ㉢, ㉣

천재교육, 천재교과서, 금성, 김영사, 동아, 미래엔, 아이스크림, 지학사

7 다음은 염기성 용액에 대한 설명입니다. □ 안에 들어갈 알맞은 색깔을 순서대로 바르게 나타낸 것은 어느 것입니까? (   )

붉은색 리트머스 종이를 □으로 변하게 하고, 페놀프탈레인 용액을 □으로 변하게 합니다.

① 무색, 무색 ② 무색, 붉은색
③ 푸른색, 무색 ④ 푸른색, 붉은색
⑤ 푸른색, 노란색

천재교육, 김영사, 동아

8 다음 중 붉은 양배추 지시약을 떨어뜨렸을 때, 색깔의 변화가 나머지와 다른 하나는 어느 것입니까? (　　　)

① 식초　② 사이다
③ 레몬즙　④ 묽은 염산
⑤ 유리 세정제

9종 공통

9 다음 중 붉은 양배추 지시약에 대한 설명으로 옳지 않은 것은 어느 것입니까? (　　　)

① 산성 용액에서는 붉은색 계열로 변한다.
② 붉은 양배추를 뜨거운 물에 넣어서 만든다.
③ 용액의 성질에 따라 색깔이 다르게 나타난다.
④ 염기성 용액에서는 푸른색이나 노란색 계열로 변한다.
⑤ 붉은색 리트머스 종이를 푸른색으로 변하게 하는 용액에서는 붉은색 계열로 변한다.

금성

10 다음 중 산성 용액이 아닌 것은 어느 것입니까? (　　　)

① 식초　② 사이다
③ 석회수　④ 요구르트
⑤ 묽은 염산

천재교육, 금성, 김영사, 동아, 미래엔, 비상

11 오른쪽과 같이 달걀 껍데기를 넣었을 때 기포가 발생하게 하는 용액으로 가장 적당한 것은 어느 것입니까? (　　　)

① 석회수　② 묽은 염산
③ 빨랫비누 물　④ 유리 세정제
⑤ 묽은 수산화 나트륨 용액

김영사

12 다음 보기 에서 묽은 염산에 넣었을 때 아무런 변화가 없는 물질끼리 바르게 짝지은 것은 어느 것입니까? (　　　)

보기
㉠ 두부　㉡ 조개껍데기
㉢ 메추리알 껍데기　㉣ 삶은 메추리알 흰자

① ㉠, ㉡　② ㉠, ㉢
③ ㉠, ㉣　④ ㉡, ㉣
⑤ ㉢, ㉣

천재교육, 금성, 동아, 미래엔, 비상

13 다음 중 묽은 수산화 나트륨 용액에 삶은 달걀 흰자를 넣었을 때와 같은 결과를 얻을 수 있는 용액은 어느 것입니까? (　　　)

① 식초　② 탄산수
③ 레몬즙　④ 석회수
⑤ 묽은 염산

지학

14 다음 중 산성 용액과 염기성 용액에 녹는 물질끼리 바르게 짝지은 것은 어느 것입니까? (　　　)

	산성 용액	염기성 용액
①	닭 가슴살, 두부	대리암 조각, 조개껍데기
②	두부, 조개껍데기	닭 가슴살, 대리암 조각
③	두부, 대리암 조각	대리암 조각, 닭 가슴살
④	대리암 조각, 닭 가슴살	조개껍데기, 두부
⑤	대리암 조각, 조개껍데기	두부, 닭 가슴살

천재교육, 천재교과서, 금성, 김영사, 동아, 미래엔, 아이스크림

15 다음 중 붉은 양배추 지시약을 떨어뜨린 묽은 수산화 나트륨 용액에 묽은 염산을 점점 많이 넣을 때 붉은 양배추 지시약의 색깔 변화로 옳은 것은 어느 것입니까? (　　　)

① 무색 → 붉은색　　② 노란색 → 무색
③ 노란색 → 붉은색　　④ 붉은색 → 푸른색
⑤ 붉은색 → 노란색

천재교육, 천재교과서, 동아, 아이스크림, 지학사

16 다음 중 페놀프탈레인 용액을 넣은 묽은 염산에 묽은 수산화 나트륨 용액을 점점 많이 넣을 때 페놀프탈레인 용액이 무색에서 붉은색으로 변하는 까닭으로 옳은 것은 어느 것입니까? (　　　)

① 산성과 염기성이 모두 강해졌기 때문이다.
② 산성이 강해지고, 염기성이 약해졌기 때문이다.
③ 산성이 강해지다가 염기성으로 변했기 때문이다.
④ 산성이 약해지다가 염기성으로 변했기 때문이다.
⑤ 염기성이 약해지다가 산성으로 변했기 때문이다.

9종 공통

7 다음 보기에서 산성 용액과 염기성 용액을 섞었을 때의 변화에 대한 설명으로 옳은 것을 바르게 짝지은 것은 어느 것입니까? (　　　)

보기
㉠ 산성 용액에 염기성 용액을 넣을수록 산성이 약해집니다.
㉡ 염기성 용액에 산성 용액을 넣을수록 염기성이 강해집니다.
㉢ 산성 용액에 염기성 용액을 계속 넣으면 염기성으로 변합니다.
㉣ 염기성 용액과 산성 용액을 섞어도 용액의 성질은 변하지 않습니다.

① ㉠, ㉡　　② ㉠, ㉢　　③ ㉠, ㉣
④ ㉡, ㉣　　⑤ ㉢, ㉣

금성, 김영사

18 다음은 우리 생활에서 산성 용액과 염기성 용액을 이용하는 예입니다. □ 안에 들어갈 알맞은 말을 순서대로 바르게 짝지은 것은 어느 것입니까? (　　　)

- 속이 쓰릴 때 [　　　]을/를 먹습니다.
- 생선 요리에 [　　　]을/를 뿌려 먹습니다.

① 설탕, 소금　　② 설탕, 식초
③ 제산제, 레몬즙　　④ 식용유, 레몬즙
⑤ 레몬즙, 소금물

9종 공통

19 다음 중 생선을 손질한 도마를 식초로 닦는 까닭으로 옳은 것은 어느 것입니까? (　　　)

① 비린내를 줄이기 위해서이다.
② 도마를 빨리 말리기 위해서이다.
③ 도마가 깨지는 것을 막기 위해서이다.
④ 도마에 흠집이 나는 것을 막기 위해서이다.
⑤ 도마에 묻은 생선 비늘을 제거하기 위해서이다.

천재교과서

20 다음 중 우리 생활에서 이용하는 산성 용액끼리 바르게 짝지은 것은 어느 것입니까? (　　　)

① 식초, 구연산 용액
② 유리 세정제, 식초
③ 유리 세정제, 욕실용 세제
④ 제빵 소다 용액, 변기용 세제
⑤ 구연산 용액, 제빵 소다 용액

5 단원

• 답안 입력하기　• 평가 분석표 받기

천재교육, 천재교과서, 김영사, 미래엔, 지학사

1 다음은 숲 생태계의 모습입니다. 이에 대한 설명으로 옳은 것은 어느 것입니까? (   )

① 공기, 물, 흙은 숲 생태계의 생물 요소이다.
② 햇빛과 곰팡이는 숲 생태계의 비생물 요소이다.
③ 매, 노루, 토끼 등은 숲 생태계를 이루는 구성 요소이다.
④ 세균은 사람에게 해로우므로 숲 생태계를 이루는 구성 요소가 아니다.
⑤ 숲 생태계에서 생물 요소와 비생물 요소는 서로 영향을 주고받지 않는다.

9종 공통

2 다음의 먹이 그물을 보고 알 수 있는 내용으로 옳은 것은 어느 것입니까? (   )

① 토끼의 먹이는 한 가지이다.
② 메뚜기는 개구리에게만 잡아먹힌다.
③ 매는 여러 가지 생물을 먹이로 한다.
④ 먹고 먹히는 관계가 서로 얽혀 있지 않다.
⑤ 다람쥐는 다른 동물에게 잡아먹히지 않는다.

9종 공통

3 다음은 비생물 요소가 생물에 미치는 영향을 정리한 표입니다. 빈칸에 들어갈 알맞은 말은 어느 것입니까? (   )

공기	
온도	• 생물의 생활 방식에 영향을 줌. • 날씨가 추워지면 개와 고양이는 털갈이를 함.

① 생물이 숨을 쉴 수 있게 해 준다.
② 동물이 양분을 만들 때 필요하다.
③ 생물이 살아가는 장소를 제공해 준다.
④ 철새는 따뜻한 곳을 찾아 이동하기도 한다.
⑤ 꽃이 피는 시기와 동물의 번식 시기에도 영향을 준다.

천재교육, 지학

4 다음 중 다양한 환경에 적응한 생물에 대한 설명으로 옳지 않은 것은 어느 것입니까? (   )

① 오리는 물갈퀴가 있어서 물을 밀치며 헤엄칠 수 있다.
② 선인장은 굵은 잎에 물을 많이 저장하여 사막에서도 살 수 있다.
③ 북극곰은 온몸이 두꺼운 털로 덮여 있어서 추운 극지방에서 살아갈 수 있다.
④ 박쥐는 초음파를 들을 수 있는 귀가 있어서 어두운 동굴 속에서도 빠르게 날아다닐 수 있다.
⑤ 부엉이는 큰 눈과 빛에 민감한 시각을 가지고 있어서 빛이 적은 곳에서도 잘 볼 수 있다.

9종 공통

5 다음은 환경 오염이 생물에 미치는 영향입니다. 이런 영향을 미치는 원인으로 옳지 않은 것은 어느 것입니까? (　　　)

- 물고기가 오염된 물을 먹고 죽거나 모습이 이상해지기도 합니다.
- 쓰레기를 땅속에 묻으면 토양이 오염되어 나쁜 냄새가 나고, 식물에 오염 물질이 쌓입니다.

① 농약　② 지하수　③ 생활 하수
④ 공장 폐수　⑤ 생활 쓰레기

9종 공통

6 다음은 습도가 다른 두 상황을 나타낸 것입니다. 이에 대한 설명으로 옳지 않은 것은 어느 것입니까? (　　　)

㉠ 
습도가 높음.

㉡ 
습도가 낮음.

① ㉠ 상황일 경우 곰팡이가 잘 핀다.
② ㉠ 상황일 경우 세균이 번식하기 쉽다.
③ ㉡ 상황일 경우 피부가 쉽게 건조해진다.
④ ㉡ 상황일 경우 빨래가 잘 마르지 않는다.
⑤ ㉡ 상황일 경우 가습기를 사용하면 습도를 높일 수 있다.

9종 공통

7 다음과 같은 날씨 현상에 대한 설명으로 옳은 것은 어느 것입니까? (　　　)

① 구름이다.
② 수증기가 응결해 지표면 가까이에 떠 있는 것이다.
③ 구름 속 작은 물방울이 커져 땅으로 떨어지는 것이다.
④ 온실이나 목욕탕의 벽에 물방울이 맺히는 것과 같은 현상이다.
⑤ 밤이 되어 차가워진 공기 중 수증기가 응결해 풀잎 표면 등에 물방울로 맺히는 것이다.

9종 공통

8 다음은 고기압에 대한 설명입니다. □ 안에 들어갈 알맞은 말은 어느 것입니까? (　　　)

일정한 부피에 □ 이/가 더 많아서 상대적으로 공기가 더 무거운 것입니다.

① 눈　② 이슬
③ 물방울　④ 얼음 알갱이
⑤ 공기 알갱이

천재교육, 천재교과서, 금성, 김영사, 동아, 미래엔, 아이스크림

9 다음 중 바닷가에서 모래와 바닷물의 온도가 다른 까닭으로 옳은 것은 어느 것입니까? (　　　)

① 태양 빛의 세기가 다르기 때문이다.
② 바람이 바다에서 육지로 불기 때문이다.
③ 바다가 육지보다 낮은 위치에 있기 때문이다.
④ 바닷가에서는 육지보다 바람이 많이 불기 때문이다.
⑤ 모래와 바닷물은 데워지고 식는 속도가 다르기 때문이다.

9종 공통

10 다음은 우리나라의 계절별 날씨에 영향을 주는 공기 덩어리에 대한 특징을 나타낸 표입니다. 공기 덩어리가 머물던 지역과 공기 덩어리의 성질로 옳지 않은 것은 어느 것입니까? (　　　)

계절	봄·가을	초여름	여름	겨울
머물던 지역	㉠ 남서쪽 대륙	㉡ 북동쪽 바다	남동쪽 바다	북서쪽 대륙
성질	따뜻하고 건조함.	㉢ 차고 습함.	㉣ 덥고 습함.	㉤ 춥고 습함.

① ㉠　② ㉡　③ ㉢
④ ㉣　⑤ ㉤

천재교과서

11 다음은 물체와 사람의 운동을 2초 간격으로 나타낸 그림입니다. 이에 대한 설명으로 옳지 않은 것은 어느 것입니까? (　　　)

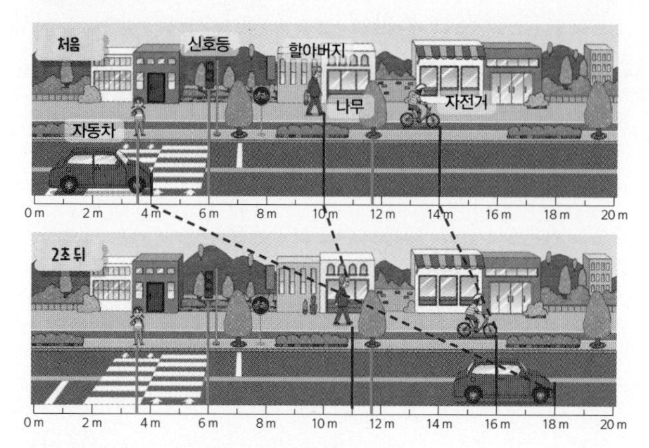

① 나무는 운동하지 않았다.
② 신호등은 운동하지 않았다.
③ 할아버지는 운동하지 않았다.
④ 자전거는 2초 동안 2 m를 이동했다.
⑤ 자동차는 2초 동안 14 m를 이동했다.

9종 공통

12 다음 중 수영 경기에서 가장 빠른 선수를 정하는 방법에 대한 설명으로 옳지 않은 것은 어느 것입니까? (　　　)

① 결승선에 도착한 시간을 측정하여 비교한다.
② 결승선까지 이동하는 데 가장 짧은 시간이 걸린 선수가 가장 빠르다.
③ 결승선까지 이동하는 데 걸린 시간을 측정하여 비교한다.
④ 결승선에 가장 먼저 도착하는 선수가 가장 빠르다.
⑤ 결승선에 가장 늦게 도착하는 선수가 가장 빠르다.

9종 공통

13 다음은 속력을 구하는 방법입니다. ㉠에 들어갈 알맞은 말은 어느 것입니까? (　　　)

(속력)=(　㉠　)÷(걸린 시간)

① 1초　　② 1 m　　③ 1 km
④ 걸음 수　　⑤ 이동 거리

천재교육, 천재교과서, 김영사, 동이

14 다음 중 자동차 충돌 실험에 대해 잘못 말한 친구는 누구입니까? (　　　)

자동차의 속력이 약 64 km/h일 때 충돌 실험의 결과

자동차의 속력이 약 90 km/h일 때 충돌 실험의 결과

① 연수: 자동차의 속력이 클수록 더 많이 찌그러져
② 미연: 자동차의 찌그러진 정도는 속력과 관계가 없어.
③ 은아: 속력이 큰 자동차와 충돌하게 되면 운전자와 보행자가 더 많이 다칠 수 있어.
④ 정민: 속력이 큰 자동차는 제동 장치를 밟아도 바로 멈출 수 없어서 사고 위험이 더 커.
⑤ 혜지: 속력이 큰 자동차가 더 위험한 것처럼 복도에서 빠르게 뛰어오는 친구와 부딪히면 많이 다칠 수 있어.

9종

15 다음 중 교통안전 수칙으로 옳지 않은 것은 어느 것입니까? (　　　)

① 급할 때에는 도로를 무단횡단한다.
② 횡단보도를 건널 때 좌우를 잘 살핀다.
③ 버스를 기다릴 때 차도로 내려오지 않는다.
④ 길을 건너기 전에 자동차가 멈췄는지 확인한다
⑤ 도로 주변에서는 공을 공 주머니에 넣고 다닌

김영사, 동아, 미래엔

16 여러 가지 용액을 다음과 같이 분류하였습니다. 분류 기준으로 옳은 것은 어느 것입니까? (　　　)

① 투명한가?
② 색깔이 있는가?
③ 냄새가 나는가?
④ 잘 흔들리는가?
⑤ 흔들었을 때 거품이 3초 이상 유지되는가?

천재교과서

17 다음은 어떤 용액과 반응한 지시약의 변화를 나타낸 것입니다. 이런 반응을 일으키는 용액으로 옳은 것끼리 바르게 짝지은 것은 어느 것입니까? (　　　)

- 푸른색 리트머스 종이를 붉은색으로 변하게 합니다.
- 페놀프탈레인 용액을 떨어뜨렸을 때 색깔이 변하지 않습니다.

① 식초, 석회수
② 식초, 탄산수
③ 석회수, 탄산수
④ 탄산수, 유리 세정제
④ 석회수, 묽은 수산화 나트륨 용액

9종 공통

18 다음 중 붉은색 리트머스 종이를 푸른색으로 변하게 하는 용액을 붉은 양배추 지시약과 반응시켰을 때 나타나는 색으로 옳은 것은 어느 것입니까? (　　　)

① 흰색　② 붉은색
③ 검정색　④ 자주색
⑤ 푸른색이나 노란색

9종 공통

19 다음은 제빵 소다와 구연산을 각각 녹인 물을 리트머스 종이에 묻혔을 때의 색깔 변화를 나타낸 것입니다. 이에 대한 설명으로 옳지 <u>않은</u> 것은 어느 것입니까? (　　　)

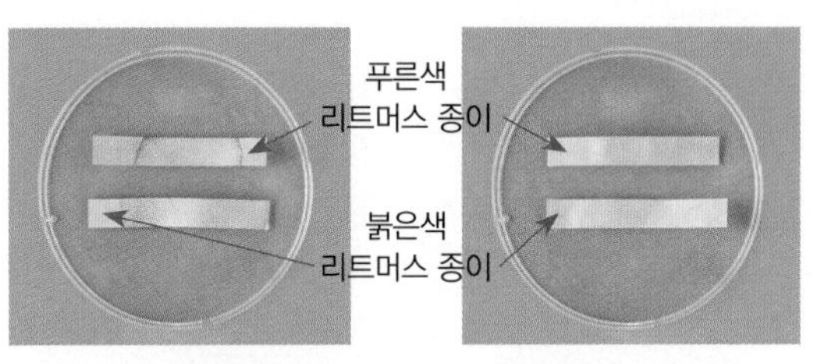

제빵 소다 용액　구연산 용액

① 구연산 용액은 산성 용액이다.
② 제빵 소다 용액은 염기성 용액이다.
③ 구연산 용액을 리트머스 종이에 묻히면 푸른색 리트머스 종이가 붉은색으로 변한다.
④ 제빵 소다 용액을 리트머스 종이에 묻히면 붉은색 리트머스 종이가 푸른색으로 변한다.
⑤ 구연산 용액을 리트머스 종이에 묻히면 푸른색과 붉은색 리트머스 종이 모두 반응하여 색깔이 변한다.

천재교과서, 김영사

20 다음 용액에 대한 설명으로 옳은 것은 어느 것입니까? (　　　)

식초　욕실용 세제

① 식초는 염기성 용액이다.
② 욕실용 세제는 산성 용액이다.
③ 산성 용액인 식초가 염기성인 비린내를 줄여 준다.
④ 식초는 유리에 묻은 단백질을 녹여 유리를 쉽게 닦을 수 있게 한다.
⑤ 욕실용 세제는 욕실 청소를 하거나 생선을 손질한 도마를 닦을 때 사용한다.

전체 범위

진도 완료 체크

· 답안 입력하기　· 평가 분석표 받기

여러 가지 실험 기구

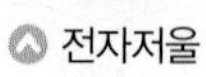

◎ 전자저울

◎ 초시계

◎ 둥근 바닥 플라스크

◎ 삼각 플라스크

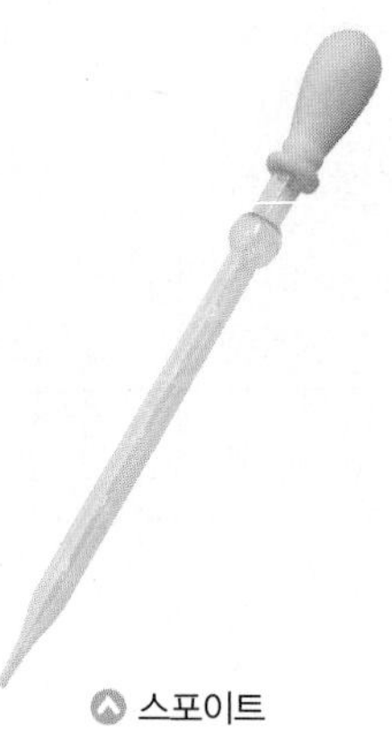

◎ 스포이트

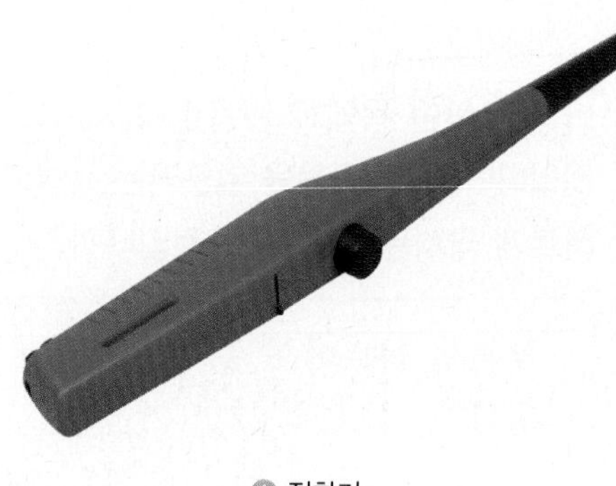

◎ 점화기

◎ 스탠드

◎ 집기병

◎ 페트리 접시

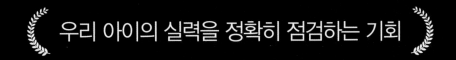

온라인
학습북

수학 전문 교재

● 연산 학습

빅터연산	예비초~6학년, 총 20권
참의융합 빅터연산	예비초~4학년, 총 16권

● 개념 학습

개념클릭 해법수학	1~6학년, 학기용

● 수준별 수학 전문서

해결의법칙(개념/유형/응용)	1~6학년, 학기용

● 단원평가 대비

수학 단원평가	1~6학년, 학기용
일등전략 초등 수학	1~6학년, 학기용

● 단기완성 학습

초등 수학전략	1~6학년, 학기용

● 상위권 학습

최고수준 S 수학	1~6학년, 학기용
최고수준 수학	1~6학년, 학기용
최강 TOT 수학	1~6학년, 학년용

● 경시대회 대비

해법 수학경시대회 기출문제	1~6학년, 학기용

예비 중등 교재

● 해법 반편성 배치고사 예상문제	6학년
● 해법 신입생 시리즈(수학/영어)	6학년

맞춤형 학교 시험대비 교재

● 열공 전과목 단원평가	1~6학년, 학기용(1학기 2~6년)

한자 교재

● 한자능력검정시험 자격증 한번에 따기	8~3급, 총 9권
● 씽씽 한자 자격시험	8~5급, 총 4권
● 한자 전략	8~5급Ⅱ, 총 12권

배움으로 행복한 내일을 꿈꾸는

천재교육 커뮤니티 안내

• • •

교재 안내부터 구매까지 한 번에!

천재교육 홈페이지

자사가 발행하는 참고서, 교과서에 대한 소개는 물론
도서 구매도 할 수 있습니다. 회원에게 지급되는 별을 모아
다양한 상품 응모에도 도전해 보세요!

다양한 교육 꿀팁에 깜짝 이벤트는 덤!

천재교육 인스타그램

천재교육의 새롭고 중요한 소식을 가장 먼저 접하고 싶다면?
천재교육 인스타그램 팔로우가 필수!
깜짝 이벤트도 수시로 진행되니 놓치지 마세요!

수업이 편리해지는

천재교육 ACA 사이트

오직 선생님만을 위한, 천재교육 모든 교재에 대한 정보가 담긴
아카 사이트에서는 다양한 수업자료 및 부가 자료는 물론
시험 출제에 필요한 문제도 다운로드하실 수 있습니다.

https://aca.chunjae.co.kr

천재교육을 사랑하는 샘들의 모임

천사샘

학원 강사, 공부방 선생님이시라면 누구나 가입할 수 있는 천사샘!
교재 개발 및 평가를 통해 교재 검토진으로 참여할 수 있는 기회는 물론
다양한 교사용 교재 증정 이벤트가 선생님을 기다립니다.

아이와 함께 성장하는 학부모들의 모임공간

튠맘 학습연구소

튠맘 학습연구소는 초·중등 학부모를 대상으로 다양한 이벤트와 함께
교재 리뷰 및 학습 정보를 제공하는 네이버 카페입니다.
초등학생, 중학생 자녀를 둔 학부모님이라면 튠맘 학습연구소로 오세요!

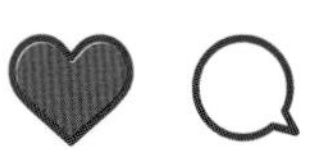

GENIE FRIENDS

정답은 정확하게, 풀이는 자세하게

꼼꼼 풀이집

초등

과학 5-2

천재교육

꼼꼼 풀이집

정답과 풀이

5-2

교과서 진도북

1. 과학 탐구

개념 다지기 6~7쪽

1 ④ 2 가설 3 ② 4 예 반복
5 자료 해석 6 ①

1 탐구 문제가 반드시 누구도 해본 적 없는 신기한 주제여야 하는 것은 아닙니다.

2 실험하기 전에 탐구 문제의 결과에 대해 미리 생각해 본 것을 가설이라고 합니다.

3 실험을 계획할 때는 여러 조건 중 같게 해야 할 조건과 다르게 해야 할 조건이 무엇인지 정해야 합니다.

4 실험을 여러 번 반복하면 보다 정확한 결과를 얻을 수 있습니다.

5 실험 결과를 자료 변환하면 실험 결과를 한 눈에 비교하기 쉽습니다. 이렇게 변환된 자료 사이의 관계나 규칙을 찾는 과정을 자료 해석이라고 합니다.

6 결론 도출 과정에서는 실험으로 얻은 자료와 해석을 근거로 결론을 내려야 합니다.

대단원 평가 8~9쪽

1 ㉢ 2 현지 3 ② 4 ④
5 (1) 예 헝겊이 놓인 모양 (2) 예 시간에 따른 헝겊의 무게 변화를 측정한다. 6 ㉡ 7 ④ 8 ㉢
9 예 자료를 표로 변환하면 실험 결과를 체계적으로 정리할 수 있다. 등 10 ③ 11 ㉣, ㉢, ㉠, ㉡
12 민영 13 ⑤ 14 예 궁금한 점 15 ⑤

1 탐구 문제에는 탐구를 통해 알아보려는 내용이 분명히 드러나야 합니다.

2 탐구 주제를 정할 때는 탐구 문제가 적절한지, 스스로 탐구할 수 있는 문제인지 확인합니다.

3 실험을 하기 전에 탐구 문제의 결과에 대해 미리 생각해보는 가설 설정 단계를 거쳐야 합니다.

4 실험 계획서에는 가설, 같게 해야 할 조건과 다르게 해야 할 조건, 측정할 것, 실험 방법, 준비물, 주의할 점 등이 들어가야 합니다.

5 헝겊이 마르는 정도를 시간에 따른 헝겊의 무게 변화를 측정하여 알 수 있습니다.

채점 기준

(1)	'헝겊이 놓인 모양' 또는 이를 의미하는 말을 씀.	4점
(2)	정답 키워드 무게 | 변화 '시간에 따른 헝겊의 무게 변화를 측정해야 한다.' 등의 내용을 씀.	8점
	이 실험에서 측정할 것을 썼지만, 표현이 부족함.	4점

6 실험할 때는 탐구 수행 중 관찰한 내용과 측정 결과를 정확히 기록하고, 예상과 달라도 기록을 고치거나 내용을 빼지 않습니다.

7 실험할 때는 주변에 위험 요소가 없는지 확인하고 안전 수칙에 따라 탐구해야 합니다.

8 실험을 할 때에는 실험 중 관찰한 내용과 측정 결과를 정확히 기록하고, 예상과 달라도 고치거나 빼지 않습니다.

9 자료를 표로 변환하여 가로줄과 세로줄로 만든 칸에 결괏값을 쓰면 많은 자료를 체계적으로 정리할 수 있습니다.

채점 기준

정답 키워드 실험 결과 | 체계적 | 정리 '자료를 표로 변환하면 실험 결과를 체계적으로 정리할 수 있다.' 등의 내용을 정확히 씀.	10점
자료 변환은 알고 있으나, 자료 변환의 효과에 대한 설명이 부족함.	5점

10 자료 변환을 통해 표나 그래프로 변환된 자료 사이의 관계나 규칙을 찾는 것을 자료 해석이라고 합니다.

11 과학 탐구는 탐구 문제 인식(㉣) → 가설 설정 → 실험 계획 → 실험하기 → 자료 해석 → 결론 도출(㉡) → 결과 발표 → 새로운 탐구 시작의 순서로 진행합니다.

12 탐구 결과를 발표할 때 발표자는 너무 빠르지 않게, 친구들이 잘 알아들을 수 있는 크기의 목소리로 또박또박 말해야 합니다.

13 발표 자료에는 탐구 문제, 탐구한 사람, 탐구 시간, 장소, 준비물, 탐구 순서, 탐구 결과, 탐구를 통해 알게 된 것과 더 알아보고 싶은 것 등이 들어가야 합니다.

14 듣는 사람은 발표자가 발표할 때 발표자를 바라보며 궁금한 점을 기록해두고, 발표가 끝나면 발표자에게 질문을 합니다.

15 탐구한 내용 중 궁금한 점이나 더 탐구하고 싶은 내용을 새로운 탐구 주제로 정합니다.

2. 생물과 환경

개념 다지기 15쪽

1 ㉠ 생물 ㉡ 비생물 2 (1) ㉡ (2) ㉠ (3) ㉠ 3 ㉡
4 ② 5 ④ 6 ④

1 살아 있는 것을 생물 요소라고 하고, 살아 있지 않은 것을 비생물 요소라고 합니다.

2 물은 살아 있지 않은 비생물 요소이고, 세균, 사슴벌레는 살아 있는 생물 요소입니다.

3 왜가리는 스스로 양분을 만들지 못하고 다른 생물을 먹어서 양분을 얻습니다.

4 물방개는 소비자로, 스스로 양분을 만들지 못하고 다른 생물을 먹어서 양분을 얻습니다.

5 메뚜기는 벼를 먹고 개구리에 먹힙니다.

6 생태계 평형이 깨어지는 원인에는 가뭄, 산불, 홍수와 같은 자연재해와 도로, 댐 건설 등 사람에 의한 자연 파괴 등이 있습니다.

단원 실력 쌓기 16~19쪽

Step 1

1 생태계 2 생산자 3 사슬 4 먹이 그물
5 생태계 평형 6 ② 7 ③ 8 ④
9 ⑤ 10 ④ 11 ③, ⑤ 12 ② 13 ㉢
14 ④ 15 ㉢

Step 2

16 (1) 비생물 요소
(2) ❶ 예 생물 ❷ 예 비생물
17 (1) 생산자: 배추, 느티나무
소비자: 배추흰나비 애벌레
분해자: 곰팡이
(2) 예 양분을 얻는 방법에 따라 분류한 것이다.
18 예 어느 한 종류의 먹이가 부족해지더라도 다른 먹이를 먹고 살 수 있다. 등

16 (1) 있지 않은
(2) 생태계
17 (1) 생산자, 분해자
(2) 양분
18 먹이 그물

Step 3

19 ❶ 늑대 ❷ 사슴 20 예 늑대를 다시 데려와 국립 공원에 살게 한다. 공원에서 주로 자라는 풀과 나무를 다시 심고 보호한다. 등

1 어떤 장소에서 생물과 생물을 둘러싸고 있는 환경이 서로 영향을 주고받는 것을 생태계라고 합니다.

2 생산자는 스스로 양분을 만드는 생물입니다.

3 생태계에서 생물들의 먹고 먹히는 관계가 사슬처럼 연결되어 있는 것을 먹이 사슬이라고 합니다.

4 먹이 그물에서는 어느 한 종류의 먹이가 부족해지더라도 다른 먹이를 먹고 살 수 있습니다.

5 생태계에서 생물 요소는 서로 먹고 먹히는 관계를 이루며 안정된 상태로 살아갑니다.

6 생태계 구성 요소 중 검정말, 세균, 버섯 등은 생물 요소입니다.

더 알아보기

생태계의 생물 요소와 비생물 요소
- 생물 요소: 살아 있는 것
- 비생물 요소: 살아 있지 않은 것

생물 요소	식물, 동물, 곰팡이, 세균 등
비생물 요소	햇빛, 공기, 물, 흙 등

7 숲 생태계에는 햇빛과 돌, 흙, 물 등의 비생물 요소가 있습니다.

8 세균, 곰팡이, 버섯 등은 죽은 생물이나 배출물을 분해하여 양분을 얻는 생물입니다.

9 생물은 양분을 얻는 방법에 따라 생산자, 소비자, 분해자로 분류됩니다.

더 알아보기

생산자, 소비자, 분해자

생산자	햇빛 등을 이용하여 스스로 양분을 만드는 생물 예 식물
소비자	스스로 양분을 만들지 못해 다른 생물을 먹이로 하여 살아가는 생물 예 동물
분해자	주로 죽은 생물이나 배출물을 분해하여 양분을 얻는 생물 예 곰팡이, 세균

10 분해자는 죽은 생물이나 배출물을 분해하여 양분을 얻는 생물입니다.

11 개구리는 뱀이나 매에 먹히고, 뱀은 매에 먹히며, 보통 매는 참새에 먹히지 않습니다.

12 매는 참새, 다람쥐, 뱀, 토끼 등을 잡아먹습니다.

13 먹이 사슬은 한 방향으로, 먹이 그물은 여러 방향으로 연결되어 있습니다.

14 생태계 평형이 깨어지는 원인에는 산불, 홍수, 가뭄, 지진 등의 자연재해와 도로나 댐 건설 등 사람에 의한 자연 파괴 등이 있습니다.

15 어떤 종류의 생물이 갑자기 늘어나거나 줄어들면 생태계 평형이 깨어집니다.

16 공기, 돌, 햇빛, 물처럼 살아 있지 않은 것을 비생물 요소라고 합니다. 생태계는 생물 요소와 비생물 요소로 구성되어 있습니다.

채점 기준

(1)	'비생물 요소'를 정확히 씀.	
(2)	❶ '생물', ❷ '비생물' 두 가지를 모두 정확히 씀.	상
	❶과 ❷ 중 한 가지만 정확히 씀.	중

17 생태계 구성 요소 중에서 각 생물 요소는 양분을 얻는 방법에 따라 생산자, 소비자, 분해자로 분류할 수 있습니다.

채점 기준

(1)	생산자에 '배추', '느티나무'를, 소비자에 '배추흰나비 애벌레'를, 분해자에 '곰팡이'를 모두 정확히 씀.	상
	생산자, 소비자, 분해자 중 두 가지만 생물을 정확히 분류함.	중
	생산자, 소비자, 분해자 중 한 가지만 생물을 정확히 분류함.	하
(2)	정답 키워드 양분 | 얻다 등 '양분을 얻는 방법에 따라 분류한 것이다.'와 같이 내용을 정확히 씀.	상
	생산자, 소비자, 분해자로 분류한 기준을 썼지만, 표현이 부족함.	중

18 먹이 그물에서는 생물의 먹이 관계가 그물처럼 연결되어 있어서 다양한 먹이를 먹을 수 있습니다.

채점 기준

정답 키워드 먹이 | 부족 | 다른 먹이 등 '어느 한 종류의 먹이가 부족해지더라도 다른 먹이를 먹고 살 수 있다.'와 같이 내용을 정확히 씀.	상
먹이 관계가 먹이 그물로 연결되어 있으면 좋은 점을 썼지만, 표현이 부족함.	중

19 국립 공원의 늑대가 사라진 뒤 사슴의 수가 빠르게 늘어났고, 사슴이 풀과 나무 등을 닥치는 대로 먹어 치워 풀과 나무가 잘 자라지 못하였으므로 생태계 평형이 깨어졌습니다.

20 늑대를 다시 데려오고, 사슴의 수를 조절하며, 풀과 나무를 다시 심고 울타리를 쳐서 보호하면 생태계 평형이 회복될 것입니다.

개념 다지기 23쪽

1 ㉠ **2** 예 햇빛 **3** (1) ㉡ (2) ㉠ **4** 예 털색
5 (1) ㉡ (2) ㉠ (3) ㉢ **6** ①

1 햇빛이 잘 드는 곳에 두고 물을 준 콩나물은 떡잎이 초록색으로 변하고 콩나물이 잘 자랍니다.

2 햇빛은 식물과 동물이 살아가는 데 영향을 줍니다.

3 북극곰은 추운 극지방에서, 선인장은 비가 거의 오지 않는 사막에서 살아갈 수 있도록 적응한 생물입니다.

4 사막여우와 북극여우는 서식지 환경과 털색이 비슷하여 적으로부터 숨기 쉽고 먹잇감에 접근하기도 쉽습니다.

5 쓰레기 배출과 지나친 농약 사용은 토양 오염의 원인이 되고, 공장 폐수와 바다의 기름 유출은 수질 오염의 원인이 되며, 자동차, 공장의 매연은 대기 오염의 원인이 됩니다.

6 환경 오염을 줄이려면 물티슈 대신 손수건을 사용해야 합니다.

단원 실력 쌓기 24~27쪽

Step 1

1 물 **2** 공기 **3** 적응 **4** 예 환경 오염
5 대기 **6** ④ **7** ㉢ **8** ③ **9** ㉠
10 ⑤ **11** ㉢ **12** ③ **13** ④, ⑤ **14** ㉡, ㉣

Step 2

15 (1) 예 온도
(2) ❶ 예 단풍 ❷ 예 낙엽
16 (1) ㉡
(2) 예 서식지 환경과 털색이 비슷하면 적으로부터 몸을 숨기거나 먹잇감에 접근하기 유리하기 때문이다.
17 수질(물), 예 생물의 서식지가 파괴된다.

15 (1) 비생물
(2) 잎
16 (1) 북극
(2) 하얀
17 줄어

Step 3

18 햇빛, 물
19 (1) ㉣ (2) ㉠
20 예 햇빛과 물이 콩나물의 자람에 영향을 미친다.

1 물이 콩나물의 자람에 미치는 영향을 알아보는 실험을 할 때에는 콩나물에 주는 물의 양만 다르게 합니다.

2 공기는 생물이 숨을 쉴 수 있게 해 주는 비생물 요소입니다.

3 생물은 서식지 환경에 적응하여 현재와 같은 생김새와 생활 방식을 갖게 되었습니다.

4 환경 오염은 사람들의 활동으로 환경이 더럽혀지거나 훼손되는 현상입니다.

5 자동차나 공장의 매연은 대기(공기)를 오염시키는 원인입니다.

6 콩나물이 받는 햇빛의 양만 다르게 하고, 나머지 조건은 모두 같게 합니다.

더 알아보기

콩나물의 자람에 미치는 비생물 요소의 영향을 알아볼 때 다르게 해야 할 조건

구분	다르게 해야 할 조건
햇빛이 콩나물의 자람에 미치는 영향	콩나물이 받는 햇빛의 양
물이 콩나물의 자람에 미치는 영향	콩나물에 주는 물의 양
온도가 콩나물의 자람에 미치는 영향	콩나물이 있는 곳의 온도

콩나물이 자라는 데에는 햇빛과 물 모두 영향을 줍니다.

햇빛을 이용해 스스로 양분을 만드는 것은 식물입니다.

더 알아보기

비생물 요소가 생물에 미치는 영향

구분	영향
햇빛	• 식물이 양분을 만들 때 필요함. • 꽃이 피는 시기, 동물의 번식 시기에도 영향을 줌.
공기	생물이 숨을 쉴 수 있게 해 줌.
온도	• 생물의 생활 방식에 영향을 줌. • 나뭇잎에 단풍이 들고 낙엽이 짐. • 추워지면 개, 고양이는 털갈이를 함. • 철새는 따뜻한 곳을 찾아 이동하기도 함.
물	생물이 생명을 유지하는 데 꼭 필요함.
흙	생물이 사는 장소를 제공함.

박쥐는 햇빛이 잘 들지 않아 어두운 동굴에서 삽니다.

북극곰은 온몸이 두꺼운 털로 덮여 있으며 지방층이 두꺼워 추운 극지방에서도 살아갈 수 있습니다.

물이 많은 환경에 적응한 부레옥잠은 잎자루에 공기 주머니가 있어서 물에 떠서 삽니다.

12 쓰레기 분리수거는 생태계를 보전하는 방법입니다.

13 대기 오염은 오염된 공기 때문에 동물들이 숨쉬기 어렵게 만듭니다.

14 도로나 건물 등을 만들면서 생물이 살아가는 터전을 파괴하기도 하고, 무분별한 개발은 자연환경을 훼손하여 생태계 평형을 깨뜨리기도 합니다.

15 온도는 개와 고양이가 털갈이를 하는 것, 철새가 따뜻한 곳으로 이동하는 것, 식물의 잎에 단풍이 들거나 낙엽이 지는 것에 영향을 미칩니다.

채점 기준

구분	내용	등급
(1)	'온도'를 정확히 씀.	
(2)	❶ '단풍', ❷ '낙엽' 두 가지를 모두 정확히 씀.	상
	❶과 ❷ 중 한 가지만 정확히 씀.	중

16 북극여우는 하얀색 털로 덮여 있어서 얼음과 눈이 많은 서식지에서 적으로부터 몸을 숨기기 쉽고 먹잇감에 접근하기 유리합니다.

채점 기준

구분	내용	등급
(1)	'㉡'을 정확히 씀.	
(2)	정답 키워드 서식지 환경 | 털색 | 적 | 먹잇감 등 '서식지 환경과 털색이 비슷하면 적으로부터 몸을 숨기거나 먹잇감에 접근하기 유리하기 때문이다.'와 같이 내용을 정확히 씀.	상
	북극여우가 살아남기 유리한 환경이 온통 흰 눈으로 뒤덮여 있고, 매우 추운 환경이라고 생각한 까닭을 썼지만, 표현이 부족함.	중

17 바다에서 유조선의 기름이 유출되면 생물의 서식지가 파괴됩니다.

채점 기준

내용	등급
정답 키워드 수질 | 서식지 파괴 등 '수질(물)'을 정확히 쓰고, '생물의 서식지가 파괴된다.'와 같이 내용을 정확히 씀.	상
'수질(물)'을 정확히 썼지만, 오염으로 인하여 생물에 미치는 영향을 정확히 쓰지 못함.	중

18 실험은 햇빛과 물이 콩나물의 자람에 미치는 영향을 알아보기 위한 것입니다.

19 어둠상자로 덮어 놓고 물을 주지 않은 콩나물은 떡잎 색이 노란색이고 콩나물이 시듭니다. 햇빛이 드는 곳에 두고 물을 준 콩나물은 떡잎 색과 본잎 색이 초록색이고, 몸통이 길고 굵게 잘 자랍니다.

20 콩나물이 자라는 데 햇빛과 물이 영향을 미친다는 것을 알 수 있습니다.

대단원 평가 28~31쪽

1 ② **2** ④ **3** ④ **4** ①
5 (1) 분해자 (2) 예 주로 죽은 생물이나 배출물을 분해하여 양분을 얻는다. **6** ② **7** 예 매
8 (1) 예 참새, 다람쥐 등 (2) 예 생태계에서 생물은 여러 생물을 먹이로 하고, 또 여러 생물에게 잡아먹히기 때문이다.
9 ㉡ **10** ⑤ **11** 생태계 평형
12 예 콩나물 떡잎이 노란색이고, 콩나물이 시들었다.
13 ②, ③ **14** (1) ㉠ (2) ㉤ (3) ㉡ (4) ㉢ (5) ㉣ **15** ②, ⑤
16 ⑤ **17** 예 귀의 크기 **18** 예 물고기가 오염된 물을 먹고 죽는다. 등 **19** (1) ㉡ (2) ㉢ (3) ㉠ **20** ②

1 생태계는 생물과 생물을 둘러싼 환경이 서로 영향을 주고받는 것입니다.

2 살아 있는 것은 생물 요소이고, 살아 있지 않은 것은 비생물 요소입니다.

3 벼와 같은 식물은 햇빛 등을 이용하여 스스로 양분을 만듭니다.

4 식물은 햇빛 등을 이용하여 스스로 양분을 만들고, 동물은 다른 생물을 먹이로 하여 양분을 얻습니다.

5 채점 기준

(1)	'분해자'를 정확히 씀.	4점
(2)	정답 키워드 죽은 생물 I 배출물 I 분해 등 '주로 죽은 생물이나 배출물을 분해하여 양분을 얻는다.'와 같이 내용을 정확히 씀.	6점
	'분해하여 양분을 얻는다.'와 같이 무엇을 분해하여 양분을 얻는지는 쓰지 못함.	3점

6 다람쥐는 도토리를 먹고 뱀에게 잡아먹힙니다.

7 참새, 뱀, 개구리, 다람쥐를 먹이로 하는 생물을 생각해 봅니다.

8 생태계에서 생물은 한 가지 생물뿐만 아니라 여러 생물을 먹이로 하고, 또 여러 생물에게 잡아먹힙니다.

채점 기준

(1)	'참새', '다람쥐' 등 두 가지를 모두 정확히 씀.	4점
	뱀의 먹이가 되는 동물을 한 가지만 정확히 씀.	2점
(2)	정답 키워드 여러 생물 I 먹이 I 잡아먹힌다 등 '생태계에서 생물은 여러 생물을 먹이로 하고, 또 여러 생물에게 잡아먹히기 때문이다.'와 같이 내용을 정확히 씀.	6점
	생태계에서 생물의 먹이 관계가 먹이 그물의 형태로 나타나는 까닭을 썼지만, 표현이 부족함.	3점

9 늑대가 사라진 뒤 사슴의 수가 빠르게 늘어났고, 사슴이 풀과 나무를 닥치는 대로 먹어 풀과 나무가 잘 자라지 못했으며, 비버도 거의 사라졌습니다.

10 늑대와 사슴의 수는 적절하게 유지되고, 강가의 나무와 풀도 다시 잘 자라게 되며, 비버의 수도 늘어납니다.

11 생태계 평형은 특정 생물의 수나 양이 갑자기 늘어나거나 줄어들면 깨어집니다.

12 어둠상자로 덮어 놓고 물을 주지 않은 콩나물은 떡잎 색의 변화가 없고, 콩나물이 시들었습니다.

채점 기준

정답 키워드 떡잎 – 노란색 I 콩나물 – 시들다 등 '콩나물 떡잎이 노란색이고, 콩나물이 시들었다.'와 같이 내용을 정확히 씀.	8점
'콩나물 떡잎이 노란색이다.', '콩나물이 시들었다.'와 같이 떡잎의 색깔과 콩나물의 상태 중 한 가지만 정확히 씀.	4점

13 실험 결과로 콩나물이 자라는 데 햇빛과 물이 영향을 준다는 것을 알 수 있습니다.

14 ㉠은 흙이 생물에 미치는 영향, ㉡은 온도가 생물에 미치는 영향, ㉢은 햇빛이 생물에 미치는 영향, ㉣은 공기가 생물에 미치는 영향, ㉤은 물이 생물에 미치는 영향입니다.

15 선인장은 잎이 가시 모양이고 두꺼운 줄기에 물을 많이 저장해서 뜨겁고 건조한 사막에서 살아갈 수 있습니다.

16 생물은 생김새와 생활 방식 등을 통해 환경에 적응합니다.

17 북극여우는 몸집이 크고 귀가 작아서 열이 덜 배출되어 추운 환경에 살아남기 유리하고, 사막여우는 몸이 작고 귀가 커서 열을 잘 배출하여 더운 환경에 살아남기 유리합니다.

18 물고기가 오염된 물을 먹고 죽거나 모습이 이상해집니다.

채점 기준

정답 키워드 물고기 I 오염 등 '물고기가 오염된 물을 먹고 죽는다.' 등과 같이 내용을 정확히 씀.	8점
물의 오염이 생물에 미치는 영향을 썼지만, 표현이 부족함.	4점

19 기름 유출은 물(수질)을 오염시키고, 공장의 매연은 공기(대기)를 오염시키며, 지나친 농약 사용은 흙(토양)을 오염시킵니다.

20 환경이 오염되면 그곳에 사는 생물의 종류와 수가 줄어들고 생물이 멸종하기도 합니다.

3. 날씨와 우리 생활

개념 다지기 37쪽

1 건습구 습도계 **2** ㉡ **3** 73 **4** ⑤
5 ⑤ **6** 예 물방울

1 건습구 습도계는 알코올 온도계 두 개를 사용하여 습도를 측정하는 기구입니다.

2 ㉠은 건구 온도계, ㉡은 습구 온도계입니다.

3 건구 온도가 18 ℃이고, 건구 온도와 습구 온도의 차가 3 ℃이므로, 습도는 73 %입니다.

4 유리병 안의 수증기가 차가워진 나뭇잎 모형의 표면에 닿아 응결하여 물방울이 맺힙니다.

5 이슬은 공기 중의 수증기가 나뭇가지나 풀잎 등에 닿아 물방울로 맺히는 현상입니다.

6 공기 중 수증기가 높은 하늘에서 응결해 작은 물방울이나 얼음 알갱이 상태로 떠 있는 것을 구름이라고 합니다.

단원 실력 쌓기 38~41쪽

Step 1

1 습도 **2** 건구 **3** 높을 **4** 안개 **5** 비
6 ㉠ 건구 온도계 ㉡ 습구 온도계 **7** 67 **8** (1) ㉡, ㉣ (2) ㉠, ㉢ **9** ② **10** ㉠ 수증기 ㉡ 예 물방울
11 ④ **12** ⑤ **13** ㉡ **14** ①

Step 2

15 (1) 12 (2) ❶ 3 ❷ 습구 온도
16 (1) ㈎ ㉡ ㈏ ㉠
(2) 예 공기 중 수증기가 응결한다.
17 진아, 예 구름은 공기 중 수증기가 응결해 물방울이 되거나 얼음 알갱이 상태로 변해 하늘에 떠 있는 것이므로 물방울이나 얼음 알갱이로 되어 있다.

> **15** (1) 습구
> (2) 습도
> **16** (1) 응결
> (2) 수증기
> **17** 얼음 알갱이

Step 3

18 ㉠
19 (1) ○ (2) × (3) ○
20 ❶ 응결 ❷ 예 높은 하늘에 떠 있다.

1 습도는 공기 중에 수증기가 포함된 정도를 말합니다.

2 건구 온도계는 헝겊을 감싸지 않은 온도계입니다.

3 습도가 높을 때는 세균이 번식하기 쉽고 음식물이 쉽게 부패합니다.

4 안개는 공기 중의 수증기가 지표면 가까이에서 응결하여 작은 물방울로 떠 있는 것입니다.

5 구름 속 물방울이 커지고 무거워져 떨어지면 비가 됩니다.

6 액체샘을 젖은 헝겊으로 감싼 것은 습구 온도계, 헝겊으로 감싸지 않은 것은 건구 온도계입니다.

7 건구 온도가 30 ℃, 건구 온도와 습구 온도의 차가 5 ℃이므로 습도는 67 %입니다.

건구 온도 (℃)	건구 온도와 습구 온도의 차(℃)					
	0	1	2	3	4	⑤
29	100	93	86	79	72	66
㉚	100	93	86	79	73	(67)

8 습도가 높으면 곰팡이가 잘 피고 음식물이 부패하기 쉽습니다. 습도가 낮으면 빨래가 잘 마르고 감기에 걸리기 쉽습니다.

9 집기병 표면에서 응결이 일어나 작은 물방울이 맺힙니다.

△ 집기병 표면에 맺힌 물방울

10 집기병 바깥에 있는 공기 중 수증기가 집기병 표면에서 응결해 물방울이 됩니다.

11 조각 얼음 때문에 차가워진 비닐봉지 근처의 공기 중 수증기가 응결해 작은 물방울로 떠 있기 때문에 집기병 안이 뿌옇게 흐려집니다.

12 이슬과 안개는 수증기가 응결해 나타나는 현상입니다.

> **왜 틀렸을까?**
> ① 하늘 높이 떠 있는 것은 구름입니다.
> ② 지표면 가까이 떠 있는 것은 안개입니다.
> ③ 나뭇가지나 풀잎 등에 닿아 맺히는 것은 이슬입니다.
> ④ 이슬과 안개는 응결에 의해 나타나는 현상입니다.

13 둥근바닥 플라스크 아랫면에 작은 물방울이 생기고, 물방울이 점점 커집니다. 이 물방울들이 합쳐지면서 점점 커지고 무거워지면 아래로 떨어집니다.

14 둥근바닥 플라스크 아랫면에 모인 물방울들이 점점 커지면 무거워져 아래로 떨어집니다. 이것은 자연 현상에서 비가 내리는 것을 나타냅니다.

15 현재 습도는 습도표에서 세로줄의 건구 온도를 찾고 가로줄의 건구 온도와 습구 온도의 차를 찾아 만나는 지점의 값입니다.

채점 기준

(1)	'12'를 씀.	
(2)	❶에 '3', ❷에 '습구 온도'를 모두 정확히 씀.	상
	❶과 ❷ 중 한 가지만 정확히 씀.	중

16 실험 ㈎는 수증기가 응결해 집기병 표면에 물방울이 맺히고, 실험 ㈏는 수증기가 응결해 뿌옇게 흐려집니다.

채점 기준

(1)	㈎에 'ⓒ', ㈏에 '㉠'을 모두 씀.	상
	㈎와 ㈏ 중 한 가지만 씀.	중
(2)	정답 키워드 수증기 | 응결 '공기 중 수증기가 응결한다.' 등의 내용을 정확히 씀.	상
	㈎와 ㈏에서 일어나는 공통된 현상을 썼지만, 표현이 부족함.	중

17 구름은 액체(작은 물방울)나 고체(얼음 알갱이)로 이루어져 있습니다.

채점 기준

정답 키워드 물방울 | 얼음 알갱이 '진아'를 쓰고, '구름은 공기 중 수증기가 응결해 물방울이 되거나 얼음 알갱이 상태로 변해 하늘에 떠 있는 것이므로 물방울이나 얼음 알갱이로 되어 있다.' 등의 내용을 정확히 씀.	상
'진아'를 쓰고, 진아가 잘못 설명한 내용을 고쳐 썼지만, 정확하지 않은 부분이 있음.	중

18 얼음물 컵 표면에 물방울이 생기는 것, 추운 날 실내로 들어왔을 때 안경알 표면이 뿌옇게 흐려지는 것은 응결 현상의 예입니다.

19 이슬은 밤이 되어 기온이 낮아지면 공기 중의 수증기가 나뭇가지나 풀잎 등의 표면에 닿아 물방울로 맺히는 것입니다.

20 안개는 지표면 근처에 떠 있지만, 구름은 수증기가 응결하여 생긴 물방울이나 얼음 알갱이가 하늘 높이 떠 있는 것입니다.

개념 다지기 45쪽

1 ㉠ **2** 고기압, 저기압 **3** ④ **4** ⓒ
5 ③ **6** (1) ⓒ (2) ㉠

1 차가운 공기는 따뜻한 공기보다 무겁습니다.

2 공기의 무게가 상대적으로 무거운 것을 고기압, 상대적으로 가벼운 것을 저기압이라고 합니다.

3 향 연기는 얼음물이 든 칸에서 따뜻한 물이 든 칸으로 이동합니다.

4 낮에는 육지 위는 저기압, 바다 위는 고기압이 되어 바다에서 육지로 바람이 붑니다.

5 봄 · 가을에는 따뜻하고 건조합니다.

6 맑고 따뜻한 날은 간편한 옷차림으로 야외 활동을 주로 하고, 미세 먼지가 많은 날은 야외 활동을 자제합니다.

단원 실력 쌓기 46~49쪽

Step 1

1 기압 **2** 고, 저 **3** 바람 **4** 높
5 예 북서쪽 대륙 **6** ⓒ **7** 예 무거워
8 ㉠ 예 차가운 공기를 넣은 플라스틱 통 ⓒ 예 따뜻한 공기를 넣은 플라스틱 통 **9** (1) 저 (2) 고 **10** ②
11 ㉠ **12** 예 공기 덩어리 **13** ③ **14** ②

Step 2

15 (1)

(2) ❶ 고기압 ❷ 저기압

16 예 바다에서 육지로 분다. 예 낮에는 육지 위의 공기가 바다 위의 공기보다 온도가 높기 때문이다. 등

17 (1) ⓒ (2) 예 남서쪽 대륙에서 이동해 오는 공기 덩어리의 영향으로 따뜻하고 건조하다.

> **15** (1) 고, 저 (2) 고, 저
> **16** 바다, 육지
> **17** (1) 봄 · 가을 (2) 남서

Step 3

18 ❶ 예 비슷 ❷ 예 온도나 습도

19 ❶ 예 남서쪽 대륙 ❷ 예 따뜻하고 건조하다.
❸ 예 남동쪽 바다 ❹ 예 덥고 습하다.

20 예 겨울에는 북서쪽 대륙에서 이동해 오는 공기 덩어리의 영향으로 춥고 건조하다.

1 공기의 무게 때문에 생기는 힘을 기압이라고 합니다.

2 주위보다 상대적으로 기압이 높은 곳은 고기압, 주위보다 상대적으로 기압이 낮은 곳은 저기압이라고 합니다.

3 바람은 고기압에서 저기압으로 공기가 이동하는 것입니다.

4 밤에는 바다가 육지보다 온도가 높아 바다 위는 저기압, 육지 위는 고기압이 됩니다.

5 겨울에는 북서쪽 대륙에서 이동해 오는 공기 덩어리의 영향으로 춥고 건조합니다.

6 따뜻한 물에 넣은 플라스틱 통보다 얼음물에 넣은 플라스틱 통의 무게가 더 무겁습니다.

7 같은 부피에서 차가운 공기가 따뜻한 공기보다 무거워 기압이 더 높습니다.

8 차가운 공기는 따뜻한 공기보다 무겁습니다.

9 일정한 부피에서 상대적으로 공기가 무거운 것을 고기압이라고 하고, 상대적으로 공기가 가벼운 것을 저기압이라고 합니다.

10 향 연기는 고기압인 얼음물이 든 칸에서 저기압인 따뜻한 물이 든 칸으로 이동합니다.

왜 틀렸을까?

① 따뜻한 물이 든 칸은 저기압, 얼음물이 든 칸은 고기압이 됩니다.
③ 수조 뒤에 검은색 도화지를 대면 연기의 움직임을 더 잘 볼 수 있습니다.
④ 실험에서 향 연기의 움직임에 해당하는 자연 현상은 바람입니다.
⑤ 따뜻한 물이 든 칸의 공기가 얼음물이 든 칸의 공기보다 온도가 높습니다.

1 낮에는 육지가 바다보다 온도가 높으므로 육지 위는 저기압, 바다 위는 고기압이 되어, 바다에서 육지로 바람이 붑니다.

더 알아보기

해풍과 육풍
- 해풍: 바다에서 육지로 부는 바람
- 육풍: 육지에서 바다로 부는 바람

공기 덩어리가 넓은 지역에 오랫동안 머물러 있으면 공기 덩어리는 그 지역의 온도나 습도와 비슷한 성질을 갖게 됩니다.

겨울에는 북서쪽 대륙에서 이동해 오는 공기 덩어리의 영향으로 춥고 건조합니다.

14 황사가 심한 날에는 외출 등의 야외 활동을 자제하고 외출할 때 마스크를 착용합니다.

15 바람은 기압 차로 일어나는 공기의 이동입니다.

채점 기준

(1)	화살표를 정확히 그림.	
(2)	❶에 '고기압', ❷에 '저기압'을 모두 정확히 씀.	상
	❶과 ❷ 중 한 가지만 정확히 씀.	중

16 낮에는 육지가 바다보다 빨리 데워져 육지가 바다보다 온도가 높습니다.

채점 기준

정답 키워드 육지 위 공기 | 바다 위 공기 | 온도 '바다에서 육지로 분다.' 등을 쓰고, '낮에는 육지 위의 공기가 바다 위의 공기보다 온도가 높기 때문이다.' 등의 내용을 정확히 씀.	상
'바다에서 육지로 분다.' 등을 쓰고, 그와 같이 바람이 부는 까닭을 썼지만, 정확하지 않은 부분이 있음.	중

17 우리나라의 봄 · 가을에는 남서쪽 대륙에서 이동해 오는 공기 덩어리의 영향으로 따뜻하고 건조합니다.

채점 기준

(1)	'ⓒ'을 씀.	
(2)	정답 키워드 남서쪽 대륙 | 따뜻하고 건조하다 '남서쪽 대륙에서 이동해 오는 공기 덩어리의 영향으로 따뜻하고 건조하다.' 등의 내용을 정확히 씀.	상
	봄·가을 날씨의 특징을 공기 덩어리의 성질과 관련하여 썼지만, 표현이 부족함.	중

18 한 지역에 오래 머물던 공기 덩어리가 우리나라로 이동해 오면 우리나라는 그 공기 덩어리의 영향을 받아 온도나 습도가 변합니다.

19 봄에는 남서쪽 대륙에서 따뜻하고 건조한 공기 덩어리가 이동해 오고, 여름에는 남동쪽 바다에서 덥고 습한 공기 덩어리가 이동해 옵니다.

20 우리나라의 겨울은 북서쪽 대륙에서 이동해 오는 공기 덩어리의 영향으로 춥고 건조합니다.

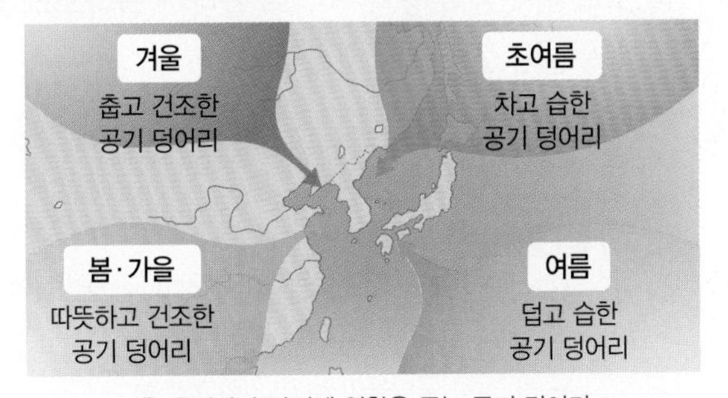

▲ 우리나라 날씨에 영향을 주는 공기 덩어리

대단원 평가 50~53쪽

1 액체샘 **2** ③ **3** ②, ③ **4** 예 ㉠에서는 집기병 표면에 물방울이 맺히고, ㉡에서는 집기병 안이 뿌옇게 흐려진다. **5** ③ **6** 안개 **7** 지민 **8** ④
9 (1) 예 뜨거운 물 (2) 예 플라스크 아래에 작은 물방울이 생기고, 이 물방울이 점점 커진다. **10** ③
11 (1) < (2) 예 같은 부피일 때 따뜻한 공기보다 차가운 공기가 더 무겁다. **12** ③ **13** ㉠ 예 무게 ㉡ 예 높아진다 **14** ㉡ **15** ④ **16** ㉠ 육지 ㉡ 바다
17 높, 낮 **18** ㉠ 바다 ㉡ 육지 **19** (1) 여름 (2) 예 남동쪽 바다에서 이동해 오는 공기 덩어리로 덥고 습하다.
20 (1) ㉣ (2) ㉠

1 건습구 습도계에서 젖은 헝겊으로 액체샘 부분을 감싼 온도계가 습구 온도계입니다.

2 건구 온도가 28 ℃, 건구 온도와 습구 온도의 차는 2 ℃이므로, 습도표에서 습도를 찾으면 85 %입니다.

3 습도가 낮을 때는 공기가 건조하여 피부가 건조해지고, 산불이 발생하기 쉽습니다.

4 집기병 표면에서는 수증기가 응결해 물방울로 맺히고, 집기병 안에서는 수증기가 응결해 뿌옇게 흐려집니다.

채점 기준

채점 기준	점수
정답 키워드 물방울 | 뿌옇게 흐려지다 '㉠에서는 집기병 표면에 물방울이 맺히고, ㉡에서는 집기병 안이 뿌옇게 흐려진다.' 등의 내용을 정확히 씀.	8점
㉠과 ㉡에서 나타나는 변화 중 한 가지만 정확히 씀.	4점

5 차가운 안경알 표면에 수증기가 응결한 것으로, 이슬이 생기는 원리와 비슷합니다.

6 안개는 공기 중 수증기가 응결해 지표면 가까이에 떠 있는 것입니다.

7 구름은 공기가 위로 올라가 차가워져 수증기가 응결하거나 얼음 알갱이로 변해 높은 하늘에 떠 있는 것입니다.

8 공기 중 수증기가 응결해 물방울이 생기는 현상입니다.

9 비커 속 따뜻한 수증기가 위로 올라가 플라스크 아랫면에서 응결해 물방울로 맺힙니다.

채점 기준

	채점 기준	점수
(1)	'뜨거운 물'을 정확히 씀.	2점
(2)	정답 키워드 물방울 | 커지다 '플라스크 아래에 작은 물방울이 생기고, 이 물방울이 점점 커진다.' 등의 내용을 정확히 씀.	8점
	단순히 '작은 물방울이 생긴다.'라고만 씀.	4점

10 비는 구름 속의 작은 물방울들이 합쳐지면서 커지고 무거워져 떨어지거나 커진 얼음 알갱이가 떨어지면서 녹은 것입니다. 눈은 커진 얼음 알갱이가 녹지 않은 채로 떨어진 것입니다.

11 따뜻한 물에 넣은 플라스틱 통보다 얼음물에 넣은 플라스틱 통의 무게가 더 무겁습니다.

채점 기준

	채점 기준	점수
(1)	'<'를 정확히 그림.	2점
(2)	정답 키워드 차가운 공기 | 무겁다 등 '같은 부피일 때 따뜻한 공기보다 차가운 공기가 더 무겁다.' 등의 내용을 정확히 씀.	8점
	얼음물에 넣어 둔 플라스틱 통이 더 무거운 것을 통해 알게 된 점을 썼지만, 표현이 부족함.	4점

12 차가운 공기는 따뜻한 공기보다 일정한 부피에 공기 알갱이가 더 많아 무겁고 기압이 더 높습니다.

13 공기는 무게 때문에 누르는 힘이 생기며, 일정한 부피에서 공기 알갱이가 많을수록 기압이 높아집니다.

14 공기는 무게를 가지고 있어 공기의 양이 많을수록 무겁습니다. 주위보다 상대적으로 공기가 무거우면 고기압이 됩니다.

15 모래는 육지, 물은 바다, 전등은 태양을 나타냅니다.

16 낮에는 육지의 기온이 높고, 밤에는 바다의 기온이 높습니다.

17 육지는 빨리 데워지고 빨리 식으며, 바다는 천천히 데워지고 천천히 식습니다.

18 밤에는 바다가 육지보다 온도가 높으므로 바다 위는 저기압, 육지 위는 고기압이 됩니다.

19 여름에는 남동쪽 바다에서 이동해 오는 덥고 습한 공기 덩어리의 영향을 받습니다.

채점 기준

	채점 기준	점수
(1)	'여름'을 정확히 씀.	2점
(2)	정답 키워드 남동쪽 바다 | 덥고 습하다 '남동쪽 바다에서 이동해 오는 공기 덩어리로 덥고 습하다.' 등의 내용을 정확히 씀.	8점
	우리나라의 여름에 영향을 미치는 공기 덩어리의 성질을 썼지만, 표현이 부족함.	4점

20 여름에는 남동쪽 바다에서 이동해 오는 덥고 습한 공기 덩어리의 영향을 받고, 겨울에는 북서쪽 대륙에서 이동해 오는 춥고 건조한 공기 덩어리의 영향을 받습니다.

4. 물체의 운동

개념 다지기 59쪽

1 ⑤ 2 (1) ㉢ (2) ㉡ (3) ㉠
3 (1) ㉠, ㉡ (2) ㉢ 4 ②, ④ 5 장서은 6 ②

1 시간이 지남에 따라 물체의 위치가 변할 때 물체가 운동한다고 합니다.

2 물체의 운동은 물체가 이동하는 데 걸린 시간과 이동 거리로 나타냅니다.

3 빠르기가 변하는 운동을 하는 물체에는 비행기, 날아가는 공 등이 있고, 빠르기가 일정한 운동을 하는 물체에는 자동계단 등이 있습니다.

4 같은 거리를 이동하는 데 짧은 시간이 걸린 물체가 긴 시간이 걸린 물체보다 빠릅니다.

5 같은 시간 동안 출발선에서 가장 긴 거리를 이동한 종이 강아지가 가장 빠릅니다.

6 같은 시간 동안 긴 거리를 이동한 물체가 짧은 거리를 이동한 물체보다 더 빠릅니다.

단원 실력 쌓기 60~63쪽

Step 1

1 위치 2 빠르기 3 일정한 4 예 이동하는 데 걸린 시간 5 예 이동 거리 6 ㉣ 7 ㉢
8 ① 9 정원 10 ㉡, ㉣ 11 ① 12 ④
13 은영 14 ㉡

Step 2

15 (1) 예 위치
(2) ❶ 예 시간 ❷ 예 거리
16 예 케이블카와 자동계단은 모두 빠르기가 일정한 운동을 한다.
17 (1) 예 스피드 스케이팅, 조정, 카누, 스키점프, 봅슬레이 등
(2) 예 선수들이 같은 거리를 이동하는 데 걸린 시간을 측정하여 빠르기를 비교한다.

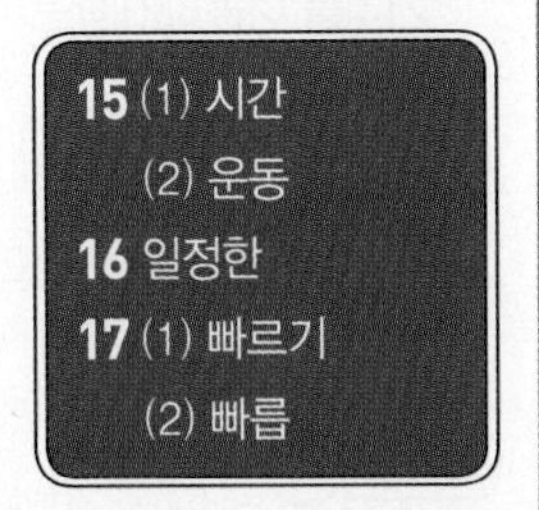

Step 3

18 ❶ 14 m ❷ 1 m ❸ 2 m
19 ㉠ 예 짧은 ㉡ 예 시간
20 예 일정한 시간이 지난 후 출발선에서 가장 멀리 이동한 종이 강아지를 찾는다.

1 시간이 지남에 따라 물체의 위치가 변할 때 물체가 운동한다고 합니다.

2 물체의 움직임이 빠르고 느린 정도를 빠르기라고 합니다.

3 빠르기가 일정한 운동을 하는 것에는 자동길, 자동계단, 케이블카가 있습니다.

4 같은 거리를 이동하는 데 짧은 시간이 걸린 물체가 긴 시간이 걸린 물체보다 더 빠릅니다.

5 같은 시간 동안 긴 거리를 이동한 물체가 짧은 거리를 이동한 물체보다 더 빠릅니다.

6 물체의 운동은 물체가 이동하는 데 걸린 시간과 이동 거리로 나타냅니다.

7 시간이 지남에 따라 물체의 위치가 변할 때 물체가 운동한다고 합니다.

8 비행기는 이륙할 때 점점 빨라지고 착륙할 때 점점 느려집니다.

9 50 m 달리기에서 가장 빠른 사람은 이동하는 데 걸린 시간이 가장 짧은 사람입니다.

10 100 m 달리기 경기에서는 출발선에서 결승선까지 일정한 거리를 이동하는 데 걸린 시간으로 빠르기를 비교합니다.

11 물체의 길이로는 빠르기를 비교할 수 없습니다.

12 리듬 체조는 선수들이 받은 점수를 비교하는 경기입니다.

13 일정한 시간 동안 가장 긴 거리를 이동한 친구가 가장 빠릅니다.

14 같은 시간 동안 긴 거리를 이동한 물체가 짧은 거리를 이동한 물체보다 빠릅니다.

15 물체의 운동은 물체가 이동하는 데 걸린 시간과 이동 거리로 나타냅니다.

채점 기준

(1)	'위치'를 씀.	
(2)	❶에 '시간', ❷에 '거리'를 각각 정확히 씀.	상
	❶과 ❷ 중 한 가지만 정확히 씀.	중

16 빠르기가 일정한 운동을 하는 물체에는 케이블카, 자동계단, 자동길, 컨베이어 벨트 등이 있습니다.

채점 기준

정답 키워드 빠르기 | 일정한 운동 '케이블카와 자동계단 모두 빠르기가 일정한 운동을 한다.' 등의 내용을 정확히 씀.	상
케이블카와 자동계단의 운동에 공통점이 있음을 썼으나 물체의 운동을 빠르기의 변화와 관련하여 말하지 못함.	중

17 수영과 100 m 달리기는 출발선에서 동시에 출발해 결승선까지 도착하는 데 짧은 시간이 걸린 순서대로 순위를 정하며, 같은 거리를 이동하는 데 짧은 시간이 걸린 물체가 긴 시간이 걸린 물체보다 빠릅니다.

채점 기준

(1)	수영, 100 m 달리기와 같은 방법으로 빠르기를 비교하는 '스피드 스케이팅, 조정, 카누, 스키점프, 봅슬레이 등'의 운동 경기 중에서 두 가지를 정확히 씀.	상
	수영, 100 m 달리기와 같은 방법으로 빠르기를 비교하는 운동 경기를 한 가지만 정확히 씀.	중
(2)	정답 키워드 같은 거리 | 걸린 시간 '선수들이 같은 거리를 이동하는 데 걸린 시간을 측정하여 빠르기를 비교한다.' 등의 내용을 정확히 씀.	상
	같은 거리를 이동하는 물체의 빠르기를 비교하는 운동임을 썼으나 물체가 이동하는 데 걸린 시간을 이용하여 빠르기를 비교한다는 내용을 쓰지 못함.	중

18 물체의 이동 거리는 물체의 처음 위치에서 최종 위치 사이의 거리를 말합니다.

19 같은 거리를 이동하는 데 짧은 시간이 걸린 물체가 긴 시간이 걸린 물체보다 빠릅니다.

20 같은 시간 동안 더 긴 거리를 이동한 물체가 짧은 거리를 이동한 물체보다 더 빠릅니다.

채점 기준

정답 키워드 일정한 시간 | 출발선에서 가장 멀어지다 '일정한 시간이 지난 후 출발선에서 가장 멀리 이동한 종이 강아지를 찾는다.' 등의 내용을 정확히 씀.	상
같은 시간 동안 이동한 물체의 빠르기를 비교할 수 있음을 설명하였으나 그 방법에 대한 설명이 부족함.	중

개념 다지기 67쪽

1 ② **2** 200
3 시속 삼십 킬로미터 또는 삼십 킬로미터 매 시
4 (1) ○ (2) × (3) × **5** ⑤

1 속력은 물체가 단위 시간 동안 이동한 거리를 말합니다.

왜 틀렸을까?
① 단위 시간은 1초, 1분, 1시간 등 기준이 되는 시간의 단위입니다.
③ 물체가 빠르게 운동할 때 속력이 크다고 합니다.
④ 속력을 이용하면 이동하는 데 걸린 시간과 이동한 거리가 모두 다른 여러 물체의 빠르기를 비교할 수 있습니다.
⑤ 단위 시간 동안 긴 거리를 이동한 물체의 속력이 짧은 거리를 이동한 물체의 속력보다 큽니다.

2 비행기의 속력은 600 km÷3 h=200 km/h입니다.

3 ○○ km/h는 '시속 ○○ 킬로미터' 또는 '○○ 킬로미터 매 시'라고 읽습니다.

4 (2)는 과속 방지 턱으로 도로에 설치된 안전장치이고, (3)은 어린이 보호구역 표지판에 대한 설명입니다.

5 횡단보도를 건널 때는 휴대전화를 보지 않고 좌우를 살펴야 합니다.

단원 실력 쌓기 68~71쪽

Step 1

1 속력 **2** 크다 **3** 예 걸린 시간
4 예 초속 십 미터 또는 십 미터 매 초
5 어린이 보호구역 표지판 **6** ③ **7** ㉠ 3 ㉡ 4
8 ③, ⑤ **9** ④ **10** ③ **11** ⑤ **12** ④
13 ② **14** ④ **15** ④

Step 2

16 (1) 100
(2) ❶ 예 시간
❷ 3
17 예 빛이 같은 시간 동안 더 긴 거리를 이동하기 때문에 소리보다 속력이 크다.

> **16** (1) 10 km
> (2) 이동 거리
> **17** 긴
> **18** (1) 안전장치
> (2) 속력

18 (1) 어린이 보호구역 표지판
(2) 예 학교 주변 도로에서 자동차의 속력을 제한하여 어린이들의 교통 안전사고를 예방한다.

Step 3

19 ❶ 60 ❷ 90
20 예 신호등의 초록색 불이 켜진 후 좌우를 잘 살피고 횡단보도 건너기, 버스는 인도에서 기다리기, 도로 주변에서 공을 공 주머니에 넣고 다니기, 자전거나 킥보드를 탈 때는 보호장비를 착용하기 등

1 물체가 단위 시간 동안 이동한 거리를 속력이라고 합니다.

2 물체가 빠르게 운동할 때 속력이 크다고 합니다.

3 물체의 속력은 물체의 이동 거리를 이동하는 데 걸린 시간으로 나누어서 구합니다.

4 m/s는 '초속 ○○ 미터' 또는 '○○ 미터 매 초'라고 읽습니다.

5 에어백은 긴급 상황에서 탑승자의 몸을 고정하는 안전 장치입니다.

6 시속 오 킬로미터는 오 킬로미터 매 시와 같은 의미이고, 5 km/h라고 씁니다.

7 수민이의 속력은 3 m÷1 s=3 m/s이고, 우현이의 속력은 40 m÷10 s=4 m/s입니다.

8 속력은 단위 시간 동안 물체가 이동한 거리이고, 속력을 구하는 방법은 이동 거리를 걸린 시간으로 나누는 것이므로 속력을 구하기 위해서는 이동 거리와 걸린 시간을 알아야 합니다.

9 트럭의 속력은 100 km÷2 h=50 km/h이고, 버스의 속력은 360 km÷3 h=120 km/h입니다.

10 같은 시간 동안 이동한 거리를 통해 속력을 비교할 수 있습니다.

11 이동 거리와 걸린 시간이 모두 달라도 속력을 계산하여 물체의 빠르기를 비교할 수 있습니다.

12 3 m/s란 1초 동안 3 m를 이동한 물체의 속력을 뜻합니다.

왜 틀렸을까?
① 속력이 큰 물체가 더 빠릅니다.
② 속력의 단위는 m/s, km/h 등이 있습니다.
③ 속력은 단위 시간 동안 물체가 이동한 거리입니다.
④ 속력이 크면 일정한 시간 동안 더 긴 거리를 이동합니다.

13 자동계단은 사람이나 화물이 자동으로 위아래 층으로 오르내릴 수 있도록 만든 계단 모양의 장치로, 속력과 관련된 안전장치가 아닌 편의시설입니다.

14 버스를 기다릴 때에는 반드시 인도에서 기다려야 하고, 자전거나 킥보드를 탈 때는 보호장비를 착용해야 합니다.

15 신호등의 초록색 불이 켜지면 자동차가 멈췄는지 확인하고 횡단보도를 건너야 합니다.

16 기차는 총 3시간 동안 300 km를 이동하였습니다.

채점 기준

(1)	'100'을 정확히 씀.	
(2)	❶에 '시간', ❷에 '3'을 각각 정확히 씀.	상
	❶과 ❷ 중 한 가지만 정확히 씀.	중

17 같은 시간 동안 더 긴 거리를 이동하는 물체의 속력이 더 큽니다.

채점 기준

정답 키워드 같은 시간 | 멀리 이동하다 | 빛의 속력 | 크다 '빛이 같은 시간 동안 더 긴 거리를 이동하기 때문에 소리보다 속력이 크다.' 등의 내용을 정확히 씀.	상
빛이 소리보다 더 빠르다는 내용을 썼지만, 그 이유를 빛과 소리의 같은 시간 동안 이동한 거리를 비교하여 설명하지 못함.	중

18 어린이 보호구역 표지판은 학교 주변 도로에 설치되어 있으며, 자동차의 속력을 제한하여 어린이들의 교통안전사고를 예방합니다.

채점 기준

(1)	'어린이 보호구역 표지판'을 정확히 씀.	
(2)	정답 키워드 학교 주변 도로 | 속력 제한 | 교통 안전사고 | 예방 '학교 주변 도로에서 자동차의 속력을 제한하여 어린이들의 교통 안전사고를 예방한다.' 등의 내용을 정확히 씀.	상
	'어린이 보호구역 표지판이 교통 안전사고를 예방한다.'라고만 쓰고, 학교 주변 도로에서 자동차의 속력을 제한한다는 어린이 보호구역 표지판의 기능을 설명하지 못함.	중

19 트럭의 속력은 180 km÷3 h=60 km/h이고, 버스의 속력은 180 km÷2 h=90 km/h입니다.

채점 기준

❶에 '60', ❷에 '90'을 각각 정확히 씀.	상
❶과 ❷ 중 한 가지만 정확히 씀.	중

20 도로에서 어린이가 지켜야 할 교통안전 수칙으로는 차가 멈췄는지 확인한 후 손을 들고 횡단보도를 건너기, 횡단보도에서는 자전거에서 내려 자전거를 끌고 가기, 횡단보도를 건널 때는 휴대전화를 보지 않고 좌우를 살피기, 도로 주변에서는 공을 공 주머니에 넣기, 버스를 기다릴 때는 인도에서 기다리기, 자전거나 킥보드를 탈 때는 반드시 보호장비를 착용하기 등이 있습니다.

채점 기준

정답 키워드 초록색 불 | 인도 | 공 주머니 | 보호장비 등 '신호등의 초록색 불이 켜진 후 좌우를 잘 살피고 횡단보도 건너기, 버스는 인도에서 기다리기, 도로 주변에서 공을 공 주머니에 넣고 다니기, 자전거나 킥보드를 탈 때는 보호장비를 착용하기' 등의 내용 중 두 가지를 정확히 씀.	상
도로 주변에서 어린이가 지켜야 할 교통안전 수칙을 한 가지만 정확히 씀.	중

대단원 평가 72~75쪽

1 ③ 2 ㉡ 3 ④ 4 (1) 치타, 타조, 말, 거북 (2) 예 일정한 시간 동안 긴 거리를 이동할수록 물체의 속력이 크기 때문이다. 5 ② 6 ⑤
7 ④ 8 ⑤ 9 ㉠ 10 ② 11 ②
12 예 1시간 동안 800 km를 이동한다는 뜻이다. 13 ②
14 ④ 15 ① 16 (1) 창수 (2) 예 달려오는 차에 부딪힐 수 있어 위험하기 때문이다. 등 17 ⑤
18 ③ 19 ④ 20 ⑤

1 시간이 지남에 따라 물체의 위치가 변할 때 물체가 운동한다고 합니다.

2 과학에서의 운동은 시간이 지남에 따라 물체의 위치가 바뀌는 것을 뜻합니다.

3 시간이 지남에 따라 물체의 위치가 변할 때 물체가 운동한다고 합니다.

4 같은 시간 동안 긴 거리를 이동한 물체가 짧은 거리를 이동한 물체보다 더 속력이 큽니다.

채점 기준

(1)	'치타', '타조', '말', '거북'을 순서대로 정확히 씀.	4점
(2)	정답 키워드 일정한 시간 I 긴 거리 I 속력이 크다 '일정한 시간 동안 긴 거리를 이동할수록 물체의 속력이 크기 때문이다.' 등의 내용을 정확히 씀.	8점
	일정한 시간 동안 물체가 이동한 거리를 이용하여 속력을 비교한다는 내용을 정확히 설명하지 못함.	4점

5 빠르기가 변하는 운동을 하는 놀이기구에는 롤러코스터, 자이로 드롭, 급류 타기, 바이킹 등이 있고 빠르기가 일정한 운동을 하는 놀이기구에는 대관람차 등이 있습니다.

6 같은 거리를 이동한 물체의 빠르기는 물체가 이동하는 데 걸린 시간으로 비교합니다.

7 같은 거리를 이동하는 데 짧은 시간이 걸린 물체가 긴 시간이 걸린 물체보다 더 빠릅니다.

8 출발선에서 동시에 출발한 물체 중 일정한 시간이 지난 후 출발선에서 가장 멀어진 물체가 가장 빠릅니다.

9 속력은 물체의 이동 거리를 걸린 시간으로 나누어 구합니다.

10 1초 동안 5 m를 이동하는 물체가 1초 동안 4 m를 이동하는 물체보다 같은 시간 동안 더 긴 거리를 이동하므로 1초 동안 5 m를 이동하는 물체가 1초 동안 4 m를 이동하는 물체보다 빠릅니다.

11 100 km/h는 '백 킬로미터 매 시' 또는 '시속 백 킬로미터'라고 읽습니다.

12 ○○km/h는 물체가 1시간 동안 ○○km를 이동한다는 뜻입니다.

채점 기준

정답 키워드 1시간 I 800 km I 이동 '1시간 동안 800 km를 이동한다는 뜻이다.' 등의 내용을 정확히 씀.	8점
걸린 시간과 이동 거리를 모두 포함하여 설명하지 못함.	4점

13 속력은 물체의 이동 거리를 이동하는데 걸린 시간으로 나누어 구할 수 있으며, 속력이 클수록 물체의 빠르기가 빠릅니다.

14 자동차의 속력은 (자동차의 이동 거리)÷(자동차가 이동하는 데 걸린 시간)이므로 150 km÷2 h=75 km/h입니다.

15 자전거의 속력은 (자전거의 이동 거리)÷(자전거가 이동하는 데 걸린 시간)=200 km÷4 h=50 km/h이고, 자동차의 속력은 (자동차의 이동 거리)÷(자동차가 이동하는 데 걸린 시간)=300 km÷3 h=100 km/h입니다.

16 버스를 기다릴 때는 차도가 아닌 인도에 있어야 합니다.

채점 기준

(1)	'창수'를 정확히 씀.	4점
(2)	정답 키워드 달려오는 차에 부딪힐 수 있다. '달려오는 차에 부딪힐 수 있어 위험하기 때문이다.' 등의 내용을 정확히 씀.	8점
	'도로 주변은 위험하기 때문이다.' 등과 같이 차도에서 버스를 기다리면 위험한 이유를 설명하지 못함.	4점

17 도로터널은 산 밑을 이동할 수 있게 만든 통로입니다.

18 도로에 설치된 속력과 관련된 안전장치에는 과속 방지 턱, 과속 단속 카메라 등이 있고 자동차에 설치된 속력과 관련된 안전장치에는 안전띠, 에어백 등이 있습니다.

19 과속 방지 턱은 도로에 설치된 안전장치로, 자동차의 속력을 줄여서 사고를 예방합니다.

20 신호등의 초록색 불이 켜지면 잠시 기다린 다음 자동차가 멈춘 것을 확인하고 횡단보도를 건넙니다.

5. 산과 염기

개념 다지기 81쪽

1 (1) ㉠ (2) ㉢ (3) ㉠ (4) ㉡　2 ㉡, ㉣　3 ㉡
4 ㉠ 예 붉은색 ㉡ 예 푸른색 ㉢ 예 붉은색　5 ①, ③
6 산성, 염기성

1 식초와 유리 세정제는 색깔이 있고 투명하며 냄새가 납니다.

2 맛과 색깔의 예쁨은 주관적이므로 분류 기준으로 적당하지 않습니다.

3 유리 세정제는 염기성 용액이므로 붉은색 리트머스 종이를 푸른색으로 변하게 합니다.

4 산성 용액과 염기성 용액은 리트머스 종이와 페놀프탈레인 용액의 색깔 변화로 분류할 수 있습니다.

5 붉은 양배추 지시약을 식초, 묽은 염산과 같은 산성 용액에 떨어뜨리면 붉은색 계열의 색깔로 변합니다.

6 산성 용액은 붉은 양배추 지시약을 붉은색 계열로 변하게 하고, 염기성 용액은 붉은 양배추 지시약을 푸른색이나 노란색 계열로 변하게 합니다.

단원 실력 쌓기 82~85쪽

Step 1

1 없고, 있습　2 지시약　3 산성
4 묽은 수산화 나트륨 용액　5 붉은색　6 ①, ⑤
7 ②　8 빨랫비누 물　9 ②, ③　10 ㉡, ㉣
11 ⑤　12 ③　13 ㉢　14 ㉡, ㉤, ㉥
15 ㉠, ㉢

Step 2

16 (1) 지시약
(2) ❶ 예 성질 ❷ 예 색깔
17 (1) 석회수
(2) 예 염기성 용액에서는 푸른색 리트머스 종이의 색깔 변화가 없기 때문이다.

16 (1) 리트머스
(2) 지시약
17 (1) 푸른색
(2) 붉은색

Step 3

18 ㉠ 예 붉은색 ㉡ 예 푸른색
19 (1) 식초, 묽은 염산 (2) 묽은 수산화 나트륨 용액, 유리 세정제
20 예 붉은 양배추 지시약이 푸른색이나 노란색 계열의 색깔로 변한다.

1 묽은 수산화 나트륨 용액은 색깔이 없고, 식초는 색깔이 있습니다.

묽은 수산화 나트륨 용액

식초

2 지시약은 어떤 용액에 닿았을 때 그 용액의 성질에 따라 색깔 변화가 나타나는 물질로, 리트머스 종이, 페놀프탈레인 용액 등이 있습니다.

더 알아보기

여러 가지 지시약의 색깔 변화

- 리트머스 종이: 산성 용액에서는 푸른색 리트머스 종이가 붉은색으로 변하고, 염기성 용액에서는 붉은색 리트머스 종이가 푸른색으로 변합니다.
- 페놀프탈레인 용액: 산성 용액에서는 페놀프탈레인 용액의 색깔 변화가 없지만, 염기성 용액에서는 페놀프탈레인 용액이 붉은색으로 변합니다.
- 붉은 양배추 지시약: 산성 용액에서는 붉은 양배추 지시약이 붉은색 계열의 색깔로 변하고, 염기성 용액에서는 푸른색이나 노란색 계열의 색깔로 변합니다.
- BTB 용액: 산성 용액에서는 BTB 용액이 노란색으로 변하고, 염기성 용액에서는 파란색으로 변합니다.

3 산성 용액은 푸른색 리트머스 종이를 붉은색으로 변하게 하고, 염기성 용액은 붉은색 리트머스 종이를 푸른색으로 변하게 합니다.

푸른색 리트머스 종이가 붉은색으로 변함.

붉은색 리트머스 종이가 푸른색으로 변함.

4 식초는 산성 용액이고, 묽은 수산화 나트륨 용액은 염기성 용액입니다.

5 식초와 묽은 염산은 산성 용액이므로 붉은 양배추 지시약을 붉은색 계열로 변하게 합니다.

6 레몬즙은 투명하지 않고, 석회수는 색깔과 냄새가 없으며, 묽은 염산은 색깔이 없고 냄새가 있습니다.

7 식초, 레몬즙, 사이다, 빨랫비누 물은 냄새가 나고, 석회수와 묽은 수산화 나트륨 용액은 냄새가 나지 않습니다.

8 여러 가지 용액을 분류하기 위한 분류 기준에는 색깔, 냄새, 거품 등이 있습니다.

9 푸른색 리트머스 종이를 붉은색으로 변하게 하는 용액은 레몬즙, 묽은 염산과 같은 산성 용액입니다.

10 페놀프탈레인 용액을 떨어뜨렸을 때 페놀프탈레인 용액이 붉은색으로 변하는 용액은 염기성 용액입니다.

11 리트머스 종이는 용액의 성질에 따라 색깔 변화가 나타나는 지시약입니다.

12 산성 용액에서 페놀프탈레인 용액의 색깔은 변하지 않습니다.

13 식초와 묽은 염산에 붉은 양배추 지시약을 떨어뜨리면 붉은 양배추 지시약이 붉은색으로 변합니다.

14 붉은 양배추 지시약은 염기성 용액에서 푸른색 또는 노란색 계열의 색깔로 변합니다.

15 붉은 양배추 지시약을 산성 용액에 떨어뜨리면 붉은색 계열의 색깔로 변하고, 염기성 용액에 떨어뜨리면 푸른색이나 노란색 계열의 색깔로 변합니다.

16 지시약은 어떤 용액에 닿았을 때 그 용액의 성질에 따라 색깔 변화가 나타나므로 용액을 산성과 염기성으로 분류할 수 있습니다.

채점 기준

(1)	'지시약'을 정확히 씀.	
(2)	❶ '성질', ❷ '색깔' 두 가지를 모두 정확히 씀.	상
	❶과 ❷ 중 한 가지만 정확히 씀.	중

17 **채점 기준**

(1)	'석회수'를 정확히 씀.	
(2)	정답 키워드 염기성 용액 | 푸른색 리트머스 종이 | 색깔 변화 등 '염기성 용액에서는 푸른색 리트머스 종이의 색깔 변화가 없기 때문이다.'와 같이 내용을 정확히 씀.	상
	'염기성 용액에서는 색깔 변화가 없기 때문이다.'와 같이 푸른색 리트머스 종이에 대한 내용은 쓰지 못함.	중

18 산성 용액인 식초에서는 붉은 양배추 지시약이 붉은색 계열로 변하고, 염기성 용액인 유리 세정제에서는 붉은 양배추 지시약이 푸른색 계열로 변합니다.

19 붉은 양배추 지시약을 붉은색 계열로 변하게 하는 식초와 묽은 염산은 산성 용액이고, 붉은 양배추 지시약을 푸른색이나 노란색 계열로 변하게 하는 묽은 수산화 나트륨 용액과 유리 세정제는 염기성 용액입니다.

20 염기성 용액에 붉은 양배추 지시약을 떨어뜨리면 붉은 양배추 지시약이 푸른색이나 노란색 계열의 색깔로 변합니다.

개념 다지기

89쪽

1 (1) ㉡ (2) ㉠ **2** ㉡, ㉣ **3** 노란색, 붉은색
4 ㉠ 예 약해 ㉡ 예 약해 **5** ㉠ **6** ㉡

1 묽은 염산에 넣은 대리암 조각은 기포가 발생하고, 묽은 수산화 나트륨 용액에 넣은 두부는 흐물흐물해집니다.

2 삶은 닭 가슴살과 삶은 메추리알 흰자는 염기성 용액에 녹고, 대리암 조각과 메추리알 껍데기는 산성 용액에 녹습니다.

3 염기성 용액에 산성 용액을 넣을수록 염기성이 약해지다가 산성으로 변하므로 붉은 양배추 지시약이 노란색 계열에서 붉은색 계열로 변합니다.

4 산성 용액에 염기성 용액을 넣을수록 산성이 약해지다가 염기성으로 변하고, 염기성 용액에 산성 용액을 넣을수록 염기성이 약해지다가 산성으로 변합니다.

5 구연산 용액은 산성이므로 푸른색 리트머스 종이가 붉은색으로 변합니다.

6 식초는 산성 용액이고, 욕실용 세제는 염기성 용액입니다.

단원 실력 쌓기

90~93쪽

Step 1

1 묽은 염산 **2** 염기성 용액 **3** 붉은색, 노란색
4 약 **5** 산성 **6** ㉢ **7** ②, ④ **8** ⑤
9 ② **10** ③ **11** ㉠ 예 붉은색 ㉡ 예 무색
12 수정 **13** (1) 염기성 (2) 산성 **14** ㉡, ㉣
15 산성, 염기성

Step 2

16 (1) ㉠, ㉣
(2) ❶ 예 산성 ❷ 예 염기성

17 (1) ㉠
(2) (가) 예 변기용 세제로 변기 청소를 한다. 등
(나) 예 욕실용 세제로 욕실 청소를 한다. 등

16 (1) 산성, 염기성
(2) 산성, 염기성
17 (1) 산성, 염기성
(2) 산성, 염기성

Step 3

18 붉은색, 노란색
19 ❶ ㉠ ❷ 염기성
20 (1) 예 산성이 약해지다가 용액의 성질이 염기성으로 변한다
(2) 예 염기성이 약해지다가 용액의 성질이 산성으로 변한다

1 산성 용액인 묽은 염산은 대리암 조각을 녹입니다.

▲ 묽은 염산에 넣은 대리암 조각

2 염기성 용액에 삶은 달걀 흰자를 넣으면 삶은 달걀 흰자가 흐물흐물해지고, 용액이 뿌옇게 흐려집니다.

▲ 염기성 용액에 넣은 삶은 달걀 흰자

3 묽은 염산에 묽은 수산화 나트륨 용액을 넣을수록 산성이 약해지므로 붉은 양배추 지시약이 붉은색 계열에서 노란색 계열로 변합니다.

4 염기성 용액에 산성 용액을 넣을수록 염기성이 약해지면서 용액의 성질이 변합니다.

식초는 염기성인 생선의 비린내를 약하게 합니다.

묽은 염산에 달걀 껍데기를 넣으면 기포가 발생하면서 녹습니다.

산성 용액은 메추리알 껍데기와 대리암 조각을 녹이고, 염기성 용액은 삶은 닭 가슴살과 삶은 메추리알 흰자를 녹입니다.

식초, 레몬즙, 탄산수, 묽은 염산은 산성 용액이고, 유리 세정제는 염기성 용액으로 두부를 녹입니다.

두부와 삶은 달걀 흰자는 염기성 용액에 녹고, 대리암 조각과 달걀 껍데기는 산성 용액에 녹습니다.

왜 틀렸을까?

① 두부는 염기성 용액에 녹습니다.
③ 삶은 달걀 흰자는 염기성 용액에 녹습니다.
④ 산성 용액에 녹는 물질이 염기성 용액에서도 녹는 것은 아닙니다. 산성 용액과 염기성 용액에서 녹는 물질이 다릅니다.
⑤ 달걀 껍데기는 염기성 용액에는 녹지 않지만, 산성 용액에는 녹습니다.

묽은 염산에 붉은 양배추 지시약을 떨어뜨리면 붉은색을 띱니다.

염기성 용액인 묽은 수산화 나트륨 용액에 산성 용액인 묽은 염산을 넣을수록 염기성이 약해지다가 산성으로 변하므로 페놀프탈레인 용액이 붉은색에서 무색으로 변합니다.

12 산성 용액에 염기성 용액을 넣을수록 산성이 약해지며, 산성 용액과 염기성 용액을 섞으면 용액 속의 산성을 띠는 물질과 염기성을 띠는 물질이 섞이면서 용액의 성질이 변합니다.

13 제빵 소다 용액은 붉은색 리트머스 종이가 푸른색으로 변했으므로 염기성이고, 구연산 용액은 푸른색 리트머스 종이가 붉은색으로 변했으므로 산성입니다.

14 제산제와 욕실용 세제는 염기성 용액이고, 변기용 세제와 레몬즙은 산성 용액입니다.

15 염기성인 비린내를 약하게 하기 위해 산성 용액인 식초를 이용합니다.

16 산성 용액인 묽은 염산에 대리암 조각과 달걀 껍데기를 넣으면 기포가 발생하면서 녹고, 염기성 용액인 묽은 수산화 나트륨 용액에 두부와 삶은 달걀 흰자를 넣으면 흐물흐물해지면서 용액이 뿌옇게 흐려집니다.

채점 기준

(1)	'㉠', '㉣' 두 가지를 모두 정확히 씀.	상
	'㉠', '㉣' 두 가지 중 한 가지만 정확히 씀.	중
(2)	❶ '산성', ❷ '염기성' 두 가지를 모두 정확히 씀.	상
	❶과 ❷ 중 한 가지만 정확히 씀.	중

17 ㉠은 산성 용액(식초), ㉡은 염기성 용액(유리 세정제)을 이용하는 예입니다.

채점 기준

(1)	'㉠'을 정확히 씀.	
(2)	정답 키워드 변기용 세제 | 욕실용 세제 등 (가) '변기용 세제로 변기 청소를 한다.', (나) '욕실용 세제로 욕실 청소를 한다.' 등과 같이 두 가지 내용을 모두 정확히 씀.	상
	(가)와 (나) 중 한 가지만 정확히 씀.	중

18 산성 용액인 묽은 염산에서는 붉은 양배추 지시약이 붉은색 계열로 변하며, 묽은 수산화 나트륨 용액을 점점 많이 넣으면 산성이 약해져서 붉은 양배추 지시약이 노란색 계열로 변합니다.

19 염기성 용액인 묽은 수산화 나트륨 용액에 산성 용액인 묽은 염산을 계속 넣으면 염기성이 약해지다가 산성이 되므로 붉은 양배추 지시약이 노란색 계열에서 붉은색 계열로 변합니다.

20 산성 용액에 염기성 용액을 넣을수록 산성이 약해지다가 염기성으로 변하고, 염기성 용액에 산성 용액을 넣을수록 염기성이 약해지다가 산성으로 변합니다.

대단원 평가 94~96쪽

1 ② **2** ⑤ **3** ③ **4** ④
5 (1) ㉠ 산성 ㉡ 염기성 (2) 예 산성 용액에서는 푸른색 리트머스 종이가 붉은색으로 변하고, 염기성 용액에서는 붉은색 리트머스 종이가 푸른색으로 변한다. **6** ㉠, ㉢ **7** ②, ⑤
8 ㉡, ㉣ **9** (1) ㉠ (2) 예 붉은 양배추 지시약은 산성 용액에서 붉은색 계열의 색깔로 변하기 때문이다. **10** ㉡
11 ③, ④ **12** ⑤ **13** ②, ③ **14** 예 산성 **15** ㉠
16 예 염기성 용액에 산성 용액을 넣을수록 염기성이 약해지다가 산성으로 변한다. **17** 노란색 **18** ③
19 (1) 산성 (2) 염기성 (3) 산성 **20** ㉡

1 레몬즙은 냄새가 나고, 투명하지 않습니다.

2 식초, 레몬즙, 유리 세정제는 색깔이 있습니다.

3 레몬즙은 투명하지 않고, 나머지는 투명합니다.

4 페놀프탈레인 용액을 붉은색으로 변하게 하는 용액은 석회수, 유리 세정제와 같은 염기성 용액입니다.

5 산성 용액은 푸른색 리트머스 종이를 붉은색으로 변하게 하고, 염기성 용액은 붉은색 리트머스 종이를 푸른색으로 변하게 합니다.

채점 기준

(1)	㉠ '산성', ㉡ '염기성' 두 가지를 모두 정확히 씀.	4점
	㉠과 ㉡ 중 한 가지만 정확히 씀.	2점
(2)	정답 키워드 산성 용액 – 푸른색 리트머스 종이 – 붉은색 | 염기성 용액–붉은색 리트머스 종이–푸른색 등 '산성 용액에서는 푸른색 리트머스 종이가 붉은색으로 변하고, 염기성 용액에서는 붉은색 리트머스 종이가 푸른색으로 변한다.'와 같이 내용을 정확히 씀.	8점
	'산성 용액에서는 붉은색으로 변하고, 염기성 용액에서는 푸른색으로 변한다.'와 같이 리트머스 종이의 색깔은 쓰지 못함.	4점

6 산성 용액은 푸른색 리트머스 종이를 붉은색으로 변하게 하고, 페놀프탈레인 용액의 색깔은 변하게 하지 않습니다.

왜 틀렸을까?

㉡ 페놀프탈레인 용액을 붉은색으로 변하게 하는 것은 염기성 용액입니다.
㉣ 붉은색 리트머스 종이를 푸른색으로 변하게 하는 것은 염기성 용액입니다.

7 식초, 레몬즙, 묽은 염산은 산성 용액이고, 묽은 수산화 나트륨 용액, 석회수, 유리 세정제는 염기성 용액입니다.

8 붉은 양배추 지시약을 노란색이나 푸른색 계열로 변하게 하는 용액은 석회수, 유리 세정제와 같은 염기성 용액입니다.

9

채점 기준

(1)	'㉠'을 정확히 씀.	4점
(2)	정답 키워드 붉은 양배추 지시약 | 산성 용액 – 붉은색 등 '붉은 양배추 지시약은 산성 용액에서 붉은색 계열의 색깔로 변하기 때문이다.'와 같이 내용을 정확히 씀.	8점
	㉠의 용액이 산성 용액인 까닭을 썼지만, 표현이 부족함.	4점

10 꼬리 부분은 붉은색 계열이므로 산성 용액을 묻힌 부분이고, 머리 부분은 푸른색 계열이므로 염기성 용액을 묻힌 부분입니다.

11 묽은 염산과 같은 산성 용액은 메추리알 껍데기와 대리암 조각을 녹입니다.

12 묽은 수산화 나트륨 용액에 삶은 달걀 흰자를 넣으면 삶은 달걀 흰자가 녹아 흐물흐물해지며 용액이 뿌옇게 흐려집니다.

13 산성 용액에 대리암 조각이나 달걀 껍데기를 넣으면 기포가 발생하며 녹습니다.

14 대리암으로 만든 문화재에 유리 보호 장치를 한 까닭은 산성비와 같은 산성 물질에 의해 대리암으로 만든 문화재가 훼손되는 것을 막기 위해서입니다.

15 묽은 수산화 나트륨 용액에 묽은 염산을 넣을수록 붉은 양배추 지시약이 노란색 계열에서 붉은색 계열로 변합니다.

16 붉은 양배추 지시약의 색깔 변화를 통해 염기성 용액에 산성 용액을 넣을수록 염기성이 약해지다가 산성으로 변한다는 것을 알 수 있습니다.

채점 기준

정답 키워드 염기성 | 산성 등 '염기성 용액에 산성 용액을 넣을수록 염기성이 약해지다가 산성으로 변한다.'와 같이 내용을 정확히 씀.	8점
'염기성이 약해진다.'와 같이 염기성 용액에 산성 용액을 넣을수록 염기성이 약해지다가 산성으로 변한다는 내용은 쓰지 못함.	4점

17 산성 용액에 염기성 용액을 계속 넣으면 산성이 점 약해지다가 염기성으로 변하므로 용액에 있던 붉은 양배 지시약의 색깔이 노란색 계열로 변합니다.

18 구연산 용액에 넣은 페놀프탈레인 용액은 색깔이 변하 않습니다.

19 유리 세정제는 염기성 용액이고, 변기용 세제와 식초 산성 용액입니다.

20 염기성 용액인 제산제를 먹어 산성 용액인 위액으 인한 속쓰림을 줄입니다.

1. 과학 탐구

개념 확인하기

4쪽

1 ㉡ 2 ㉠ 3 ㉠
4 ㉡ 5 ㉡

온라인 학습 단원평가의 정답과 함께 문항 분석도 확인하세요.

단원평가

5~7쪽

문항 번호	정답	평가 내용	난이도
1	④	탐구 문제를 정하는 방법 알기	쉬움
2	④	문제 인식의 뜻 알기	쉬움
3	①	가설 설정의 특징 알기	어려움
4	①	가설 설정의 특징 알기	쉬움
5	⑤	같게 해야 할 조건 알기	보통
6	②	변인 통제의 방법 알기	보통
7	②	변인 통제의 뜻 알기	어려움
8	②	실험을 계획할 때 고려할 점 알기	보통
9	④	탐구 계획서에 들어갈 내용 알기	보통
10	②	실험할 때 주의할 점 알기	보통
11	①	실험할 때 유의할 점 알기	보통
12	⑤	실험할 때 유의할 점 알기	보통
13	③	자료 변환의 특징 알기	어려움
14	①	자료 변환의 형태 알기	쉬움
15	③	자료 해석의 특징 알기	어려움
16	①	결론 도출의 뜻 알기	보통
17	①	탐구 발표를 듣는 방법 알기	보통
18	①	탐구 발표를 하는 방법 알기	쉬움
19	④	탐구 발표를 하는 방법 알기	보통
20	①	새로운 탐구를 시작하는 방법 알기	쉬움

1 간단한 조사로 쉽게 답을 찾을 수 있는 문제는 탐구 문제로 적절하지 않습니다.

2 문제 인식은 무엇을 탐구할지를 분명히 하는 탐구 기능입니다.

3 과학 탐구를 할 때는 문제를 인식하여 탐구 문제를 정한 후 탐구 문제에 대한 답을 예상하여 가설을 설정합니다.

4 가설을 설정할 때는 탐구 문제에 영향을 주는 것이 무엇인지, 어떤 영향을 줄지 생각해보고 탐구 결과에 대해 예상해봅니다.

5 빨래가 놓인 모양 외의 모든 조건을 같게 해야 합니다.

6 헝겊의 색깔은 실험 결과에 영향을 미치지 않습니다.

7 실험 결과에 영향을 줄 수 있는 조건을 확인하고 통제하는 것을 변인 통제라고 합니다.

8 발표 자료에 어떤 내용이 들어가야 할지는 탐구 결과 발표 단계에서 생각합니다.

9 탐구 계획서에는 탐구 기간과 장소, 준비물, 탐구 순서, 역할 분담, 주의할 점 등이 들어가야 합니다.

10 실험 결과는 실험할 때 관찰하고 측정하여 얻은 있는 그대로의 내용과 결과를 기록해야 합니다.

11 실험을 여러 번 반복하면 보다 정확한 결과를 얻을 수 있습니다.

12 실험할 때는 같게 해야 할 조건이 잘 유지되도록 해야 합니다.

13 자료를 그래프로 변환하는 경우 자료를 점이나 선, 면으로 나타낼 수 있어 자료 사이의 관계나 규칙을 쉽게 알 수 있습니다.

14 실험 결과는 표나 그래프로 자료 변환하여 나타낼 수 있습니다.

15 자료 변환을 하면 실험 결과의 특징을 한 눈에 비교하기 쉽습니다.

16 결론 도출은 실험 결과에서 탐구 문제의 결론을 내는 것을 의미합니다.

17 발표를 들을 때는 발표하는 사람의 발표에 집중해야 합니다.

18 탐구 발표를 할 때는 발표 자료가 이해하기 쉬워야 하며, 알맞은 목소리와 속도로 발표해야 합니다.

19 발표하는 사람은 너무 빠르지 않게 친구들이 잘 알아들을 수 있는 크기로 또박또박 말합니다.

20 새로운 탐구를 시작할 때도 탐구 문제를 정하고 가설을 세우는 과정이 필요합니다.

2. 생물과 환경

개념 확인하기 8쪽

1 ㉡ 2 ㉠ 3 ㉡ 4 ㉣ 5 ㉢

개념 확인하기 9쪽

1 ㉠ 2 ㉣ 3 ㉡ 4 ㉡ 5 ㉡

실력 평가 10~11쪽

1 ② 2 ① 3 ② 4 (1) ㉡ (2) ㉠ (3) ㉢
5 ④ 6 ② 7 ㉠ 8 ⑤ 9 ②
10 (1) ㉠ (2) ㉠ (3) ㉡ (4) ㉡

1 세균도 생태계를 구성하는 생물 요소입니다.

2 세균, 검정말, 곰팡이, 잠자리는 하천 주변의 생태계에서 볼 수 있는 생물 요소입니다.

더 알아보기

하천 주변의 생물 요소와 비생물 요소

생물 요소	비생물 요소
부들, 수련, 검정말, 왜가리, 개구리, 잠자리, 물방개, 붕어, 곰팡이, 세균 등	햇빛, 공기, 물, 흙 등

3 생물 요소인 식물은 비생물 요소인 햇빛을 이용하여 양분을 만들 수 있습니다.

4 다른 생물을 먹이로 하여 살아가는 생물은 소비자, 햇빛 등을 이용하여 스스로 양분을 만드는 생물은 생산자, 주로 죽은 생물이나 배출물을 분해하여 양분을 얻는 생물은 분해자입니다.

5 배추, 벼, 검정말, 옥수수는 햇빛 등을 이용하여 스스로 양분을 만들고, 곰팡이는 죽은 생물이나 배출물을 분해하여 양분을 얻습니다.

6 개구리는 메뚜기와 나비를 먹고, 매와 뱀에게 먹힙니다.

7 먹이 그물을 보고 생물들의 먹고 먹히는 관계를 알 수 있습니다.

8 먹이 관계가 그물처럼 복잡하면 어떤 먹이가 부족해지더라도 다른 먹이를 먹을 수 있으므로 생물이 쉽게 멸종하지 않습니다.

▲ 먹이 그물

9 사슴을 모두 다른 곳으로 옮기면 늑대의 경우처럼 또다시 다른 동식물이 영향을 받을 수 있습니다.

10 산불, 홍수 등의 자연재해나 댐 건설, 도로 건설 등 사람에 의한 자연 파괴로 생태계 평형이 깨어집니다.

개념 확인하기 12쪽

1 ㉠, ㉡, ㉢, ㉣ 2 ㉢ 3 ㉡ 4 ㉠
5 ㉠

개념 확인하기 13쪽

1 ㉠ 2 ㉠ 3 ㉠ 4 ㉠ 5 ㉡

실력 평가 14~15쪽

1 ② 2 ㉢ 3 ④ 4 ①
5 (1) ㉢ (2) ㉠ (3) ㉡ 6 ㉡ 7 ㉠ 8 ④
9 (1) ㉡ (2) ㉢ (3) ㉠ 10 ③

1 ㉠과 ㉡은 햇빛 조건은 같고 물의 조건만 다르게 하였습니다.

2 떡잎이 노란색이고, 떡잎 아래 몸통이 길게 자란 것은 햇빛을 받지 못하고 물을 준 조건에서 자란 것입니다.

3 온도가 콩나물의 자람에 미치는 영향을 알아볼 때에는 온도만 다르게 하고 나머지 조건은 같게 합니다.

4 생물이 사는 장소를 제공하는 것은 흙입니다. 철새의 이동, 단풍과 낙엽, 동물의 털갈이에는 온도가 영향을 줍니다.

5 박쥐는 빛이 들지 않는 어두운 동굴, 북극곰은 추운 극지방, 선인장은 건조한 사막에서 살아가기에 유리하도록 적응하였습니다.

더 알아보기

박쥐, 북극곰, 선인장이 서식지 환경에 적응할 수 있는 특징

박쥐	시력이 나쁜 눈 대신 초음파를 들을 수 있는 귀가 있어서 어두운 동굴 속에서 살 수 있음.
북극곰	온몸이 두꺼운 털로 덮여 있고 지방층이 두꺼워서 추운 극지방에서 살 수 있음.
선인장	잎이 가시 모양이고, 두꺼운 줄기에 물을 많이 저장해서 건조한 사막에서 살 수 있음.

6 북극여우는 털색이 흰 눈으로 덮인 서식지와 비슷해 몸을 숨기기 쉽고 먹잇감에 접근하기 쉽기 때문에 살아남기 유리합니다.

7 개구리가 겨울잠을 자는 것은 추운 환경에 적응한 생활 방식입니다.

8 지나친 농약 사용은 흙을 오염시키는 원인이 됩니다.

9 동물의 호흡 기관에 이상이 생기거나 병에 걸리는 것은 대기 오염(공기 오염)이 생물에 미치는 영향이고, 흙이 오염되어 식물에 오염 물질이 점점 쌓이는 것은 토양 오염(흙 오염)이 생물에 미치는 영향이며, 물고기가 죽거나 모습이 이상해지기도 하는 것은 수질 오염(물 오염)이 생물에 미치는 영향입니다.

10 도로를 만들면서 생물이 살아가는 터전을 파괴하여 생태계 평형을 깨뜨리기도 합니다.

더 알아보기

생태계 평형이 깨어지는 원인

- 생태계 평형: 어떤 지역에서 생물의 종류와 수 또는 양이 균형을 이루며 안정된 상태를 유지하는 것
- 생태계 평형이 깨어지는 원인: 자연재해(산불, 홍수, 가뭄, 지진 등), 사람에 의한 자연 파괴(도로나 댐 건설 등)

서술형·논술형 평가 16쪽

1 (1) 생물 요소 - 여우, 쑥부쟁이, 뱀, 곰팡이
비생물 요소 - 물, 햇빛
(2) 예 어떤 장소에서 서로 영향을 주고받는 생물 요소와 비생물 요소를 생태계라고 한다.

2 (1) 먹이 그물
(2) 예 어느 한 종류의 먹이가 부족해지더라도 다른 먹이를 먹고 살 수 있다.

3 (1) 햇빛
(2) 예 햇빛이 잘 드는 곳에 두고, 물을 주었다.

1 여우, 쑥부쟁이, 뱀, 곰팡이는 살아 있는 생물 요소이고, 물, 햇빛은 살아 있지 않은 비생물 요소입니다.

채점 기준

(1)	생물 요소에 '여우, 쑥부쟁이, 뱀, 곰팡이'를, 비생물 요소에 '물, 햇빛'을 모두 정확히 씀.	2점
	생물 요소와 비생물 요소 중 한 가지만 정확히 씀.	1점
(2)	정답 키워드 생물 요소 | 비생물 요소 등 '어떤 장소에서 서로 영향을 주고받는 생물 요소와 비생물 요소를 생태계라고 한다.'와 같이 내용을 정확히 씀.	6점
	생태계가 무엇인지 썼지만, 표현이 부족함.	3점

2 생태계에서 생물은 여러 생물을 먹이로 하기 때문에 어느 한 종류의 먹이가 부족해지더라도 다른 먹이를 먹고 살 수 있습니다.

채점 기준

(1)	'먹이 그물'을 정확히 씀.	4점
(2)	정답 키워드 먹이 부족 | 다른 먹이 등 '어느 한 종류의 먹이가 부족해지더라도 다른 먹이를 먹고 살 수 있다.'와 같이 내용을 정확히 씀.	8점
	먹이 관계가 여러 방향으로 연결되어 있으면 유리한 점을 썼지만, 표현이 부족함.	4점

3 햇빛을 받지 못한 콩나물은 떡잎이 노란색 그대로이고, 떡잎이 초록색으로 변하고 떡잎 아래 몸통이 길고 굵게 자란 콩나물은 햇빛이 잘 드는 곳에 두고 물을 준 것입니다.

채점 기준

(1)	'햇빛'을 정확히 씀.	4점
(2)	정답 키워드 햇빛 - 잘 들다 | 물 - 주다 등 '햇빛이 잘 드는 곳에 두고, 물을 주었다.'와 같이 내용을 정확히 씀.	8점
	콩나물이 잘 자란 것의 햇빛과 물의 조건을 썼지만, 표현이 부족함.	4점

온라인 학습 단원평가의 정답과 함께 문항 분석도 확인하세요.

단원평가

17~19쪽

문항 번호	정답	평가 내용	난이도
1	④	생태계의 구성 요소 알기	쉬움
2	⑤	생물 요소와 비생물 요소 구분하기	보통
3	⑤	생물 요소가 양분을 얻는 방법 알기	어려움
4	④	생물 요소를 생산자, 소비자, 분해자로 분류하는 기준 알기	쉬움
5	②	소비자에 해당하는 생물 알기	쉬움
6	②	먹이 사슬의 뜻 알기	쉬움
7	③	생물의 먹이 관계 알기	보통
8	⑤	먹이 그물이 나타내는 내용 알기	어려움
9	③	생태계 평형의 뜻 알기	쉬움
10	①	생태계 평형이 깨지는 원인 알기	보통
11	④	콩나물의 자람에 미치는 영향을 알아보는 실험의 조건 알기	보통
12	②	햇빛이 드는 곳에서 물을 주지 않은 콩나물의 결과 모습 알기	어려움
13	①	비생물 요소가 생물에 미치는 영향 알기	쉬움
14	③	박쥐가 적응하여 살아가는 환경 알기	보통
15	①	사막여우와 북극여우의 털색과 서식지 환경의 관계 알기	보통
16	②	생물이 환경에 적응한 점 알기	어려움
17	④	환경 오염의 원인 알기	보통
18	③	기름 유출 사고가 생물에 미치는 영향 알기	보통
19	①	환경 오염이 생물에 미치는 영향 알기	보통
20	③	생태계를 보전하는 방법 알기	보통

1 생태계는 생물 요소와 비생물 요소로 구성되어 있습니다. 비생물 요소에는 공기, 물, 흙, 온도 등이 있습니다.

2 곰팡이는 생물 요소입니다.

3 세균, 버섯, 곰팡이는 죽은 생물이나 배출물을 분해하여 양분을 얻습니다.

4 생물은 양분을 얻는 방법에 따라 생산자, 소비자, 분해자로 분류됩니다.

5 배추흰나비 애벌레는 소비자로, 스스로 양분을 만들지 못하고 다른 생물(배추)을 먹이로 하여 살아가는 동물입니다.

6 생물의 먹고 먹히는 관계가 사슬처럼 연결되어 있는 것을 먹이 사슬이라고 합니다.

7 메뚜기를 잡아먹고 뱀에게 먹히는 생물은 개구리입니다.

8 생물은 여러 생물을 먹이로 하고, 또 여러 생물에게 잡아먹히며, 먹고 먹히는 관계가 그물처럼 얽혀 여러 방향으로 연결되어 있습니다.

9 생태계 평형이란 어떤 지역에 살고 있는 생물의 종류와 수 또는 양이 균형을 이루며 안정된 상태를 유지하는 것입니다.

10 가뭄과 같은 자연재해는 생태계 평형이 깨어지는 원인입니다.

11 콩나물에 주는 물의 양만 다르게 하고, 나머지 조건은 모두 같게 합니다.

12 햇빛이 드는 곳에서 물을 주지 않은 콩나물은 떡잎이 연한 초록색으로 변하고 떡잎 아래 몸통이 가늘어지고 시듭니다.

13 생물이 살아가는 데 물이 꼭 필요합니다.

14 박쥐는 어두운 동굴 속에서 초음파를 이용하여 장애물을 피해 날아다니고, 먹이를 사냥할 수 있습니다.

15 사막여우와 북극여우의 털색은 서식지 환경에 적응한 생김새입니다.

16 개구리는 겨울잠을 자는 행동으로 추운 겨울을 지내기에 유리합니다.

17 농약의 지나친 사용은 토양 오염의 원인이 될 수 있습니다. 농약 사용 금지는 환경 오염의 원인이 아닙니다.

18 바다 위에 떠 있는 기름이 바닷물 속으로 들어가는 산소와 햇빛을 차단하고, 물고기를 먹는 새가 먹을 것을 찾지 못하여 다른 곳으로 이동합니다.

19 환경 오염은 생물의 생활과 생존에 해로운 영향을 미칩니다.

20 일회용품 사용을 줄이면 일회용품을 만드는 데 필요한 환경 자원을 낭비하지 않을 수 있습니다.

3. 날씨와 우리 생활

개념 확인하기 20쪽

1 ㉢ 2 ㉢ 3 ㉡
4 ㉡ 5 ㉠

개념 확인하기 21쪽

1 ㉢ 2 ㉣ 3 ㉠
4 ㉡ 5 ㉠

실력 평가 22~23쪽

1 ④ 2 81 3 ③ 4 ④, ⑤ 5 ③
6 ㉡ 7 ㉡ 8 ② 9 ⑤
10 ㉠ 구름 ㉡ 눈

1 건습구 습도계에서 젖은 헝겊으로 감싼 알코올 온도계(㉡)는 습구 온도계이고, 그렇지 않은 알코올 온도계(㉠)는 건구 온도계입니다.

2 건습구 습도계에서 건구 온도가 16 ℃, 습구 온도가 14 ℃일 때, 건구 온도와 습구 온도의 차는 2 ℃가 됩니다. 습도표에서 건구 온도, 건구 온도와 습구 온도의 차가 만나는 지점을 찾으면 현재 습도는 81 %입니다.

건구 온도 (℃)	건구 온도와 습구 온도의 차(℃)			
	0	1	②	3
15	100	90	80	71
⑯	100	90	㉛81	71
17	100	90	81	72

습도가 높으면 빨래가 잘 마르지 않고, 곰팡이가 피기 쉬우며, 음식물이 부패하기 쉽습니다. 습도가 낮으면 빨래가 잘 마르고, 산불이 발생하기 쉬우며, 감기에 걸리기 쉽습니다.

습도가 낮을 때는 가습기를 사용하기도 하고, 실내에 빨래를 널거나 젖은 수건을 걸어 두어 습도를 조절할 수 있습니다.

왜 틀렸을까?
④ 마른 숯을 놓는 것과 ⑤ 제습제를 사용하는 것은 습도가 높을 때 습도를 낮추는 방법입니다.

5 이슬과 안개 발생 실험에서는 유리병 안에 향 연기를 조금 넣습니다.

6 얼음이 든 페트리 접시로 인해 유리병이 차가워지면서 유리병 안의 수증기가 응결해 유리병 안이 뿌옇게 흐려졌습니다.

7 나뭇잎 모형 표면에 물방울이 맺힌 것과 비슷한 자연 현상은 이슬입니다.

더 알아보기
이슬과 안개
- 이슬: 밤이 되어 기온이 낮아지면 공기 중의 수증기가 나뭇가지나 풀잎 등에 닿아 물방울로 맺히는 것
- 안개: 공기 중의 수증기가 지표면 가까이에서 응결하여 작은 물방울로 떠 있는 것

8 수증기가 응결하여 생긴 물방울이나 얼음 알갱이가 하늘 높이 떠 있는 것을 구름이라고 합니다.

9 둥근바닥 플라스크 아래에 작은 물방울이 생기고, 이 물방울들이 합쳐지면서 점점 커지고 무거워져 아래로 떨어집니다.

10 구름 속 얼음 알갱이가 점점 커지고 무거워져 지표면에 떨어질 때 녹지 않은 채로 떨어지는 것이 눈입니다.

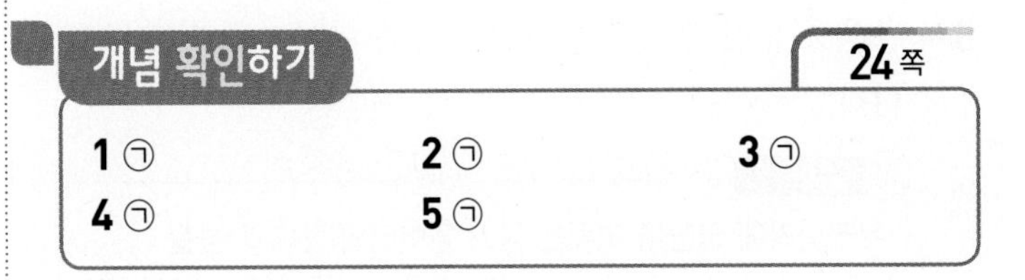

개념 확인하기 24쪽

1 ㉠ 2 ㉠ 3 ㉠
4 ㉠ 5 ㉠

개념 확인하기 25쪽

1 ㉠ 2 ㉣ 3 ㉠
4 ㉡ 5 ㉠

실력 평가 26~27쪽

1 ㉡ 2 ③ 3 기압 4 ④ 5 ⟵
6 ㉠ 7 ③, ⑤ 8 ㉠ 9 ㉠ 바다 ㉡ 대륙
10 ㉡

1 따뜻한 물에 넣은 플라스틱 통보다 얼음물에 넣은 플라스틱 통의 무게가 더 무겁습니다.

2 같은 부피일 때 따뜻한 공기보다 차가운 공기가 더 무겁습니다.

왜 틀렸을까?

① 공기의 무게는 잴 수 있습니다.
② 따뜻한 공기와 차가운 공기의 무게는 비교할 수 있습니다.
④, ⑤ 같은 부피일 때 차가운 공기가 따뜻한 공기보다 무겁습니다.

3 공기의 무게로 생기는 힘을 기압이라고 합니다.

4 일정한 부피에 공기 알갱이의 양이 더 많아 상대적으로 무거운 곳이 고기압입니다.

5 향 연기는 고기압인 얼음물이 든 칸에서 저기압인 따뜻한 물이 든 칸으로 이동합니다.

6 따뜻한 물이 든 칸이 저기압, 얼음물이 든 칸이 고기압이 됩니다.

7 낮에는 육지가 바다보다 온도가 높으므로, 육지 위는 저기압, 바다 위는 고기압이 됩니다. 바닷가에서 낮에는 바다에서 육지로 해풍이 붑니다.

왜 틀렸을까?

① 맑은 날 낮에는 해풍이 붑니다.
② 맑은 날 낮에는 육지가 바다보다 온도가 높습니다.
④ 맑은 날 낮에 육지 위는 저기압이 되고, 바다 위는 고기압이 됩니다.

8 ㉠은 여름철에 영향을 미치는 공기 덩어리로 덥고 습합니다.

더 알아보기

우리나라에 영향을 미치는 공기 덩어리의 종류와 성질

계절	머물던 지역	성질
봄 · 가을	남서쪽 대륙	따뜻하고 건조함.
초여름	북동쪽 바다	차고 습함.
여름	남동쪽 바다	덥고 습함.
겨울	북서쪽 대륙	춥고 건조함.

9 여름에는 남동쪽의 바다에서 이동해 오는 공기 덩어리의 영향을 받아 덥고 습하고, 겨울에는 북서쪽 대륙에서 이동해 오는 공기 덩어리의 영향을 받아 춥고 건조한 날씨가 나타납니다.

10 꽃가루나 황사가 많은 봄에는 비염에 걸리기 쉽습니다. 열사병은 보통 온도가 높은 여름에 나타납니다.

서술형·논술형 평가

28쪽

1 (1) ㈎ ㉡ ㈏ ㉠
(2) ㈎ 예 실내에 빨래를 넌다. 가습기를 사용한다. 등
㈏ 예 제습제를 사용한다. 마른 숯을 놓아둔다. 등

2 (1) 수증기
(2) 예 지표면 근처의 공기가 차가워지면 공기 중 수증기가 응결해 작은 물방울로 떠 있는 것이다.

3 (1) ㉠ (2) >
(3) 예 차가운 공기는 따뜻한 공기보다 일정한 부피에 공기 알갱이가 더 많아 무겁기 때문이다. 등

1 습도가 높거나 낮으면 습도를 조절하여 적절한 습도를 유지하도록 합니다.

채점 기준

(1)	㈎에 '㉡', ㈏에 '㉠'을 모두 씀.	2점
	㈎, ㈏ 중 한 가지만 씀.	1점
(2)	정답 키워드 빨래, 가습기 | 제습제, 마른 숯 등 ㉠의 경우 '실내에 빨래를 넌다.', '가습기를 사용한다.' 등을 쓰고, ㉡의 경우 '제습제를 사용한다.', '마른 숯을 놓아둔다.' 등의 내용을 모두 정확히 씀.	6점
	습도가 높을 때와 습도가 낮을 때 중 한 가지 경우만 정확히 씀.	3점

2 안개는 공기 중 수증기가 응결해 지표면 근처에 떠 있는 것입니다.

채점 기준

(1)	'수증기'를 씀.	4점
(2)	정답 키워드 수증기 | 응결 | 지표 근처 '지표면 근처의 공기가 차가워지면 공기 중 수증기가 응결해 작은 물방울로 떠 있는 것이다.' 등의 내용을 정확히 씀.	8점
	이슬과 안개의 차이점 중 안개의 특징에 대해 썼지만, 표현이 부족함.	4점

3 차가운 공기는 일정한 부피 안에 따뜻한 공기보다 공 알갱이가 더 많아 무겁습니다.

채점 기준

(1)	'㉠'을 씀.	2점
(2)	'>'을 정확히 그림.	4점
(3)	정답 키워드 공기 알갱이 | 많다 | 무겁다 '차가운 공기는 따뜻한 공기보다 일정한 부피에 공기 알갱이가 더 많아 무겁기 때문이다.' 등의 내용을 정확히 씀.	6
	차가운 공기를 넣은 플라스틱 통의 무게가 더 무거운 까닭에 대해 썼지만, 표현이 부족함.	3

온라인 학습 단원평가의 **정답**과 함께 **문항 분석**도 확인하세요.

단원평가 29~31쪽

문항 번호	정답	평가 내용	난이도
1	④	습도의 뜻 알기	쉬움
2	④	건습구 습도계 알기	보통
3	③	습도를 측정하기 위해 필요한 것 알기	보통
4	④	습도표를 이용해 습도 구하기	어려움
5	②	습도를 낮추는 방법 알기	보통
6	③	응결의 뜻 알기	쉬움
7	④	안개의 생성 원리 알기	보통
8	④	이슬의 생성 원리 알기	보통
9	⑤	이슬과 안개를 볼 수 있는 때 알기	보통
10	③	이슬과 안개, 구름의 공통점 알기	쉬움
11	④	비와 눈의 뜻 알기	보통
12	②	비와 눈이 내리는 과정 알기	어려움
13	①	기온에 따른 공기의 무게 비교하기	어려움
14	②	기압의 뜻 알기	쉬움
15	⑤	기압의 특징 알기	보통
16	⑤	바람의 뜻 알기	쉬움
17	①	육풍의 뜻 알기	보통
18	⑤	바닷가에서 낮에 부는 바람 알기	어려움
19	②	북서쪽 대륙에서 이동해 오는 공기 덩어리의 성질 알기	보통
20	③	남동쪽 바다에서 이동해 오는 공기 덩어리의 성질 알기	쉬움

1 공기 중에 수증기가 포함된 정도를 습도라고 합니다.

2 습구 온도계에서 헝겊으로 감싼 온도계의 액체샘이 물에 잠기지 않아야 합니다.

3 습도를 측정하려면 건구 온도와 습구 온도를 알아야 합니다.

4 습도표에서 건구 온도 26 ℃와 건구 온도와 습구 온도의 차 (26 ℃ − 23 ℃)인 3 ℃가 만나는 지점이 습도를 나타냅니다.

5 습도가 높을 때 마른 숯을 실내에 놓아두면 습도를 낮출 수 있습니다.

6 공기 중의 수증기가 물로 변하는 현상을 응결이라고 합니다.

7 집기병 안 따뜻한 수증기가 조각 얼음 때문에 차가워져 응결하므로 집기병 안이 뿌옇게 흐려집니다.

8 이슬은 공기 중 수증기가 응결해 나뭇가지나 풀잎 표면에 물방울로 맺히는 것입니다.

9 이슬과 안개는 맑은 날 새벽이나 이른 아침에 볼 수 있습니다.

10 이슬, 안개, 구름은 공기 중의 수증기가 응결하여 나타나는 현상입니다.

11 구름 속 작은 물방울이나 얼음 알갱이가 점점 커지고 무거워져서 떨어질 때 지표면에 가까워지면 기온에 따라 비나 눈이 됩니다.

12 구름을 이루는 얼음 알갱이가 무거워져 떨어지면서 녹으면 비가 되고, 녹지 않으면 눈이 됩니다.

13 공기는 눈에 보이지 않지만 무게가 있습니다.

14 공기의 무게로 생기는 힘을 기압이라고 합니다.

15 기압은 공기의 무게 때문에 생기는 힘이므로 차가운 공기가 따뜻한 공기보다 기압이 높습니다.

16 기압 차로 공기가 이동하는 것을 바람이라고 합니다. 바람은 고기압에서 저기압으로 붑니다.

17 바다에서 육지로 부는 바람을 해풍, 육지에서 바다로 부는 바람을 육풍이라고 합니다.

18 낮에는 육지 위의 공기가 바다 위의 공기보다 온도가 높으므로 바다 위는 고기압, 육지 위는 저기압이 됩니다.

19 북서쪽 대륙에서 이동해 오는 공기 덩어리는 우리나라의 겨울철에 영향을 미치는 공기 덩어리로, 춥고 건조합니다.

20 우리나라의 남동쪽 바다에 있는 공기 덩어리는 덥고 습한 성질이 있습니다.

4. 물체의 운동

개념 확인하기 32쪽

1 ㉡ 2 ㉡ 3 ㉡ 4 ㉠ 5 ㉡

개념 확인하기 33쪽

1 ㉡ 2 ㉠ 3 ㉡ 4 ㉡ 5 ㉡

실력 평가 34~35쪽

1 ㉠ 2 ④ 3 ② 4 ④ 5 ①
6 예 짧기 7 ㉠ 8 ⑤ 9 ⑤ 10 현진

1 시간이 지남에 따라 물체의 위치가 변할 때 물체가 운동한다고 합니다.

2 축구하는 승윤이는 시간이 지남에 따라 위치가 변하므로 운동하는 물체이고, 철봉, 소나무, 고정된 칠판, 빈 교실 안의 책상은 시간이 변해도 위치가 변하지 않으므로 운동하지 않는 물체입니다.

3 물체의 운동은 이동하는 데 걸린 시간과 이동 거리를 함께 나타냅니다.

4 자동길과 케이블카는 빠르기가 일정한 운동을 하는 물체이고, 기차는 빠르기가 변하는 운동을 하는 물체입니다.

5 빠르기가 일정한 운동을 하는 놀이기구는 회전목마, 대관람차이고, 빠르기가 변하는 운동을 하는 놀이기구는 급류 타기, 롤러코스터, 바이킹, 자이로 드롭입니다.

6 같은 거리를 이동한 물체 중 도착선에 먼저 도착한 물체가 나중에 도착한 물체보다 일정한 거리를 이동하는 데 걸린 시간이 더 짧습니다.

7 같은 거리를 이동하는 데 짧은 시간이 걸린 물체가 긴 시간이 걸린 물체보다 빠릅니다.

8 일정한 거리를 이동하는 물체의 빠르기는 물체가 이동하는 데 걸린 시간으로 비교합니다. 이때 물체가 이동하는 데 걸린 시간이 짧을수록 물체의 빠르기가 빠릅니다.

9 수영, 스피드 스케이팅, 육상 경기, 조정, 카누, 스키점프, 봅슬레이 등은 일정한 거리를 이동하는 데 걸린 시간을 측정하여 빠르기를 비교하는 운동 경기입니다.

10 같은 시간 동안 가장 긴 거리를 이동한 친구가 가장 빠릅니다.

개념 확인하기 36쪽

1 ㉡ 2 ㉡ 3 ㉠ 4 ㉡ 5 ㉡

개념 확인하기 37쪽

1 ㉠ 2 ㉠ 3 ㉡ 4 ㉡ 5 ㉡

실력 평가 38~39쪽

1 ⑤ 2 ①, ② 3 100 m 달리기 경기 4 ㉠ 150
㉡ 900 5 비행기 6 ④ 7 ⑤ 8 어린이
보호구역 표지판 9 ③ 10 ⑤

1 속력을 이용하면 이동하는 데 걸린 시간과 이동 거리 모두 달라도 물체의 빠르기를 비교할 수 있습니다.

2 이 자동차의 속력은 $240\,km \div 3\,h = 80\,km/h$입니다. 이 속력은 '팔십 킬로미터 매 시' 또는 '시속 팔십 킬로미터'라고 읽습니다.

단위	읽는 방법
km/h	'시속 ○○ 킬로미터' 또는 '○○ 킬로미터 매 시'
m/s	'초속 ○○ 미터' 또는 '○○ 미터 매 초'

3 100 m 달리기 경기에서 육상 선수의 속력은 $100\,m \div 10\,s = 10\,m/s$이고, 200 m 달리기 경기에서 육상 선수의 속력은 $200\,m \div 25\,s = 8\,m/s$입니다.

4 기차의 속력은 $300\,km \div 2\,h = 150\,km/h$입니다. 비행기 속력은 300 km/h로 1시간 동안 300 km를 이동하기 때문에 3시간 동안 비행기가 이동한 거리는 900 km입니다.

5 속력이 큰 물체가 더 빠릅니다. 기차의 속력은 150 km/h이고 비행기의 속력은 300 km/h이므로 기차와 비행기 중 비행기가 더 빠릅니다.

6 현도가 1시간 동안 5 km를 이동하였으므로 현도의 속력은 5 km÷1 h=5 km/h입니다.

7 속력이 큰 물체는 위급한 상황에 바로 멈추기 어렵고, 충돌 시 속력이 작은 물체보다 더 큰 충격이 가해져 위험합니다.

왜 틀렸을까?

① 속력이 큰 물체가 모두 무거운 것은 아닙니다.
② 자동차의 속력이 클수록 충돌 시 큰 충격이 가해져 위험합니다.
③ 속력이 큰 자동차는 제동 장치를 밟더라도 바로 멈출 수 없기 때문에 속력이 작은 자동차보다 위험합니다.
④ 속력이 큰 자동차는 속력이 작은 자동차보다 충돌 시 보행자나 운전자를 다치게 할 위험이 큽니다.

8 어린이 보호구역 표지판은 학교 주변 도로에서 자동차의 속력을 제한하여 어린이들의 교통 안전사고를 예방하는 기능을 합니다.

9 ㉠의 과속 방지 턱은 자동차의 속력을 줄여서 사고를 예방합니다. ㉡의 과속 단속 카메라는 자동차가 일정한 속력 이상으로 달리지 못하도록 제한하여 사고를 예방합니다. ㉢의 에어백은 충돌 사고에서 탑승자의 몸에 가해지는 충격을 줄여 줍니다. ㉣의 안전띠는 긴급 상황에서 탑승자의 몸을 고정합니다.

10 횡단보도에서는 자전거에서 내려 자전거를 끌고 지나가야 합니다.

서술형·논술형 평가 40쪽

1 (1) 자전거
(2) 예 시간이 지남에 따라 물체의 위치가 변한 것이다.
(3) 예 자전거는 1초 동안 2 m를 이동했다.

2 (1) 이연수
(2) 예 결승선까지 이동하는 데 걸린 시간이 가장 짧았기 때문이다.

3 (1) 토끼
(2) 예 토끼와 거북의 빠르기는 이동 거리로 비교하고, 수영 경기에서 선수들의 빠르기는 걸린 시간으로 비교한다.

1 시간이 지남에 따라 물체의 위치가 변할 때 물체가 운동한다고 하고, 물체의 운동은 물체가 이동하는 데 걸린 시간과 이동 거리로 나타냅니다. 화단, 나무, 건물, 도로 표지판은 시간이 지나도 물체의 위치가 변하지 않았기 때문에 운동하지 않는 물체이고, 자전거는 1초 동안 2 m를 이동했기 때문에 운동하는 물체입니다.

채점 기준

(1)	'자전거'에 ○표한 경우에만 정답으로 인정함.	3점
(2)	정답 키워드 시간이 지나다 | 물체의 위치가 변하다 '시간이 지남에 따라 물체의 위치가 변한 것이다.' 등의 내용을 정확히 씀.	6점
	'물체의 위치가 변한다.' 등 물체의 위치가 시간이 지남에 따라 바뀌는 것을 정확하게 쓰지 못함.	3점
(3)	'자전거는 1초 동안 2 m를 이동했다.' 등의 내용을 정확히 씀.	6점
	'자전거는 1초 동안 이동했다.', '자전거는 2 m를 이동했다.' 등 자전거의 운동을 걸린 시간과 이동 거리 중 하나만 언급하여 표현함.	3점

2 수영 경기는 일정한 거리를 이동하는 데 걸린 시간으로 빠르기를 비교하는 운동 경기입니다. 일정한 거리를 이동하는 물체의 빠르기는 물체가 이동하는 데 걸린 시간으로 비교하므로, 수영 경기에서 가장 빠른 선수는 결승선까지 걸린 시간의 기록이 가장 짧은 선수가 됩니다.

채점 기준

(1)	'이연수'를 정확히 씀.	4점
(2)	정답 키워드 이동하는 데 걸린 시간 | 가장 짧다 '결승선까지 이동하는 데 걸린 시간이 가장 짧았기 때문이다.' 등의 내용을 정확히 씀.	8점
	일정한 거리를 이동하는 데 걸린 시간을 언급하지 못하고 단순히 '걸린 시간이 짧았다.'라고만 씀.	4점

3 같은 시간 동안 이동한 물체의 빠르기는 물체의 이동 거리로 비교합니다. 출발선에서 동시에 출발한 토끼와 거북 중 토끼가 1분 후 출발선에서 더 멀어져 있으므로, 거북보다 긴 거리를 이동한 토끼가 더 빠릅니다. 수영 경기에서는 일정한 거리를 이동하는 데 걸린 시간으로 선수의 빠르기를 비교합니다.

채점 기준

(1)	'토끼'를 정확히 씀.	4점
(2)	정답 키워드 토끼와 거북 | 이동 거리 | 수영 경기 | 걸린 시간 '토끼와 거북의 빠르기는 이동 거리로 비교하고, 수영 경기에서 선수들의 빠르기는 걸린 시간으로 비교한다.' 등의 내용을 정확히 씀.	8점
	토끼와 거북의 빠르기 비교 방법 또는 수영 경기에서의 빠르기 비교 방법 중 한 가지만 정확히 씀.	4점

온라인 학습 단원평가의 정답과 함께 문항 분석도 확인하세요.

단원평가

41~43쪽

문항 번호	정답	평가 내용	난이도
1	④	물체의 운동의 뜻 알기	쉬움
2	⑤	물체의 운동 나타내기	쉬움
3	⑤	운동하는 물체와 운동하지 않는 물체 구분하기	쉬움
4	⑤	물체의 빠르기의 뜻 알기	쉬움
5	③	여러 가지 물체의 빠르기 비교하기	보통
6	②	물체의 운동 나타내기	보통
7	④	같은 거리를 이동한 물체의 빠르기 비교하기	보통
8	②	일정한 거리를 이동하는 운동 경기에서 빠르기 비교하기	어려움
9	⑤	일정한 거리를 이동하는 운동 경기에서 빠르기 비교하기	보통
10	③	일정한 거리를 이동하는 운동 경기에서 빠르기 비교하기	어려움
11	③	같은 시간 동안 이동한 물체의 빠르기 비교하기	보통
12	④	여러 가지 물체의 빠르기 비교하기	쉬움
13	①	같은 시간 동안 이동한 물체의 빠르기 비교하기	보통
14	①	속력을 구하는 방법 알기	보통
15	④	물체의 속력을 나타내기	어려움
16	②	물체의 속력 구하기	보통
17	③	물체의 속력 구하기	어려움
18	②	속력과 관련된 안전장치 알기	쉬움
19	③	자동차에 설치된 속력과 관련된 안전장치 알기	보통
20	④	교통안전 수칙 알기	보통

1 시간이 지남에 따라 물체의 위치가 변할 때 물체가 운동한다고 합니다.

2 물체의 운동은 물체가 이동하는 데 걸린 시간과 물체의 이동 거리로 나타냅니다.

3 뛰어가는 사람은 시간이 지남에 따라 위치가 변합니다.

4 물체의 빠르기는 물체의 움직임이 빠르고 느린 정도를 말합니다.

5 빠르기가 변하는 운동을 하는 물체는 기차, 치타, 비행기, 자동차이고, 빠르기가 일정한 운동을 하는 물체는 리프트입니다.

6 물체의 운동은 물체가 이동하는 데 걸린 시간과 이동 거리로 나타냅니다.

7 같은 거리를 이동하는 데 짧은 시간이 걸린 물체가 시간이 걸린 물체보다 빠릅니다.

8 100 m 달리기 경기에서 가장 빠른 선수는 결승선까 가장 짧은 시간 안에, 가장 먼저 도착합니다.

9 50 m 달리기를 할 때 가장 빠르게 달린 친구는 결승 까지 달리는 데 걸린 시간이 가장 짧거나 가장 먼 도착한 친구입니다.

10 일정한 거리를 이동하는 데 걸린 시간이 짧은 물체 걸린 시간이 긴 물체보다 빠릅니다.

11 같은 시간 동안 이동한 물체의 빠르기는 물체가 이동 거리로 비교합니다.

12 일정한 시간 동안 가장 긴 거리를 이동한 기차가 가 빠릅니다.

13 같은 시간 동안 이동한 물체의 빠르기는 물체가 이동 거리로 비교하고, 같은 시간 동안 긴 거리를 이동 물체가 짧은 거리를 이동한 물체보다 더 빠릅니다.

14 속력은 물체의 이동 거리를 걸린 시간으로 나누어 구합니

15 m/s는 '초속 ○○ 미터' 또는 '○○ 미터 매 초'라고 읽 km/h는 '시속 ○○ 킬로미터' 또는 '○○ 킬로미터 매 라고 읽습니다.

16 배의 속력은 150 km÷3 h=50 km/h입니다.

17 윤진이의 속력은 3 km÷1 h=3 km/h입니다.

18 자동계단은 사람이나 화물이 자동적으로 아래위층 오르내릴 수 있도록 만든 계단 모양의 편의시설입니

19 안전띠는 긴급 상황에서 탑승자의 몸을 고정하기 장치로, 자동차에 설치된 안전장치입니다.

20 버스는 인도에서 기다리고, 자전거나 킥보드를 탈 에는 반드시 보호장비를 착용해야 합니다.

5. 산과 염기

개념 확인하기 44쪽

1 ㉡ 2 ㉡ 3 ㉡ 4 ㉢ 5 ㉡

개념 확인하기 45쪽

1 ㉠ 2 ㉡ 3 ㉠ 4 ㉡ 5 ㉠

실력 평가 46~47쪽

1 ② 2 예 기준 3 ㉠ 빨랫비누 물 ㉡ 석회수
4 ④ 5 ④ 6 ㉠ 7 ④ 8 (3) ○
9 ①, ② 10 (1) 산성 (2) 염기성 (3) 염기성

묽은 염산, 묽은 수산화 나트륨 용액, 석회수는 모두 기포가 없고, 투명하며 흔들었을 때 생긴 거품이 유지되지 않습니다. 또한 묽은 염산은 냄새가 나고, 묽은 수산화 나트륨 용액과 석회수는 냄새가 나지 않습니다.

용액의 성질을 관찰한 뒤 용액의 공통점과 차이점에 따라 분류 기준을 세우고 분류 기준에 따라 용액을 분류합니다.

흔들었을 때 5초 이상 거품이 유지되는 용액은 유리 세정제와 빨랫비누 물이고, 식초, 레몬즙, 석회수, 사이다는 5초 이상 거품이 유지되지 않습니다.

식초, 레몬즙, 사이다, 유리 세정제, 빨랫비누 물은 냄새가 나고, 석회수, 묽은 수산화 나트륨 용액은 냄새가 나지 않습니다.

식초, 탄산수, 묽은 염산은 산성 용액이므로 푸른색 리트머스 종이를 붉은색으로 변하게 하고, 묽은 수산화 나트륨 용액은 염기성 용액이므로 푸른색 리트머스 종이의 색깔이 변하지 않습니다.

BTB 용액은 산성 용액에서는 노란색으로 변하고, 염기성 용액에서는 파란색으로 변합니다.

7 염기성 용액인 석회수와 유리 세정제가 페놀프탈레인 용액을 붉은색으로 변하게 합니다.

8 석회수와 유리 세정제는 염기성 용액으로, 붉은 양배추 지시약은 염기성 용액에서 푸른색이나 노란색 계열로 변합니다.

9 푸른색 리트머스 종이를 붉은색으로 변하게 하고, 붉은 양배추 지시약을 붉은색 계열로 변하게 하는 용액은 산성 용액이고, 빨랫비누 물, 유리 세정제, 묽은 수산화 나트륨 용액은 염기성 용액입니다.

10 푸른색 리트머스 종이를 붉은색으로 변하게 하는 것은 산성 용액이고, 페놀프탈레인 용액을 붉은색으로 변하게 하거나 붉은색 양배추 지시약을 푸른색이나 노란색 계열의 색깔로 변하게 하는 것은 염기성 용액입니다.

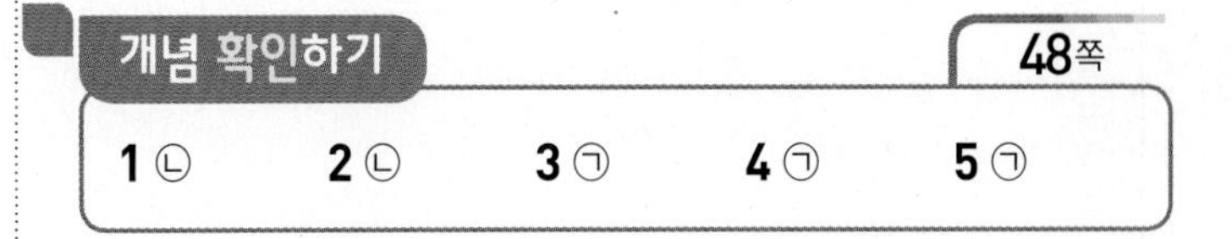

개념 확인하기 48쪽

1 ㉡ 2 ㉡ 3 ㉠ 4 ㉠ 5 ㉠

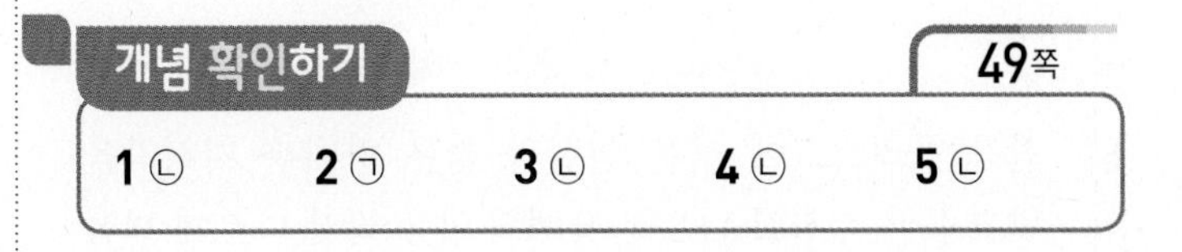

개념 확인하기 49쪽

1 ㉡ 2 ㉠ 3 ㉡ 4 ㉡ 5 ㉡

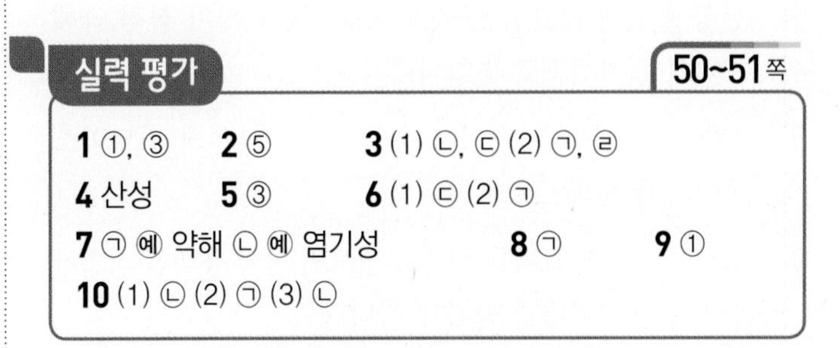

실력 평가 50~51쪽

1 ①, ③ 2 ⑤ 3 (1) ㉡, ㉢ (2) ㉠, ㉣
4 산성 5 ③ 6 (1) ㉢ (2) ㉠
7 ㉠ 예 약해 ㉡ 예 염기성 8 ㉠ 9 ①
10 (1) ㉡ (2) ㉠ (3) ㉡

1 묽은 염산은 산성 용액으로 대리암 조각과 달걀 껍데기를 녹이지만 두부와 삶은 달걀 흰자는 녹이지 못합니다.

2 묽은 수산화 나트륨 용액은 염기성 용액으로, 염기성 용액은 삶은 닭 가슴살을 녹이고, 메추리알 껍데기는 녹이지 못합니다.

3 산성 용액은 조개껍데기와 메추리알 껍데기를 녹이고, 염기성 용액은 두부와 삶은 메추리알 흰자를 녹입니다.

4 산성 용액은 대리암을 녹입니다. 따라서 산성을 띤 빗물에 대리암으로 만들어진 문화재가 훼손되는 것을 막기 위해 유리 보호 장치를 설치하기도 합니다.

유리 보호 장치를 설치한 서울 원각사지 십층 석탑

5 묽은 수산화 나트륨 용액은 염기성 용액이므로 페놀프탈레인 용액이 처음에는 붉은색으로 변했다가 묽은 염산을 넣을수록 염기성이 약해져 산성으로 변하므로 무색으로 변합니다.

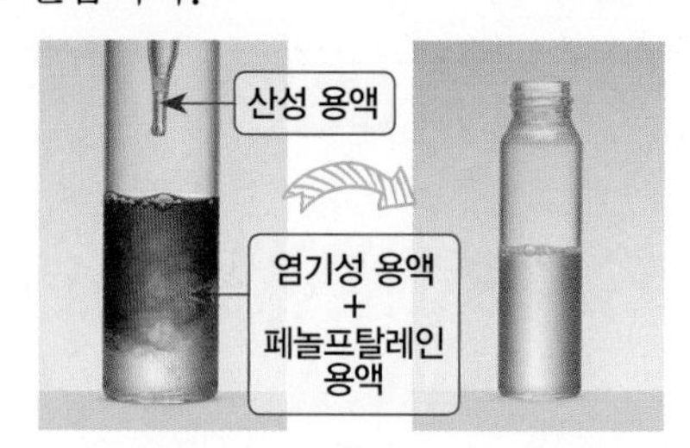

페놀프탈레인 용액의 색깔 변화

6 삼각 플라스크에 묽은 염산과 붉은 양배추 지시약을 넣고 묽은 수산화 나트륨 용액의 양을 각각 다르게 넣을 때 처음에는 붉은색이었다가 넣어 준 묽은 수산화 나트륨 용액의 양이 늘어날수록 보라색을 거쳐 점차 청록색으로 변합니다.

7 산성 용액에 염기성 용액을 넣을수록 산성이 점점 약해지다가 염기성으로 변합니다.

8 제빵 소다 용액은 염기성 용액이므로 붉은색 리트머스 종이가 푸른색으로 변합니다.

9 생선을 손질한 도마를 식초로 닦으면 산성 용액인 식초가 염기성인 비린내를 약하게 합니다.

10 변기용 세제는 산성 용액이고, 유리 세정제와 욕실용 세제는 염기성 용액입니다.

서술형·논술형 평가

52쪽

1 (1) 빨랫비누 물
(2) 예 사이다, 석회수, 묽은 염산, 묽은 수산화 나트륨 용액
(3) 예 흔들었을 때 거품이 3초 이상 유지되는가?

2 (1) 염기성
(2) 예 페놀프탈레인 용액이 붉은색으로 변한다.

3 (1) 주호
(2) 예 도마를 식초로 닦아 내요.

1 여러 가지 용액은 '색깔이 있는가?', '냄새가 나는가?', '투명한가?' 등의 분류 기준으로 분류할 수 있습니다.

채점 기준

(1)	'빨랫비누 물'을 정확히 씀.	2점
(2)	'사이다', '석회수', '묽은 염산', '묽은 수산화 나트륨 용액'을 모두 정확히 씀.	2점
(3)	정답 키워드 흔들다 | 거품 | 3초 이상 유지 '흔들었을 때 거품이 3초 이상 유지되는가?' 등의 내용을 정확히 씀.	6점
	분류 기준을 한 가지 썼지만, 표현이 부족함.	3점

2 붉은색 리트머스 종이가 푸른색으로 변했으므로 리트머스 종이를 적신 용액은 염기성입니다. 따라서 이 용액에 페놀프탈레인 용액을 떨어뜨리면 페놀프탈레인 용액이 붉은색으로 변합니다.

채점 기준

(1)	'염기성'을 정확히 씀.	4점
(2)	정답 키워드 붉은색 등 '페놀프탈레인 용액이 붉은색으로 변한다.'와 같이 내용을 정확히 씀.	6점
	페놀프탈레인 용액을 떨어뜨렸을 때의 결과를 썼지만, 표현이 부족함.	3점

3 생선을 손질한 도마에 남아 있는 염기성인 비린내를 산성인 식초로 닦아 냅니다. 산성인 위산으로 인해 속 쓰릴 때는 염기성인 제산제를 먹고, 변기를 청소할 때 산성인 변기용 세제를 사용합니다.

채점 기준

(1)	'주호'를 정확히 씀.	4
(2)	정답 키워드 식초 등 '도마를 식초로 닦아 내요.'와 같이 내용을 정확히 씀.	8
	주호가 말한 내용을 고쳐 썼지만, 표현이 부족함.	4

온라인 학습 단원평가의 정답과 함께 문항 분석도 확인하세요.

단원평가 53~55쪽

문항 번호	정답	평가 내용	난이도
1	④	유리 세정제의 특징 알기	보통
2	③	투명하지 않고 냄새가 나는 용액 구분하기	보통
3	④	용액을 기준에 따라 분류하기	쉬움
4	⑤	용액과 리트머스 종이와의 반응 결과 알기	보통
5	②	페놀프탈레인 용액과의 반응 결과로 용액 구분하기	쉬움
6	⑤	BTB 용액을 파란색으로 변하게 하는 용액 알기	보통
7	④	염기성 용액과 지시약의 반응 결과 알기	보통
8	⑤	붉은 양배추 지시약과의 반응 결과로 용액 구분하기	쉬움
9	⑤	붉은 양배추 지시약의 특징 알기	어려움
10	③	산성 용액 구분하기	쉬움
11	②	달걀 껍데기와 반응하는 용액 알기	쉬움
12	③	묽은 염산과 반응하지 않는 물질 알기	보통
13	④	삶은 달걀 흰자를 녹이는 용액 알기	보통
14	⑤	산성 용액과 염기성 용액에 녹는 물질 알기	보통
15	③	붉은 양배추 지시약이 용액과 반응하여 나타나는 색깔 알기	어려움
16	④	페놀프탈레인 용액과 반응하여 나타나는 색깔 변화로 용액의 성질 변화 유추하기	어려움
17	②	산성 용액과 염기성 용액을 섞었을 때의 변화 알기	어려움
18	③	우리 생활에서 산성 용액과 염기성 용액을 이용하는 예 알기	보통
19	①	생선을 손질한 도마를 식초로 닦는 까닭 알기	쉬움
20	①	우리 생활에서 이용하는 산성 용액의 예 알기	보통

1 유리 세정제는 연한 푸른색의 투명한 용액이고 냄새가 나며, 흔들었을 때 거품이 유지됩니다.

2 레몬즙, 빨랫비누 물은 투명하지 않고, 냄새가 납니다.

3 사이다는 무색입니다.

4 유리 세정제는 염기성 용액으로 푸른색 리트머스 종이의 색깔이 변하지 않습니다.

5 페놀프탈레인 용액은 사이다와 같은 산성 용액에서는 색깔이 변하지 않습니다.

6 BTB 용액을 파란색으로 변하게 하는 용액은 염기성 용액으로, ㉠과 ㉡은 산성 용액이고, ㉢과 ㉣은 염기성 용액입니다.

7 염기성 용액은 붉은색 리트머스 종이를 푸른색으로 변하게 하고, 페놀프탈레인 용액을 붉은색으로 변하게 합니다.

8 산성 용액에서 붉은 양배추 지시약이 붉은색 계열로 변하고, 염기성 용액에서 푸른색이나 노란색 계열로 변합니다.

9 붉은색 리트머스 종이를 푸른색으로 변하게 하는 용액은 염기성 용액으로, 염기성 용액에서 붉은 양배추 지시약은 푸른색이나 노란색 계열로 변합니다.

10 석회수는 염기성 용액입니다

11 달걀 껍데기에서 기포가 발생하게 하는 용액은 묽은 염산과 같은 산성 용액입니다.

12 묽은 염산과 같은 산성 용액은 두부와 삶은 메추리알 흰자를 녹이지 못합니다.

13 묽은 수산화 나트륨 용액, 석회수와 같은 염기성 용액에 삶은 달걀 흰자를 넣으면 녹아서 흐물흐물해집니다.

14 산성 용액은 대리암 조각과 조개껍데기를 녹이고, 염기성 용액은 두부와 닭 가슴살을 녹입니다.

15 염기성 용액인 묽은 수산화 나트륨 용액에 산성 용액인 묽은 염산을 많이 넣을수록 염기성이 약해지다가 산성으로 변하므로 붉은 양배추 지시약이 노란색 계열에서 붉은색 계열로 변합니다.

16 묽은 염산에 묽은 수산화 나트륨 용액을 계속 넣고 섞으면 산성이 약해지다가 염기성으로 변합니다.

17 염기성 용액에 산성 용액을 넣을수록 염기성이 약해집니다.

18 속이 쓰릴 때 염기성인 제산제를 먹고, 생선 요리에서 나는 비린내를 산성 용액인 레몬즙을 뿌려 없앱니다.

19 산성 용액인 식초가 염기성인 비린내를 줄여 줍니다.

20 식초, 구연산 용액, 변기용 세제는 산성 용액입니다.

온라인 학습북 52~55쪽

온라인 학습 단원평가의 정답과 함께 문항 분석도 확인하세요.

단원평가 전체 범위 56~59쪽

문항 번호	정답	평가 내용	난이도
1	③	숲 생태계의 특징 알기	보통
2	③	먹이 그물이 나타내는 내용 알기	보통
3	①	공기가 생물에 미치는 영향 알기	쉬움
4	②	다양한 환경에 적응한 생물의 특징 알기	보통
5	②	환경 오염의 원인 알기	쉬움
6	⑤	습도가 다른 두 상황의 특징 알기	보통
7	②	안개의 특징 알기	보통
8	⑤	고기압의 뜻 알기	쉬움
9	⑤	바닷가에서 모래와 바닷물의 온도가 다른 까닭 알기	어려움
10	⑤	계절별 날씨에 영향을 주는 공기 덩어리의 특징 알기	어려움
11	③	물체와 사람의 운동 변화 알기	쉬움
12	⑤	수영 경기에서 가장 빠른 선수를 정하는 방법 알기	보통
13	⑤	속력을 구하는 방법 알기	쉬움
14	②	자동차 충돌 실험 내용 알기	보통
15	①	교통안전 수칙 알기	쉬움
16	①	여러 가지 용액을 분류한 기준 알기	보통
17	②	지시약의 색깔 변화로 지시약과 반응한 용액 알기	어려움
18	⑤	염기성 용액과 반응한 붉은 양배추 지시약의 색깔 변화 알기	어려움
19	⑤	제빵 소다 용액과 구연산 용액의 특징 알기	보통
20	③	식초와 욕실용 세제의 특징 알기	보통

1 숲 생태계에서 생물 요소와 비생물 요소는 서로 영향을 주고받습니다.

2 매는 참새, 다람쥐, 개구리, 뱀, 토끼를 잡아먹습니다.

3 공기는 생물이 숨을 쉴 수 있게 해 줍니다.

4 선인장은 잎이 가시 모양이고, 두꺼운 줄기에 물을 많이 저장하여 사막에서도 살 수 있습니다.

5 지하수는 환경 오염의 원인이 아닙니다.

6 ㉠은 습도가 높은 상황, ㉡은 습도가 낮은 상황으로 습도가 높으면 곰팡이가 잘 핍니다. 습도가 낮으면 피부가 쉽게 건조해지고, 빨래가 잘 마릅니다.

7 안개는 밤에 지표면 근처의 공기가 차가워지면 공기 중 수증기가 응결해 작은 물방울로 떠 있는 것입니다.

8 고기압은 공기 알갱이의 양이 주위보다 많아 상대적으로 더 무거운 것입니다.

9 모래는 바닷물에 비해 빨리 데워지고 빨리 식기 때문에 낮에는 모래의 온도가 물의 온도보다 높고, 밤에는 모래의 온도가 물의 온도보다 낮습니다.

10 겨울의 날씨는 춥고 건조한 공기 덩어리의 영향을 받습니다

11 할아버지는 2초 동안 1 m를 이동했습니다.

12 결승선에 먼저 도착한 선수가 더 빠릅니다.

13 속력은 물체가 이동한 거리를 걸린 시간으로 나누어 구합니다.

14 속력이 큰 자동차가 더 많이 부서지고 찌그러집니다.

15 도로를 무단횡단하지 않도록 합니다.

16 식초, 유리 세정제, 사이다, 석회수, 묽은 염산, 묽은 수산화 나트륨 용액은 투명하지만, 레몬즙, 빨랫비누 물은 불투명합니다.

17 푸른색 리트머스 종이를 붉은색으로 변하게 하는 것 산성 용액이고, 산성 용액에 페놀프탈레인 용액을 떨어뜨리면 색깔이 변하지 않습니다.

18 붉은색 리트머스 종이를 푸른색으로 변하게 하는 것 염기성 용액이고, 염기성 용액을 붉은 양배추 지시약 반응시키면 푸른색이나 노란색 계열의 색깔로 변합니

19 구연산 용액은 산성 용액이므로 푸른색 리트머스 종이 반응하여 붉은색으로 변합니다.

20 식초는 산성 용액, 욕실용 세제는 염기성 용액입니 산성 용액인 식초가 염기성인 비린내를 줄여 주어 생 손질한 도마를 식초로 닦습니다.

정답은
이안에
있어!

G

꼭 알아야 할
사자성어

先 見 之 明

先	見	之	明
먼저	볼	갈	밝을
선	견	지	명

어떤 일이 일어나기 전, 미리 아는 지혜를
'선견지명'이라고 해요.
일기예보를 보고 미리 우산을 챙겨놓는다거나,
늦잠 잘 때를 대비해서 전날 밤 가방을 미리 챙겨놓는 것도
넓은 의미로 '선견지명'이라 할 수 있어요.

해당 콘텐츠는 천재교육 '똑똑한 하루 독해'를 참고하여 제작되었습니다.
모든 공부의 기초가 되는 어휘력+독해력을 키우고 싶을 땐,
똑똑한 하루 독해&어휘를 풀어보세요!